Die Außen- und Europapolitik der Linkspartei auf dem Prüfstand

Michael Frank

www.michael-frank.eu

Impressum

Titel: Die Außen- und Europapolitik der Linkspartei auf dem Prüfstand
Autor: Michael Frank, www.michael-frank.eu, PND 142082090, http://d-nb.info/gnd/142082090

Verlag und Druck: Lulu Inc.

Ort und Jahr: Berlin, 2013

ISBN 978-1-291-45219-8

Inhaltsverzeichnis

1. Einleitung

In dieser Monografie möchte ich die Außen- und Europapolitik der Linkspartei kritisch betrachten. Ich tue dies aus einer persönlichen Perspektive, da ich mich politisch als links betrachte und halte dies für kritisch-dialektische Sozialforschung, die ich in einer marxistischen Tradition verortet wissen will. Dies scheint mir notwendig, da ich als Linker die Deutsche und Europäische Regierungspolitik mitgestalten will, um die Lebensumstände der Menschen zu verbessern. Ich halte dies für ein wissenschaftliches Werk aus dem Bereich der Politikwissenschaft. Dabei arbeite ich empirisch, nutze die Hermeneutik und fasse logische Schlüsse. Zunächst möchte ich hier anhand von einigen Beispielen zeigen, dass die Linkspartei und ihre Bundestagsfraktion zur Zeit Fundamentalopposition im Bundestag in Bezug auf die Außenpolitik und Europapolitik betreiben. Dies werde ich in den Kapiteln 2 bis 8 mit Quellen belegen. Dabei untersuche ich zuerst die Grundsatzpositionen der Linkspartei anhand des Parteiprogramms und Verlautbarungen führender politischer Vertreter. Danach werde ich das Verhältnis der Linkspartei zur NATO untersuchen und erläutern, warum ich dieses für naiv halte, insbesondere im Zusammenhang mit dem Verhältnis der Linkspartei zur Europäischen Union. In Kapitel 5 möchte ich den Radikalpazifismus kritisieren und zu einer neuen Definition von Pazifismus einen Beitrag leisten, den ich mit Logik begründen will. Darauffolgend will ich erläutern, warum die Außen-, Verteidigungs- und Sicherheitspolitik entscheidend ist für die Frage, ob die Linksfraktion ein zuverlässiger Koalitionspartner für andere Parteien ist. In Kapitel 7 möchte ich Beispiele für inhumane Positionen der Linkspartei anführen und zeigen, warum diese Positionen reaktionär sind und in den meisten Fällen eine demagogisch dämonisierende Haltung zu militärischen Einsätzen vertreten wird, obwohl dies objektiv zum Einen nicht der Wahrheit entspricht und zum Anderen damit durch bornierte Ideologie zivile Hilfe für Menschen in Kriegs-, Krisen- und Konfliktregionen verhindert wird. In einem weiteren Kapitel möchte ich erläutern, welche Theorie den Positionen der reaktionären Linken zugrunde liegt, da ich denke dass diese politischen Verlautbarungen nichts anderes sind, als eine Wiederkäuen der ideologischen Leitsätze der Komintern. Vor der Konklusion möchte ich jedoch auch noch ein paar positive Aspekte der linken Programmatik hervorheben, die ich in dieser Form von keiner anderen Partei vertreten sehe.

Nun aber gab es vor Kurzem eine gemeinsame Erklärung von Abgeordneten aller im Bundestag vertretenen Fraktionen in Bezug auf die Außenpolitik, die einen Minimalkonsens formulierte. Ein Novum.

„So etwas hat es bisher noch nicht gegeben. Politiker aller im Bundestag vertretenen Parteien formulieren einen gemeinsamen Text zur deutschen und europäischen Außenpolitik - mehr noch: einen „parteiübergreifenden Grundkonsens“(...)

In dem Text, der die Namen der Abgeordneten Reinhard Brandl (CSU), Agnieszka Brugger und Viola von Cramon (Grüne), Bijan Djir-Sarai (FDP), Roderich Kiesewetter (CDU), Lars Klingbeil (SPD) und Stefan Liebich (Linkspartei) trägt, wird die Latte zwar etwas tiefer gehängt. Es ist darin davon die Rede, dass die Unterzeichner es „bei allen inhaltlichen und politischen Unterschieden“ für notwendig halten, „bestimmte parteiübergreifende Gemeinsamkeiten herauszustellen, die für eine Orientierung deutscher Außenpolitik über die gegenwärtige Legislaturperiode hinaus essentiell sind“. Es geht um die Krisenbewältigung, um „Friedensmachtkompetenzen“ wie „den Einsatz für weltweite Abrüstung und Rüstungskontrolle wie aktive Beiträge zur Stärkung und Unterstützung der Vereinten Nationen sowie der OSZE“, um Energiepolitik und neue Ansätze multilateralen Handelns, um „ein offenes Europa“ und anderes mehr.“[1]

Tatsächlich aber trifft das Engagement von Stefan Liebich innerhalb seiner Partei auf scharfe Kritik, da die Mehrheit der Delegierten auf dem Bundesparteitag und eine Vielzahl von Abgeordneten der Linksfraktion im Bundestag eine europakritische, europaskeptische und radikalpazifistische Position einnehmen, die ich bereits mehrfach kritisiert habe, weil ich sie für falsch und inhuman halte. Das isoliert die Linkspartei meines Erachtens im Politischen System der Bundesrepublik Deutschland und der Europäischen Union und verhindert eine rot-rot-grüne Koalitionsbildung.

Der Seeheimer Kreis der Sozialdemokratischen Partei hat einige Vorbedingungen für die Zusammenarbeit mit der Linkspartei formuliert, die ich ähnlich beurteilen würde und für realistisch halte. Ich halte die Seeheimer jedoch für Gesinnungsethiker und fasse daher meine Werturteile lieber mit Hilfe von Logik, wie auch in diesem Werk. Insofern mag man behaupten, dass ich die Ideologie der Seeheimer wissenschaftlich belege, man könnte aber auch behaupten, dass die Seeheimer ethische Intuitionisten sind, die ideologisch meiner Logik folgen.

Bei den Seeheimern wird die Entwicklung der Linkspartei ähnlich beurteilt, wie der Parteiaufbau der Grünen, da es tatsächlich einige inhaltliche Parallelen gibt, die zum Teil auch von den gleichen Personen vertreten werden.

„Und tatsächlich vertraten die Grünen damals ebenso wie heute "Die Linke" in der Außen-, Sicherheits- und Europapolitik völlig inakzeptable Konzepte. Deshalb eröffnen aktuelle Debatten über Koalitionen mit der "Linken" auf Bundesebene – genau wie einst mit den Grünen – erst dann Handlungsperspektiven für die politische Praxis, wenn bei den "Linken" eine Bereitschaft zum Umdenken erkennbar wird. Zur Zeit wird dort in der Außen-, Sicherheits- und Europapolitik aber leider noch als Prinzipientreue gepriesen, was in Wahrheit Ausdruck von Realitätsverweigerung ist. Das war bei den Grünen zu Beginn aber nicht viel besser.“[2]

Ich halte diese Einschätzung für realistisch und diejenigen Protagonisten der Linkspartei für realitätsfremd, die bei normativer Gesinnung stehen bleiben, ohne auf der Grundlage von Analysen über internationale Krisen umsetzbare Politikvorschläge zu machen.

„Alle unsere Nachbarn, auch diejenigen, die nicht der Europäischen Union angehören, haben ein Interesse an einem Deutschland, das nicht nur Mitglied der EU bleibt, sondern das Kompromisse zwischen den Mitgliedstaaten fördert und natürlich auch für sich selbst akzeptiert. Das "Nein" der "Linken" zu dem als Kompromiss ausgehandelten Lissabon-Vertrag widerspricht diesen Erwartungen an Deutschland. Es wird zu Recht als Beitrag einer Re-Nationalisierung deutscher Politik wahrgenommen, selbst wenn die Kritik am Vertrag von den "Linken" internationalistisch begründet wird.“[3]

Hier wird noch einmal verdeutlicht, dass der Lissabon-Vertrag gilt und eine Abkehr von den Errungenschaften der Europäischen Verfassung mit der SPD nicht möglich ist. Das halte ich politisch auch für richtig, denn der Lissabon-Vertrag garantiert den europäischen Bürgern Rechte und Freiheiten, die in keiner anderen Region der Welt anzufinden sind.

---

1 Strohschneider, Tom: Linke Außenpolitik in »deutschem Interesse«?, in: neues-deutschland.de vom 08. März 2013, online unter: http://www.neues-deutschland.de/artikel/815136.linke-aussenpolitik-in-deutschem-interesse.html

2 Voigt, Karsten D.: Außenpolitische Vorbedingungen einer Koalition mit der "Linken", in: seeheimer-kreis.de, online unter: http://www.seeheimer-kreis.de/index.php?id=235

3 Voigt, Karsten D.: Außenpolitische Vorbedingungen einer Koalition mit der "Linken", in: seeheimer-kreis.de, online unter: http://www.seeheimer-kreis.de/index.php?id=235

„Wenn Deutschland nicht zur Ursache von Krisen in der EU und NATO werden will, kann es sich deshalb nationale Alleingänge noch weniger als seine kleineren Nachbarn leisten. Das bedeutet zum Beispiel, dass Deutschland innerhalb der NATO auf andere Strategien oder sogar – obwohl ich dies für die nahe Zukunft für falsch hielte – auf einen Abzug aus Afghanistan drängen könnte. Ein Alleingang in seiner Strategie und ein nicht mit der NATO und den europäischen Partnern abgestimmter Rückzug der deutschen Truppen aus Afghanistan wären aber destruktiv."[4]

Hier wird noch einmal darauf hingewiesen, dass es für Deutschland keine Option für Isolationismus gibt, denn die Bundesrepublik ist innerhalb der EU als bevölkerungsreichstes Mitgliedsland ein Kernstaat und als Mitglied der NATO nur gemeinsam mit den anderen Ländern Europas, insbesondere Frankreich und Großbritannien in der Lage, auf Beschlüsse der UNO und der NATO Einfluss zu nehmen. Politischer Isolationismus würde uns Deutschen und Europäern jegliche Einflussnahme auf die Politik der Supermächte USA und Russland verbauen, die doch nach Meinung der politischen Linken höchst kritikwürdig und nicht humanistisch ist.

„Es gibt in Europa nicht nur auf der Rechten, sondern auch auf der Linken Parteien, deren politische Konzepte faktisch auf eine Re-Nationalisierung der Außen-, Sicherheits- und Europapolitik hinauslaufen. Dies ist in jedem Fall bedauerlich und besorgniserregend. Für Deutschland aber gefährdete eine solche Richtungsänderung die außen-, sicherheits- und europapolitischen Grundlagen, auf denen unser heutiges gutes Verhältnis zu allen unseren Nachbarn beruht. Deshalb eröffnen Koalitionsspekulationen für die Bundesebene erst dann praktische Handlungsperspektiven, wenn im Bereich der Außen-, Sicherheits- und Europapolitik bei den "Linken" eine konzeptionelle Klärung und eine anschließende Neuorientierung erfolgt."[5]

Damit hat selbst die konservativste Strömung innerhalb der SPD die Hand weit ausgestreckt für eine Koalitionsbildung mit der Linkspartei. Die oben erwähnten Formulierungen von parteiübergreifendem Konsens in der Europa- und Außenpolitik, die Stefan Liebich mit unterstützt hat, ist da der Minimalkonsens für die Deutsche Staatsräson.

Der langjährige Parteivorsitzende der PDS und der Linkspartei Lothar Bisky hat in einem Interview in der ZEIT eine Regierungsbeteiligung der Linkspartei empfohlen und auch die inhaltliche Veränderung von politischen Positionen dafür nicht ausgeschlossen.

„ZEIT: Für Rot-Grün wird es vermutlich im Herbst nicht reichen. Einige bei der Linken haben nun Rot-Rot-Grün ins Spiel gebracht. Wäre das eine Option für Sie?

Bisky: Selbstverständlich. Das wäre eine Chance für Die Linke, aus ihrer Enge herauszukommen. Die Vorstellung, man dürfe eine bestimmte andere Partei auf keinen Fall berühren, ist doch unglaublich kindisch. Man findet sie nur bei den Parteien der Arbeiterklasse, die damit schon in der Weimarer Republik böse gescheitert sind."[6]

Insofern gehen im Grunde SPD, Grüne und Linkspartei aufeinander zu. Eine wichtige Voraussetzung für eine Koalition wäre allerdings ein anderes Verhältnis der Linkspartei zur Europäischen Union und zur NATO.

---

4 Voigt, Karsten D.: Außenpolitische Vorbedingungen einer Koalition mit der "Linken", in: seeheimer-kreis.de, online unter: http://www.seeheimer-kreis.de/index.php?id=235

5 Voigt, Karsten D.: Außenpolitische Vorbedingungen einer Koalition mit der "Linken", in: seeheimer-kreis.de, online unter: http://www.seeheimer-kreis.de/index.php?id=235

6 Hildebrandt, Tina/Lau, Miriam: Lothar Bisky: „Ich vertraue Gysi", in: zeit.de vom 28. Februar 2013, online unter: http://www.zeit.de/2013/09/Bisky-Interview-Gysi/komplettansicht

„ZEIT: Für ein solches Bündnis müssten Sie aber viele Ihrer außenpolitischen Vorstellungen über Bord werfen wie etwa den Ausstieg aus der Nato. Ist das denkbar?

Bisky: Ich kann mir das vorstellen. Und es wird vielleicht sogar so kommen. Die Linke wird sich auf ihren Glaubenssätzen nicht ewig ausruhen können. “[7]

Dass Lothar Bisky einige außenpolitische Vorstellungen der Linkspartei als Glaubenssätze bezeichnet, heißt für mich, dass es zumindest einen nicht irrelevanten Teil von Mitgliedern gibt, die dazu bereit wären, innerparteilich eine Umkehr zu organisieren. Im nächsten Kapitel werde ich zeigen, dass die grundsätzlichen Positionen der Linkspartei von einem Idealismus zeugen, den durchaus viele Menschen in Deutschland teilen. Auf der anderen Seite gibt es insbesondere in der Außen- und Europapolitik für Deutschland Sachzwänge, die nicht ignoriert werden können. Diesen Zusammenhang möchte ich in Kapitel 3 und 4 darstellen. Auch die Wahl von Peer Steinbrück zum Bundeskanzler schließt Lothar Bisky nicht aus.

„ZEIT: Würde Die Linke auch einen Kandidaten Steinbrück wählen?

Bisky: Wenn sie klug ist, ja. Ich jedenfalls kann es mir vorstellen, warum denn nicht? “[8]

Man darf gerne bezweifeln, dass Peer Steinbrück ein geeigneter Kandidat ist. Ich gehe ohnehin davon aus, dass auch mit der neuen Linksfraktion keine stabile Regierungsmehrheit herzustellen sein wird. Aber auch die innerparteilichen Zustände in der SPD kann ich nur so beschreiben, dass die Partei inhaltlich, strukturell und personell am Ende ist. Meines Erachtens ist die SPD genauso nicht regierungsfähig, wie die Linkspartei, unabhängig davon, ob es eine linke parlamentarische Mehrheit gibt oder nicht.

Außerdem gibt es eine Reihe von Bedingungen der Linken für eine Wahl Peer Steinbrücks zum Kanzler. So gibt es etwa die Aussage des Bundestagsabgeordneten Stefan Liebich.

„Erneut haben Politiker der Linken erklärt, unter bestimmten Bedingungen auch Peer Steinbrück zum Kanzler wählen zu wollen. „Dafür müsste sich die SPD aber inhaltlich auf uns zubewegen“, forderte der Bundestagsabgeordnete Stefan Liebich in der „Bild“-Zeitung und nannte als Voraussetzungen einen Ausstieg aus der Rente mit 67, den Abschied von den Hartz-IV-Gesetzen und eine friedlichere Außenpolitik. “[9]

Selbst Bernd Riexinger, ein Vertreter der konservativ-reaktionären Strömungen in der Linkspartei, würde zumindest die inhaltlichen Positionen überprüfen.

„Auch der Vorsitzende der Linken, Bernd Riexinger, plädierte dafür, mit Blick auf die Bundestagswahlen offen zu bleiben. Er „halte nichts davon, vor Wahlen alles Mögliche auszuschließen“, sagte Riexinger. Ob seine Partei auch Steinbrück wählen könne, hänge für ihn ausschließlich von Inhalten ab. “[10]

---

7 Hildebrandt, Tina/Lau, Miriam: Lothar Bisky: „Ich vertraue Gysi“, in: zeit.de vom 28. Februar 2013, online unter: http://www.zeit.de/2013/09/Bisky-Interview-Gysi/komplettansicht

8 Hildebrandt, Tina/Lau, Miriam: Lothar Bisky: „Ich vertraue Gysi“, in: zeit.de vom 28. Februar 2013, online unter: http://www.zeit.de/2013/09/Bisky-Interview-Gysi/komplettansicht

9 Linke nennen Bedingungen für Steinbrück-Wahl, in: neues-deutschland.de vom 24. Februar 2013, online unter: http://www.neues-deutschland.de/artikel/813899.linke-nennen-bedingungen-fuer-steinbrueck-wahl.html

10 Linke nennen Bedingungen für Steinbrück-Wahl, in: neues-deutschland.de vom 24. Februar 2013, online unter: http://www.neues-deutschland.de/artikel/813899.linke-nennen-bedingungen-fuer-steinbrueck-wahl.html

Ebenfalls macht auch der Reformpolitiker Christian Görke aus Brandenburg Voraussetzungen deutlich und will eine linke Mehrheit an klare Bedingungen knüpfen.

„Der Linksfraktionschef von Brandenburg, Christian Görke, verwies darauf, dass es „in Deutschland links von Merkel eine klare Mehrheit mit klaren Themen“ gebe. Görke nannte einen gesetzlichen Mindestlohn, ordentliche Renten, die Begrenzung der Miet- und Energiepreise, Steuern auf Vermögen und Finanzgeschäfte, gute Arbeit, Rückzug aus Afghanistan „und noch mehr“. Sollte „die SPD-Seite uns ordentliche, belastbare Angebote“ machen, so der Linkenpolitiker, „kann ein Sozialdemokrat durchaus Kanzler werden“.“[11]

Man erwartet also offenbar von der SPD ein konkretes Angebot. Dennoch wollen Linkspartei-Politiker, etwa Halina Wawzyniak, die eigenen Positionen im Wahlkampf darstellen und keinen Lagerwahlkampf führen.

„Die Linken-Abgeordnete Halina Wawzyniak warnte auf dem Kurznachrichtendienst Twitter unterdessen vor „Konstellationsgequatsche“. Die Partei müsse einen „eigenständigen Wahlkampf“ führen, weil in der Bundesrepublik ein „linkes Korrektiv nötig“ sei.“[12]

Ohne Zweifel hat die SPD ein linkes Korrektiv nötig, weil es in der SPD-Mitgliedschaft nur noch asoziale christliche Ideologen, Besserverdiener und Honoratioren gibt, die Politik für ihr Klientel betreiben und in die eigene Tasche wirtschaften. So weit der aktuelle Sachstand.

Im Folgenden möchte ich auch die Bedingungen darstellen, die einer Regierungsbeteiligung der Linkspartei vorausgehen müssten, nicht in erster Linie für die zwingende Zusammenarbeit der Linken mit Grünen und SPD, sondern die Bedingungen für die Staatsräson der Bundesrepublik Deutschland und die der Europäischen Union.

11 Linke nennen Bedingungen für Steinbrück-Wahl, in: neues-deutschland.de vom 24. Februar 2013, online unter: http://www.neues-deutschland.de/artikel/813899.linke-nennen-bedingungen-fuer-steinbrueck-wahl.html

12 Linke nennen Bedingungen für Steinbrück-Wahl, in: neues-deutschland.de vom 24. Februar 2013, online unter: http://www.neues-deutschland.de/artikel/813899.linke-nennen-bedingungen-fuer-steinbrueck-wahl.html

2. Grundsätzliche Politische Positionen der LINKEN

Zunächst möchte ich hier grundsätzliche Positionen der Linkspartei anhand des Parteiprogramms untersuchen, um zu verdeutlichen, welche langfristigen Ziele die Partei verfolgt. Das möchte ich tun, um später anhand dieser Grundsatzpositionen die politischen Positionierungen von Amts- und Mandatsträgern mit den Grundsatzpositionen zu kritisieren. In der Präambel des Parteiprogramms heißt es dazu zunächst:

„Wir verfolgen ein konkretes Ziel: Wir kämpfen für eine Gesellschaft, in der kein Kind in Armut aufwachsen muss, in der alle Menschen selbstbestimmt in Frieden, Würde und sozialer Sicherheit leben und die gesellschaftlichen Verhältnisse demokratisch gestalten können. Um dies zu erreichen, brauchen wir ein anderes Wirtschafts- und Gesellschaftssystem: den demokratischen Sozialismus.“[13]

DIE LINKE. sucht also nach Alternativem zum herrschenden neoliberalen Paradigma und möchte ein anderes Wirtschafts- und Gesellschaftssystem. Dieses bezeichnet man als demokratischen Sozialismus, bewusst in Abgrenzung vom autoritären Sozialismus, so wie er in der Sowjetunion und in den Satellitenstaaten des Warschauer Paktes real existierte. Bereits die PDS hatte sich mit einer Mehrheit von diesem autoritären Sozialismus, den sie als Stalinismus bezeichnete, getrennt.[14] Dennoch will ich im Folgenden beweisen, dass vor allem in außen- und europapolitischen Positionen der Linkspartei, insbesondere durch Sektierer aus dem Westen Deutschlands in die Partei getragen, noch Versatzstücke der Ideologie des Marxismus-Leninismus zu erkennen sind, die ich politisch zu überwinden gedenke. Ich möchte daher hier zunächst einige Passagen des Parteiprogramms der Linkspartei kritisch dokumentieren.

„Wir wollen die großartigen Ideen, die Visionen und schöpferischen Kräfte der Menschen für überzeugende politische Vorhaben nutzen, um Hunger und Armut zu überwinden, um die Folgen des Klimawandels und der Umweltkatastrophen in den Griff zu bekommen.“[15]

Sind die Menschen denn so schöpferisch? Angesichts des oben erwähnten herrschenden Paradigmas des Neoliberalismus in Wirtschaft und Gesellschaft ist doch davon auszugehen, dass es auch in dieser Gesellschaft eine gewisse Gleichschaltung auf neoliberale Ideologie gibt, die letztlich ähnlichen Mustern folgt, wie im real-existierenden Sozialismus. Diese Passage ist jedoch auch ein humanistischer Idealismus, der meines Erachtens etwas naiv und unkonkret wirkt, aber dennoch meiner normativen Gesinnung entspricht.

„Wir finden uns nicht ab mit einer Welt, in der Profitinteressen über die Lebensperspektive von Milliarden Menschen entscheiden und in der Ausbeutung, Kriege und Imperialismus ganze Länder von Hoffnung und Zukunft abschneiden. Wo vor allem der Profit regiert, bleibt wenig Raum für Demokratie. Die ungebändigte Freiheit der großen Konzerne bedeutet Unfreiheit für die Mehrheit

13 Programm der Partei DIE LINKE., Beschluss des Parteitages der Partei DIE LINKE vom 21. bis 23. Oktober 2011 in Erfurt, bestätigt durch einen Mitgliederentscheid im Dezember 2011., S. 4, online unter: http://www.die-linke.de/fileadmin/download/dokumente/programm_der_partei_die_linke_erfurt2011.pdf

14 Siehe hierzu: Wir brechen unwiderruflich mit dem Stalinismus als System, Referat vom Michael Schumann, online unter: http://archiv2007.sozialisten.de/partei/parteitag/sonderparteitag1989/view_html?zid=24832&bs=1&n=3

15 Programm der Partei DIE LINKE., Beschluss des Parteitages der Partei DIE LINKE vom 21. bis 23. Oktober 2011 in Erfurt, bestätigt durch einen Mitgliederentscheid im Dezember 2011., S. 4, online unter: http://www.die-linke.de/fileadmin/download/dokumente/programm_der_partei_die_linke_erfurt2011.pdf

der Menschen.“[16]

Ich möchte hier einmal bei marxistischer Theorie bleiben, was ich stets tue, um mich von Marxisten-Leninisten abzugrenzen, weil ich Marxismus für Logik, also für Wissenschaft, halte, Marxismus-Leninismus aber für autoritäre Gesinnungsethik, also keine Wissenschaft. Wenn man also bei Marxismus bleibt, so ist eben gerade nicht der Profit an sich das Problem, sondern die entfremdete Arbeit, Ausbeutung und Entmenschlichung des Proletariats und vor allem die ungleiche Verteilung des Profits, bei der der Bourgeois den größten Teil erhält, weil er das Produktionsmittel, das Kapital und auch das gefertigte Produkt besitzt. Insofern ist mir das theoretisch etwas zu unscharf.

„Wir gehen aus von den Traditionen der Demokratie und des Sozialismus, der Kämpfe für Menschenrechte und Emanzipation, gegen Faschismus und Rassismus, Imperialismus und Militarismus. Wir wollen alle gesellschaftlichen Verhältnisse überwinden, in denen Menschen ausgebeutet, entrechtet und entmündigt werden und in denen ihre sozialen und natürlichen Lebensgrundlagen zerstört werden.“[17]

In diese Traditionen würde auch ich mich politisch verorten, halte den Kampf für Menschenrechte und Emanzipation und gegen Faschismus, Rassismus, Imperialismus und Militarismus aber durch die politischen Positionen einiger Amts- und Mandatsträger der Linkspartei für gefährdet, insbesondere bei denen, die ich als Linkspopulisten und Linksfaschisten charakterisieren würde. Hier im Programm sind das letztlich vorerst normative Willensbekundungen, denen im Grunde jeder aufgeklärte Bürger, jeder Demokrat zustimmen muss. Ich will hier an dieser Stelle mal provokativ einige Fragen in den Raum werfen: Kann es nicht auch zielführend sein, Militär einzusetzen, etwa um Zivilisten vor faschistischen Regimen zu schützen, die gegen die Menschenrechte agieren, etwa um Piraterie und Terrorismus zu bekämpfen oder erst einmal zumindest, um sich und seine Bündnispartner zu schützen? Ich denke, das kann im Einzelfall nach Prüfung der Sachlage sinnvoll sein und sehe das auch nicht als eine militaristische Position. Ich werde in Kapitel 5 meine Definition von Pazifismus darstellen und sehe friedliche und diplomatische Lösungen, um Krisen, Konflikte und Kriege zu beenden, durch die „Menschen ausgebeutet, entrechtet und entmündigt werden“, als leitendes Ideal an, schließe aber dennoch militärische Maßnahmen dabei nicht aus. Das halte ich für einen logischen Pazifismus, den ich auf der Basis des Rechtspazifismus entwickeln und begründen will.

„Die bürgerlichen Revolutionen des 18. und 19. Jahrhunderts erstrebten Freiheit, Gleichheit und Brüderlichkeit gegen religiöse Dogmen und Privilegien des Adels. Humanismus und Aufklärung, Menschenrechte und Demokratie waren bestimmend für die Arbeiterbewegung und die Frauenbewegung. Sie forderten die Verwirklichung von Recht und Freiheit für alle Menschen. Doch erst die Befreiung aus der Herrschaft des Kapitals und aus patriarchalen Verhältnissen verwirklicht die sozialistische Perspektive der Freiheit und Gleichheit für alle Menschen. Dies haben insbesondere Marx, Engels und Luxemburg gezeigt.“[18]

---

16 Programm der Partei DIE LINKE., Beschluss des Parteitages der Partei DIE LINKE vom 21. bis 23. Oktober 2011 in Erfurt, bestätigt durch einen Mitgliederentscheid im Dezember 2011., S. 4, online unter: http://www.die-linke.de/fileadmin/download/dokumente/programm_der_partei_die_linke_erfurt2011.pdf

17 Programm der Partei DIE LINKE., Beschluss des Parteitages der Partei DIE LINKE vom 21. bis 23. Oktober 2011 in Erfurt, bestätigt durch einen Mitgliederentscheid im Dezember 2011., S. 4, online unter: http://www.die-linke.de/fileadmin/download/dokumente/programm_der_partei_die_linke_erfurt2011.pdf

18 Programm der Partei DIE LINKE., Beschluss des Parteitages der Partei DIE LINKE vom 21. bis 23. Oktober 2011 in Erfurt, bestätigt durch einen Mitgliederentscheid im Dezember 2011., S. 9, online unter: http://www.die-linke.de/fileadmin/download/dokumente/programm_der_partei_die_linke_erfurt2011.pdf

Man stellt sich also in die Tradition demokratischer, anti-religiöser, humanistischer und antikapitalistischer Bewegungen, die Verbesserungen für die Ausgebeuteten erkämpften und sieht Freiheit und Rechtsstaatlichkeit als wichtige Prinzipien.

„Es gibt Alternativen zur herrschenden Politik und zum kapitalistischen System, zu seinen Krisen und Ungerechtigkeiten: eine Gesellschaft im Einklang mit der Natur, die sich auf Freiheit und Gleichheit gründet, eine Gesellschaft ohne Ausbeutung und Unterdrückung. Wir wollen sie gemeinsam erkämpfen.“[19]

Insofern will man Alternativen zu dieser real-existierenden Gesellschaft entwerfen, um durch politische Entscheidungen und soziale Kämpfe Ausbeutung und Unterdrückung und letztlich das kapitalistische Wirtschaftssystem als Ganzes zu überwinden.

Ich komme letztlich in diesem Kapitel zu folgendem Fazit: Die ethische Grundlage der Linkspartei ist also prinzipiell als humanistisch, sozialistisch und demokratisch zu bezeichnen. Außerdem stellt man sich in die Tradition des wissenschaftlichen Sozialismus und des Marxismus. Aber, wie ich im Folgenden zeigen werde, sind politische Positionen einiger Protagonisten meines Erachtens nicht mit dieser Programmatik in Einklang zu bringen. Diese linken Sektierer und Linksfaschisten widerstreben mit ihrer Ideologie meines Erachtens den Zielen der Gesamtpartei, zum Teil auch ihren eigenen Zielen. Zum Teil halte ich als Realpolitiker einige der normativen Werte leider (!) auch nicht immer für vereinbar mit den objektiven Realitäten und Handlungszwängen. Außerdem lassen sich einige normative Ansichten in der Programmatik der Linkspartei aus marxistischer Perspektive mit Logik widerlegen.

19 Programm der Partei DIE LINKE., Beschluss des Parteitages der Partei DIE LINKE vom 21. bis 23. Oktober 2011 in Erfurt, bestätigt durch einen Mitgliederentscheid im Dezember 2011., S. 13, online unter: http://www.die-linke.de/fileadmin/download/dokumente/programm_der_partei_die_linke_erfurt2011.pdf

3. Das Verhältnis der Linkspartei zur NATO

Die Linkspartei steht der NATO bisher völlig ablehnend gegenüber. Das erklärt sich aus der ablehnenden Haltung zu den Militärinterventionen in Jugoslawien, Afghanistan und im Irak und insbesondere dem drohenden Krieg gegen den Iran. Ich hatte zu diesen Militäreinsätzen immer eine ablehnende Haltung, die ich bis heute auch begründe, weil ich durch sie die Sicherheitsinteressen der Europäischen Union in Gefahr sah und sehe, denke aber dennoch nicht, dass es zielführend ist, deshalb Hals über Kopf aus einem Militärbündnis auszusteigen, das zwar kritikwürdig ist, insbesondere angesichts der Dominanz der US-Amerikaner in diesem Bündnis, aber letztlich auch der Europäischen Union und ihren Mitgliedsstaaten Sicherheit gewährleistet und jahrzehntelang gewährleistet hat. Diesen Zusammenhang möchte ich hier in diesem Kapitel näher untersuchen.

Wie in der Einleitung bereits erwähnt, hat der langjährige Parteivorsitzende Lothar Bisky die Ablehnung der NATO als einen Glaubenssatz bezeichnet.[20] Ich teile diese Auffassung ausdrücklich, denn ich halte diese Position zumindest im Moment für nicht realistisch, man könnte auch behaupten sie ist grundsätzlich falsch, was ich ausdrücklich nicht tue.

Im Parteiprogramm der Linkspartei heißt es dazu:

„Kriege, einschließlich präventiver Angriffskriege, gelten führenden Kräften der USA, der NATO und der EU wieder als taugliche Mittel der Politik. Das globale Netz von ausländischen Militärstützpunkten wurde ausgebaut. Der Schutz der Menschenrechte wird dazu missbraucht, Kriege zu legitimieren.“[21]

Das mag man so analysieren, man könnte es aber auch als Polemik bezeichnen, denn es gab doch auch innerhalb der NATO intensive Debatten über die Zielsetzung und die Aktivitäten des Bündnisses, insbesondere nach den Terroranschlägen auf die USA im Jahre 2001. Man mag sagen, dass die Politik von präventiven Angriffskriegen durch die USA und andere EU-Mitglieder falsch ist, aber diese Fundamentalposition verkennt die realen Machtverhältnisse innerhalb der NATO und innerhalb der Vereinten Nationen völlig. Das Problem ist doch, dass Deutschland und andere Europäer sich mit ihrer humanitären Position innerhalb der NATO bisher nicht durchsetzen kann. Im Zweifelsfall schaffen die USA auch allein Tatsachen. Es handelt sich also bei dieser Position der Linkspartei um eine infantile Verweigerungshaltung, die für eine Regierungspartei keine tragbare Position sein kann. Die USA sind eine Supermacht und haben für die Stabilisierung ihrer Macht und die Erhaltung ihrer Sicherheit die NATO geschaffen. Das verläuft nach dem selben Muster, wie im Warschauer Pakt, nur, dass die USA ihren Verbündeten Mitspracherecht zugestehen und auch politische Kritik zulassen. Diese Macht auch über die Regierungen anderer NATO-Staaten nutzen die USA zu ihrem (vermeintlichen) eigenen Vorteil. Nach den Terroranschlägen vom 11. September 2001 wurde der Bündnisfall nach dem Nordatlantikvertrag Art. 5 festgestellt.[22] Das heißt, dass dieser Angriff auf die USA als Angriff auf das gesamte Bündnis gewertet wurde. Diese Tatsachen dürften eigentlich Jeder und Jedem einleuchten, doch im Programm heißt es dazu weiter:

20 Siehe hierzu: Hildebrandt, Tina/Lau, Miriam: Lothar Bisky: „Ich vertraue Gysi“, in: zeit.de vom 28. Februar 2013, online unter: http://www.zeit.de/2013/09/Bisky-Interview-Gysi/komplettansicht

21 Programm der Partei DIE LINKE., Beschluss des Parteitages der Partei DIE LINKE vom 21. bis 23. Oktober 2011 in Erfurt, bestätigt durch einen Mitgliederentscheid im Dezember 2011., S. 26, online unter: http://www.die-linke.de/fileadmin/download/dokumente/programm_der_partei_die_linke_erfurt2011.pdf

22 Siehe hierzu: Nordatlantikvertrag, online unter: http://www.nato.int/cps/en/natolive/official_texts_17120.htm?blnSublanguage=true&selectedLocale=de

„Für DIE LINKE ist Krieg kein Mittel der Politik. Wir fordern die Auflösung der NATO und ihre Ersetzung durch ein kollektives Sicherheitssystem unter Beteiligung Russlands, das Abrüstung als ein zentrales Ziel hat. Unabhängig von einer Entscheidung über den Verbleib Deutschlands in der NATO wird DIE LINKE in jeder politischen Konstellation dafür eintreten, dass Deutschland aus den militärischen Strukturen des Militärbündnisses austritt und die Bundeswehr dem Oberkommando der NATO entzogen wird. Wir fordern das sofortige Ende aller Kampfeinsätze der Bundeswehr.“[23]

Die Position, die NATO abzulehnen und als Mitglied aus der NATO austreten zu wollen, ist letztlich als Fundamentalopposition zu interpretieren, da diese Option im Grunde genommen zumindest momentan nicht besteht. Sie ist insbesondere im Zusammenhang mit der ablehnenden Haltung der Linkspartei zur militärischen Seite der europäischen Integration als gefährlich und staatsgefährdend anzusehen.

„Statt Aufrüstung, militärischer Auslandseinsätze und EU-NATO-Partnerschaft, also einer Kriegslogik, ist die Umkehr zu einer friedlichen Außen- und Sicherheitspolitik notwendig, die sich strikt an das in der UN-Charta fixierte Gewaltverbot in den internationalen Beziehungen hält. DIE LINKE setzt daher auf Abrüstung und Rüstungskontrolle, fordert ein striktes Verbot von Rüstungsexporten und den Umbau der Streitkräfte auf der Basis strikter Defensivpotenziale. Die EU und Deutschland müssen auf alle Atomwaffenoptionen verzichten, alle in Deutschland stationierten Atomwaffen müssen abgezogen und vollständig vernichtet werden. Alle Massenvernichtungswaffen sind zu verbieten. Die Europäische Union sollte eine Vorreiterrolle bei der zivilen Konfliktprävention einnehmen und dafür die notwendigen Kapazitäten schaffen. Ein militärisch-ziviler Europäischer Auswärtiger Dienst, die Beteiligung an militärischen Einsätzen im Rahmen der Gemeinsamen Außen- und Sicherheitspolitik (GASP) und der Europäischen Sicherheits- und Verteidigungspolitik (ESVP) sowie an EU-Battle Groups und EU-Interventionsstreitkräften sind daher abzulehnen. DIE LINKE steht gegen die Militarisierung der EU.“[24]

Im Grunde genommen könnte man etwas polemisch schon behaupten, dass die US-Amerikaner sehr liebenswürdig zu Deutschland und der Linkspartei sind, angesichts dieser politischen Positionen.

Man könnte auch behaupten, dass die Ablehnung der GASP, der ESVP und der EU-Battle Groups, obwohl es dafür mit dem Lissabon-Vertrag eine Rechtsgrundlage gibt, eine antieuropäische Haltung ist, die die Sicherheitsinteressen der gesamten EU derart beeinträchtigt und gefährdet, dass die Linkspartei und die Europäische Linke als eine separatistische und terroristische Vereinigung angesehen werden kann.

Ich gehe daher davon aus, dass es eine flächendeckende Totalüberwachung der Linkspartei, aller Vorstandsmitglieder zumindest auf Landesebene, Europa-, Bundestags- und Landtagsabgeordneten gibt und dass das Verhalten der Linksfaschisten im Bundesvorstand und die Agitation der Linkspartei gegen die NATO und die EU durch ihr Programm und politische Aktivitäten die Ursache dafür ist.

Die NATO ist dominiert durch die USA, die eine so extreme Macht durch ihre militärischen

---

23 Programm der Partei DIE LINKE., Beschluss des Parteitages der Partei DIE LINKE vom 21. bis 23. Oktober 2011 in Erfurt, bestätigt durch einen Mitgliederentscheid im Dezember 2011., S. 69, online unter: http://www.die-linke.de/fileadmin/download/dokumente/programm_der_partei_die_linke_erfurt2011.pdf

24 Programm der Partei DIE LINKE., Beschluss des Parteitages der Partei DIE LINKE vom 21. bis 23. Oktober 2011 in Erfurt, bestätigt durch einen Mitgliederentscheid im Dezember 2011., S. 70, online unter: http://www.die-linke.de/fileadmin/download/dokumente/programm_der_partei_die_linke_erfurt2011.pdf

Kapazitäten haben, dass es schlicht unmöglich ist, dies zu ignorieren.

„Keine Macht der Welt hat alle anderen Mächte je so weit überragt wie die Vereinigten Staaten zu Beginn des 21. Jahrhunderts. Vergleichen wir die Weltpolitik mit einem Kartenspiel und die verschiedenen Währungen der Macht mit Jetons, dann türmen sich vor dem amerikanischen Platz am Spieltisch die meisten und höchsten Stapel auf. Kein Rivale kann heute darauf hoffen, im Militärischen mit den USA gleichzuziehen – sei es bei der Technik oder der Projektionsfähigkeit; das ist der erste Stapel. Der zweite symbolisiert Wirtschaftsmacht. Die amerikanische Wirtschaft übertrifft die zweitgrößte, die japanische, um das Zweieinhalbfache. Ein dritter Turm enthält die diplomatischen Jetons; auch dieser überragt den der anderen großen Mächte; jedenfalls ist keine Partie, in der mit größeren Einsätzen gespielt wird, ohne Washington denkbar. Die kulturellen Chips? Wenn es denn eine Globalkultur gibt, dann ist sie Made in USA."[25]

Bei der Ökonomie ist die Europäische Union mittlerweile stärker, gleichwohl noch nicht bei den militärischen Kapazitäten, wenn auch diplomatisch dennoch sehr ernst zu nehmen. Außerdem ist durch die Balance der Supermächte folgende Situation der status quo:

„Zunächst ist festzuhalten, dass die USA nicht im herkömmlichen Sinne zu besiegen sind. Russland und demnächst auch China könnten Amerika mit den Waffen des atomaren Overkills zwar ausradieren, aber nur um den Preis des nachgelagerten Selbstmordes. Das ist ein Faktum des Atomzeitalters, das auch keine wie immer geartete Koalition von Nuklearmächten außer Kraft setzen könnte. Selbst wenn Russland, China und andere gemeinsam zuschlügen, könnte Amerika sie allesamt abschrecken, solange es ein Zweitschlagspotential besitzt. Im Schatten der Wasserstoffbombe kann kein noch so bedrückender »Alptraum der Koalitionen« Amerikas Sicherheit im Kern bedrohen. So sind Atomwaffen der Traum aller Isolationisten, weil mit ihrer Hilfe jeder Herausforderer in Schach gehalten werden kann. »Solange klar ist, dass sie nur zur unmittelbaren Verteidigung des eigenen Territoriums benutzt werden«, schreibt der amerikanische Diplomatie-Historiker Robert W. Tucker, »verleihen sie nahezu vollkommene physische Sicherheit, und daran kann auch der Verlust von Verbündeten nichts ändern.«"[26]

In diesem Sinne gibt es an einer Kooperation, zumindest aber an diplomatischen Beziehungen zu den USA für Deutsche Politik keinen Weg vorbei.

„Mit anderen Worten: Die USA üben Abschreckung allein durch ihr So-Sein aus. Ihre Größe und geographische Lage bieten eine existentielle Abschreckung, die Eroberung extrem kostspielig macht. Atomwaffen steigern diese Kosten ins Uferlose. Doch damit nicht genug. Sollte die Gefahr der gesicherten gegenseitigen Vernichtung (Mutual Assured Destruction) ihre lähmende Wirkung eines Tages verlieren, wird die strategische Verteidigung – ein Raketenschutzschild im All – innerhalb des nächsten Vierteljahrhunderts dieses Defizit wieder ausgleichen. Damit würde gewiss nicht das Zeitalter absoluter Sicherheit heraufdämmern, das es ohnehin nie geben wird. Maßgeblich aber ist der Vorsprung, den die Vereinigten Staaten bereits heute genießen. Seit Mitte der 1980er Jahre wurden zweistellige Milliarden-Dollarbeträge in die Entwicklung einer Raketenabwehr gesteckt (und verpulvert), und die USA liegen in diesem Wettlauf weit in Führung; ein Abwehrsystem zur Punkt-Verteidigung ist zum Greifen nahe. Zwar verhält sich die Abwehr einer einzigen Rakete zu einem landesweiten Schild wie ein Regenschirm zu einem Stadiondach. Aber auch Zahlen – sprich: Dollar, die schon ausgegeben worden sind und noch investiert werden –

---

25 Joffe, Josef: Die Hypermacht – Warum die USA die Welt beherrschen, Carl Hanser Verlag, München; Wien 2006, ISBN 978-3-446-20744-8, S.123

26 Joffe, Josef: Die Hypermacht – Warum die USA die Welt beherrschen, Carl Hanser Verlag, München; Wien 2006, ISBN 978-3-446-20744-8, S.161

spielen eine entscheidende Rolle.“[27]

Man kann also von einer Vorherrschaft in der Welt durch den US-Imperialismus sprechen, die sich letztlich durch Gewaltexzesse äußert, die bellizistische Gesinnung als Handlungsgrundlage und Ursache haben, die nicht pazifistisch ist, sondern auf die Erbeutung von Rohstoffquellen und Absatzmärkten abzielt, ebenso wie auf Verbreitung von neoliberaler Ideologie.

Auch Noam Chomsky kritisiert den US-Imperialismus, hier in Bezug auf die Nahost-Politik:

„Es wäre reizvoll, ganz vorne in der Geschichte anzufangen. Zwar liegt dieses 'ganz Vorne' ziemlich weit zurück, doch wäre es sinnvoll, sich Gedanken über einige Aspekte unserer amerikanischen Geschichte zu machen, die einen direktem Bezug zur aktuellen amerikanischen Nahostpolitik haben. Amerika ist, in vielerlei Hinsicht, ein recht außergewöhnliches Land. Vielleicht ist es das einzige Land auf der Welt, das als Imperium gegründet wurde. Zunächst steckte das Imperium noch in den Kinderschuhen. George Washington sprach von einem 'Kleinkind-Imperium' (infant empire). Die Agenda der Gründerväter war ehrgeizig. Thomas Jefferson, der libertärste unter ihnen, war der Auffassung, das kindliche Imperium sollte expandieren. Es sollte, um es mit seinen Worten auszudrücken, das "Nest" sein, von dem aus der gesamte Kontinent zu kolonialisieren sei. Das bedeutete auch, die "Roten", die Indianer, loszuwerden. Sie sollten vertrieben oder vernichtet werden. Die Schwarzen sollten zurück nach Afrika (sobald wir sie nicht mehr brauchten) und die Latinos durch eine überlegenere Rasse ersetzt und eliminiert werden.“[28]

Die gesamte Staatsgründung und die US-amerikanische Geschichte basieren also auf Gewalt, Rassismus, autoritären Machtstrukturen, Deportation und Krieg. Dies spiegelt sich auch in der heutigen US-amerikanischen Realpolitik wider.

„In seiner ganzen Geschichte war Amerika durchweg ein sehr rassistisches Land - nicht nur in Bezug auf die Schwarzen. Das war Jeffersons Vorstellung - mit der die anderen mehr oder weniger konform gingen. Es war eine Gesellschaft von Kolonialsiedlern. Kolonialisierung durch Besiedelung ist bei weitem die schlimmste Form des Imperialismus, die brutalste, da sie die Auslöschung der indigenen Bevölkerung voraussetzt. Meiner Ansicht nach kommt die reflexartige Unterstützung der USA für Israel (auch Israel ist eine Gesellschaft von Kolonialsiedlern) nicht von ungefähr. Die israelische Politik erinnert in gewisser Weise an unsere eigene geschichtliche Vergangenheit. In gewissem Sinne wiederholt die israelischen Politik unsere Geschichte. Doch es geht noch weiter. Die ersten (weißen) Siedler Amerikas waren religiöse Fundamentalisten, die sich selbst in der Rolle der Kinder Israels sahen, die einer göttlichen Weisung folgend, das Gelobte Land besiedelten und die Amalekiter und andere Völker abschlachteten. Das fand genau hier statt: Die ersten Siedler siedelten in Massachusetts. Sie gingen mit reichlich wohlwollender Unterstützung zu Werke.“[29]

Auch auf den Antisemitismus der US-Regierungen und der US-amerikanischen Bevölkerung wird hier hingewiesen. Dieser hat seinen Ursprung im christlichen Fundamentalismus der US-amerikanischen Bevölkerung, in der 82% sich als „religiös“, 55% gar als „sehr religiös“

27 Joffe, Josef: Die Hypermacht – Warum die USA die Welt beherrschen, Carl Hanser Verlag, München; Wien 2006, ISBN 978-3-446-20744-8, S.162

28 Chomsky, Noam: Die Brutalität des US-Imperialismus – Das amerikanische Imperium, der Nahe/Mittlere Osten und andere globale Themen, in: zmag.de vom 1. Dezember 2010, online unter: http://www.zmag.de/artikel/die-brutalitaet-des-us-imperialismus

29 Chomsky, Noam: Die Brutalität des US-Imperialismus – Das amerikanische Imperium, der Nahe/Mittlere Osten und andere globale Themen, in: zmag.de vom 1. Dezember 2010, online unter: http://www.zmag.de/artikel/die-brutalitaet-des-us-imperialismus

bezeichnen.[30]

„Ein Gutteil der soliden Unterstützung für alles, was Israel tut, kommt von den extremsten Antisemiten dieser Welt. Im Vergleich zu ihnen wirkt Hitler direkt milde - denn diese Leute freuen sich auf Armageddon, den Tag des Jüngsten Gerichts, nach dem nahezu alle Juden ausgerottet sein würden. Es ist eine lange Geschichte. Viele glaubten und glauben daran, auch Leute von (buchstäblich) ganz Oben. Wahrscheinlich glaubten auch Reagan und George W. Bush usw. daran. Dieses Denken passt gut zu der Geschichte der Kolonialbesiedelung und zum Christlichen Zionismus, der bereits lange vor dem Jüdischen Zionismus existierte. Doch der Christliche Zionismus ist weit mächtiger. Er bildet eine solide Grundlage für die reflexartige Unterstützung für alle Taten Israels.“[31]

Seit dem Sieg der Alliierten gegen die Nazis sind in Westdeutschland US-amerikanische und britische Truppen stationiert. In der SBZ waren bis in die 1990er Jahre sowjetische Truppen stationiert, die letztlich ebenfalls eine Besatzungsmacht waren und die Politik der DDR zu einem Verhalten gezwungen haben, das fast ausschließlich durch die KPdSU-Elite aus Moskau gesteuert wurde. Das Mittel des Sowjet-Imperiums war der Warschauer Pakt,[32] durch den das russische Steuerzentrum seine Macht verfestigte.

Die Aufnahme Westdeutschlands in die NATO war letztlich ein „Geschenk“ der Alliierten, die das gewachsene demokratische Gemeinwesen in Deutschland anerkannt haben und offenbar Vertrauen gefasst hatten. Nichtsdestotrotz war und ist die NATO das Mittel des US-Imperialismus zur Verfestigung seiner Macht.

Die Bindung an die Supermacht USA war in Westdeutschland ein unhinterfragtes außenpolitisches Paradigma. Diese politische Theorie kam erst seit der Wiedervereinigung ins Wanken, da im Osten Deutschlands politisch-gesellschaftliche Bindungen an die Staaten des Warschauer Paktes und an Russland bestanden und bestehen, die andere politische Einstellungen in der Bevölkerung nach sich ziehen. Dies drückt sich auch in der Programmatik der Linkspartei aus.

Letztlich muss man doch aber anerkennen, dass die USA sich relativ loyal gegenüber der Europäischen Union verhalten und den Aufbau einer europäischen Verteidigungsstruktur nicht behindern. Man könnte doch als Supermacht gar Zweifel an der Bündnistreue der anderen NATO-Mitgliedsstaaten haben, insofern ist durch die NATO im Vergleich zum Warschauer Pakt doch mehr Mitspracherecht der Satellitenstaaten gegeben.

Dass die USA nach den Terroranschlägen im Jahre 2001 die Bündnistreue eingefordert haben, ist doch verständlich und man kann doch behaupten, dass ein Bündnisfall aufgrund der terroristischen Angriffe und der akuten Bedrohungslage eingetreten ist. Das kann man auch tun, obwohl man die US-amerikanische Außenpolitik scharf kritisiert, wie ich und andere das immer getan haben.

---

30 Siehe hierzu: Unfavorable views of Jews and Muslims on the increase in Europe, in: The Pew Global Attitudes Project, vom 17. September 2008, S. 18, online unter: http://pewglobal.org/files/pdf/262.pdf

31 Chomsky, Noam: Die Brutalität des US-Imperialismus – Das amerikanische Imperium, der Nahe/Mittlere Osten und andere globale Themen, in: zmag.de vom 1. Dezember 2010, online unter: http://www.zmag.de/artikel/die-brutalitaet-des-us-imperialismus

32 VERTRAG über Freundschaft, Zusammenarbeit und gegenseitigen Beistand zwischen der Volksrepublik Albanien, der Volksrepublik Bulgarien, der Ungarischen Volksrepublik, der Deutschen Demokratischen Republik, der Volksrepublik Polen, der Rumänischen Volksrepublik, der Union der Sozialistischen Sowjetrepubliken und der Tschechoslowakischen Republik. ["Warschauer Vertrag" bzw. "Warschauer Pakt" vom 14. Mai 1955], online unter: http://www.documentarchiv.de/ddr/1955/warschauer-pakt.html

Selbst in der Phase, als die Zustimmung zum Afghanistan-Einsatz in den europäischen NATO-Staaten scharfe Kritik erfuhr, wurde der Staatsbesuch von Bundeskanzler Gerhard Schröder in Russland nicht als Affront gegen die USA kritisiert, obwohl dieser zur Zeit des Krieges gegen den Terrorismus stattfand.

Das Verhältnis der Linkspartei zu den USA ist also angespannt. Letztlich ist es aber so, dass sich die US-Amerikaner jederzeit scharf kritisieren lassen. Nur sie fordern halt auch die Einhaltung des Nordatlantikvertrages ein.

Wer die NATO überwinden will, muss militärisch Tatsachen schaffen, da kommt man halt an den EU-Battle Groups nicht vorbei und auch nicht an einer Vergemeinschaftung der militärischen Kapazitäten, an einem europäischen Außenministerium, einem europäischen Verteidigungsministerium, an zentralen europäischen Geheimdiensten und vielem Anderen mehr. Für mich ist es ein logischer Schluss, dass weder die USA, noch die EU, noch Russland ein Interesse daran haben können, sich auseinanderzudividieren, wenn man global Verantwortung in Krisen und Konflikten übernehmen will und gleichzeitig seine eigene Sicherheit herstellen will. Wer die NATO überwinden will und gleichzeitig an der Erhaltung der eigenen Sicherheit interessiert ist, sollte über ein Bündnis aus Europäischer Union, Indien, Israel, Russland und den USA nachdenken. Ich habe dies bereits in anderen Publikationen vorgeschlagen.

Demgegenüber wird Russland von der Linkspartei selbstverständlich als Partner angenommen, obwohl unterschiedliche Auffassungen und Interessen zwischen Russland und der EU und zwischen Russland und den USA bestehen, was sich durch das Abstimmungsverhalten Russlands im UN-Sicherheitsrat ausdrückt.

Ich möchte hier kurz die russische Politik und seine Machtressourcen darstellen, um diesen Zusammenhang zu erläutern.

„Im Selbstverständnis seiner Eliten und Bevölkerung stellt Russland eine Großmacht dar. Konsequenterweise bezeichnet die außenpolitische Konzeption vom Juli 2008 das Land als "eines der einflussreichen Zentren der modernen Welt" (Foreign Policy Concept, 2008), Präsident Dmitrij Medwedew nennt es in seiner jährlichen Rede vor der Föderalversammlung im November 2010 eine "moderne Weltmacht" (Address to Federal Assembly, 2010). Damit geht der Anspruch einher, international Einfluss auszuüben und mit dem postsowjetischen Raum über eine eigene Einflusssphäre zu verfügen. “[33]

Letztlich hat Russland somit einen Weltmachtanspruch geltend gemacht, der Deutschland und Europa politisch in eine Zwickmühle bringt, insbesondere angesichts unterschiedlicher Werte.

Russlands Regierung ist sehr mächtig und international einflussreich.

„Zu den politischen Ressourcen des russischen Großmachtanspruchs gehören der permanente Sitz im UN-Sicherheitsrat, die Mitgliedschaft in wichtigen global governance-Foren (G8 und G20) sowie die Beteiligung an Vermittlungsformaten in zentralen Schlüsselregionen (3+3-Gespräche zum Iran-Konflikt; 6-Parteien-Gespräche zum Nordkorea-Konflikt). In anderen Weltregionen (Afrika, teils Lateinamerika) hat Russland dagegen seit dem Ende der Sowjetunion massiv an Einfluss verloren. Anders als die Sowjetunion verfügt das heutige Russland auch nicht über nennenswerte soft power, d. h. ein attraktives Gesellschafts-, Herrschafts- und Kultursystem. Weder entwickelte

33 Klein, Margarete: Russland: eine Großmacht in der internationalen Politik?, in: bpb.de vom 09. Mai 2011, online unter: http://www.bpb.de/internationales/europa/russland/47969/grossmacht?p=all

sich Russland zu einem Modell erfolgreicher Demokratisierung, noch zu einem erfolgreicher autoritärer Modernisierung wie China. Zudem fehlt es Moskau an verlässlichen Verbündeten, wie sich anlässlich der Anerkennung Abchasiens und Südossetiens durch Moskau zeigte, als keiner der postsowjetischen Staaten Russlands Beispiel Folge leistete. Das heutige Russland verfügt also nur bedingt über die nötigen Ressourcen, um seinen Großmachtanspruch international umzusetzen."[34]

Dennoch ist Russland ein politischer Riese, der als Staat im demokratischen Wandel immer mehr Einfluss gewinnt und politische Ziele verfolgt, die denen der USA und der EU zum Teil zuwiderlaufen.

„*Seit Beginn der 1990er-Jahre strebt Russland danach, dass sich auf globaler Ebene ein multipolares System etabliert. Darunter wird eine Ordnung verstanden, in der die führenden Großmächte - darunter Russland - die Spielregeln definieren und für deren Umsetzung sorgen. Außerdem sollen diese Großmächte in ihrem jeweiligen regionalen Umfeld exklusive und voneinander abgegrenzte Zuständigkeiten besitzen (Einflusssphären). Das Konzept der "Multipolarität" stellt damit ein Gegenmodell zu einer Weltordnung unter amerikanischer Dominanz (Unipolarität) dar und soll dazu dienen, Moskau vor dem Hintergrund des eigenen Machtverlusts eine Position auf Augenhöhe mit den USA und den aufstrebenden Weltmächten wie China zu sichern.*

Der UN-Sicherheitsrat nimmt in diesem Zusammenhang eine Schlüsselrolle ein. Erstens garantiert der permanente Sitz im UN-Sicherheitsrat Russland, dass es auch weiterhin eine Schlüsselrolle bei der Lösung globaler Fragen einnimmt. Zweitens bietet das Vetorecht Moskau die Möglichkeit, die amerikanische Dominanz einzuschränken oder zumindest zu de-legitimieren - wie im Vorfeld des Irakkrieges 2003. Drittens kann Moskau seinen permanenten Sitz im UN-Sicherheitsrat zur Verteidigung nationaler Interessen und speziell zur Wahrung seiner Vormachtstellung im postsowjetischen Raum nutzen."[35]

Auf internationaler Ebene, sprich der UNO, kann Russland also zum eigenen Vorteil enorm Macht und Einfluss geltend machen.

„*Aufgrund der damit verbundenen Einflussmöglichkeiten ist Russland daran interessiert, den UN-Sicherheitsrat zu stärken. Zugleich möchte es die eigene exklusive Position nicht abgewertet wissen. So fordert Moskau zwar einerseits, dass wichtige Staaten wie Indien, Brasilien, Deutschland etc. eine permanente Mitgliedschaft im UN-Sicherheitsrat erhalten. Andererseits besteht es darauf, dass auch weiterhin nur die bisherigen fünf permanenten Mitgliedstaaten über ein Vetorecht verfügen (Foreign Policy Concept, 2008).*

Moskaus Eintreten für eine multipolare Weltordnung bedeutet nicht, dass es zugleich ein überzeugter Verfechter multilateralen Handelns ist. Vielmehr ist das Verständnis des UN-Sicherheitsrats ein instrumentell-taktisches, keines mit normativem Bezug (vgl. Meister, 2009): Dort, wo Moskaus Position schwach ist, drängt es auf eine Prärogative des UN-Sicherheitsrats. So fordert die russische Führung z. B., dass die NATO außerhalb ihres Bündnisgebietes nur mit Zustimmung des UN-Sicherheitsrats eingreifen darf."[36]

---

34 Klein, Margarete: Russland: eine Großmacht in der internationalen Politik?, in: bpb.de vom 09. Mai 2011, online unter: http://www.bpb.de/internationales/europa/russland/47969/grossmacht?p=all

35 Klein, Margarete: Russland: eine Großmacht in der internationalen Politik?, in: bpb.de vom 09. Mai 2011, online unter: http://www.bpb.de/internationales/europa/russland/47969/grossmacht?p=all

36 Klein, Margarete: Russland: eine Großmacht in der internationalen Politik?, in: bpb.de vom 09. Mai 2011, online unter: http://www.bpb.de/internationales/europa/russland/47969/grossmacht?p=all

Die internationale Politik Russlands hilft Deutschland und Europa, aber auch Indien und Brasilien, mehr Einfluss zu gewinnen auf der internationalen Bühne und schwächt den Alleinvertretungsanspruch der USA.

„Ähnlich kompliziert wie zu den USA sind Russlands Beziehungen zur NATO. Zwar arbeiten beide Seiten seit 1991 in unterschiedlichen institutionellen Formaten zusammen, darunter seit 2002 im NATO-Russland Rat, der als Mechanismus für Konsultationen und im Konsensfall für gemeinsame Entscheidungen und Handlungen dient. Auch gelang es diesem, konkrete Ergebnisse zu erzielen, wo die Interessen beider Seiten weitgehend übereinstimmen: beim Abkommen zum Transit militärischer Güter durch Russland nach Afghanistan, dem Aktionsplan gegen Terrorismus etc. Dennoch konnte der NATO-Russland-Rat seine wichtigsten Aufgaben bislang nur unzureichend erfüllen: Transparenz und Vertrauen schaffen, einen krisensicheren Kommunikationskanal bieten, den Kooperationsbedarf breit-möglichst umsetzen und zentrale Konfliktpunkte konstruktiv bearbeiten.

Ähnlich wie im Verhältnis zur USA belasten auch in Bezug auf die NATO einerseits konkrete Einzelprobleme (Osterweiterung des Bündnisses; Raketenabwehrpläne etc.) die Beziehungen. Wichtiger sind jedoch - wie in Bezug auf die USA - zwei grundlegende Probleme: eine tiefe Vertrauenskrise und konträre ordnungspolitische Vorstellungen über die Ausgestaltung der euro-atlantischen Sicherheitsarchitektur und den legitimen Platz des jeweils anderen darin.

Seit dem Ende des kurzen Flirts Moskaus mit der Idee, sich in die westlichen Institutionen EU und NATO zu integrieren (1991-1992), fordert Moskau ein Sicherheitssystem, das nicht auf den exklusiven Institutionen NATO und EU fußt."[37]

Man kann also zu der Einschätzung gelangen, dass Russland zunehmend die Strategie verfolgt, die EU-Institutionen und die NATO zu ignorieren und eine von beiden unabhängige außenpolitische Strategie verfolgt.

DIE LINKE. fordert, wie oben bereits dargestellt, die Auflösung der NATO und ein neues Verteidigungsbündnis unter Einbeziehung Russlands.[38] Aber: Es ist doch eine Extremposition und realitätsfern, dies durchzusetzen. Zumindest beides gleichzeitig durchzusetzen. Außerdem ist zu konstatieren, dass es eine Zusammenarbeit der NATO Staaten mit Russland bereits gibt. Es gibt etwa den NATO-Russland-Rat[39] und Russland ist auch bei der G8 vertreten und es werden doch schon gemeinsame Positionen mit der russischen Regierung formuliert. Mehr als dies scheint für alle Beteiligten derzeit nicht möglich, vor allem, da im UN-Sicherheitsrat doch die US-Amerikaner und die Russen eine zumeist gegenläufige Positionen vertreten.

Der totale Ausstieg aus der NATO ist demnach keine reale politische Option, einerseits aufgrund der Macht der USA und andererseits, weil es auch bereits einen Handshake der Supermächte gab. Vielleicht schließen ja USA und Russland ein neues Bündnis. Das scheint zwar auch in naher Zukunft nicht so zu sein, aber es ist doch nicht auszuschließen. Und bei den gegenwärtigen militärischen Kapazitäten der Europäischen Union könnte dies doch noch unbequemer sein, als ein Teil der NATO zu sein.

Ich denke, aus der NATO jetzt auszutreten, wäre kontraproduktiv. Außerdem halte ich auch die Idee

37 Klein, Margarete: Russland: eine Großmacht in der internationalen Politik?, in: bpb.de vom 09. Mai 2011, online unter: http://www.bpb.de/internationales/europa/russland/47969/grossmacht?p=all

38 Siehe hierzu: Programm der Partei DIE LINKE., Beschluss des Parteitages der Partei DIE LINKE vom 21. bis 23. Oktober 2011 in Erfurt, bestätigt durch einen Mitgliederentscheid im Dezember 2011., S. 69, online unter: http://www.die-linke.de/fileadmin/download/dokumente/programm_der_partei_die_linke_erfurt2011.pdf

39 Siehe hierzu: NATO-Russland-Rat, online unter: http://www.nato-russia-council.info/en/

eines europäischen Isolationismus für inhuman, weil letztlich wir Deutschen und Europäer in der Lage sind, Krisen, Konflikte und Kriege zu verhindern und Menschen zu helfen, die in Notlagen sind, insbesondere in Afrika. Für dieses Ziel, Aufbauhilfe zu leisten, um demokratische und friedliche Strukturen zu etablieren, halte ich auch den Einsatz von Militär nicht grundsätzlich für falsch. Auf der anderen Seite ist eine Alternative zu dieser Politik momentan realpolitisch gesehen auch nicht gegeben.

Ich persönlich stehe für ein neues Verteidigungsbündnis der demokratischen Staaten. Hierzu würde ich die bisherigen NATO-Staaten, die EU, Russland, Israel, die USA und Indien einbeziehen und eine gemeinsame Vorgehensweise im Falle von Konflikten im Sicherheitsrat und durch eine Form der Vergemeinschaftung empfehlen.

Die Staaten der Europäischen Union haben ein kollektives Sicherheitsinteresse, das dem der US-Amerikaner zuwider läuft. Eine engere Kooperation der Europäischen Union mit Russland ist daher unerlässlich. Insofern war die diplomatische Annäherung an Russland unter Bundeskanzler Gerhard Schröder und der rot-grünen Koalition ein für mich richtiger Schritt.

Ich selbst stehe aus eigenem Interesse normativ der NATO ablehnend gegenüber, aber man muss die Realitäten der militärischen Supermächte zur Kenntnis nehmen. Es gibt keine einfache Loslösung von den USA. Die NATO ist ein Instrument der Herrschaft des US-Imperialismus. Das allein festzustellen ist noch keine ausreichende politische Positionierung für eine Regierungspartei, sondern nur deskriptive Sozialforschung.

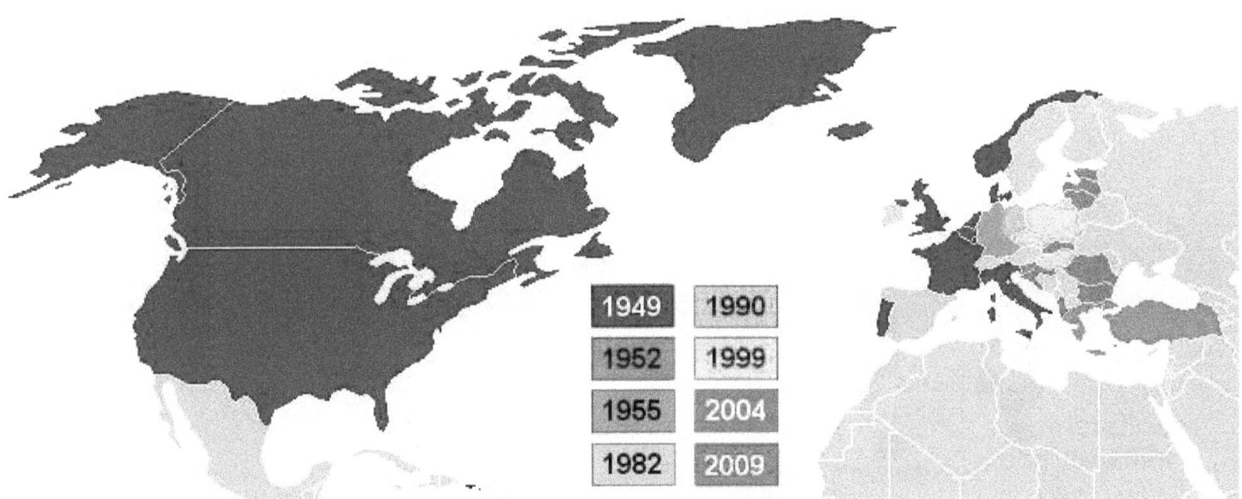

Abbildung 1: NATO-Staaten und Aufnahmejahr (Stand:2008), Quelle: http://upload.wikimedia.org/wikipedia/commons/2/2f/NATO_countries.png

Die Abbildung 1 zeigt die Mitgliedsstaaten der NATO, wobei es eine militärische Dominanz der USA gibt. Wer die NATO überwinden will, muss Tatsachen schaffen, und das erfordert eben eine militärische Kapazität, die der Europäischen Union nicht nur Sicherheit, sondern auch Unabhängigkeit von den außenpolitischen Vorstellungen der USA und Russland gewährt.

Diese Vorschläge und Konzepte auszuarbeiten, dazu ist die Linkspartei momentan noch nicht bereit und weder Deutschland noch die EU wirklich in der Lage. Das kann man nüchtern feststellen. Die europäische Verfassung, sprich der Lissabon-Vertrag aber legte bereits die Grundlage für eine Neuorientierung der europäischen Außen-, Sicherheits- und Verteidigungspolitik. Dies geht einher mit der Verbesserung der militärischen Kapazitäten, was ich immer unterstützt habe.

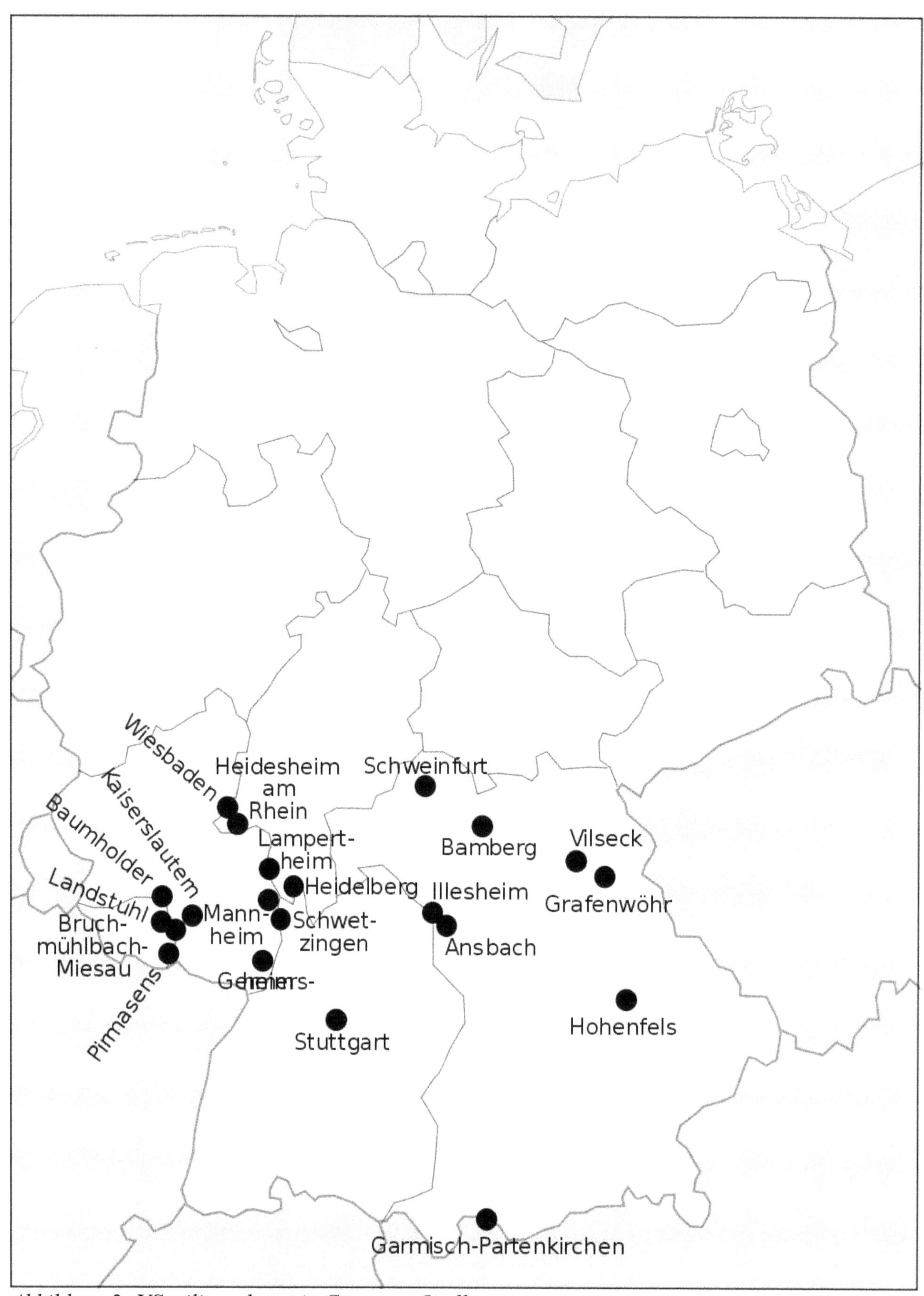

Abbildung 2: US military bases in Germany, Quelle: *http://upload.wikimedia.org/wikipedia/commons/thumb/3/3d/US_military_bases_in_Germany.svg/1000px-US_military_bases_in_Germany.svg.png*

Stand: 5. April 2011

Annex zu Parl Sts beim Bundesminister der Verteidigung Kossendey
1780018-V65 vom 8. April 2011

Beilage zur Frage 1,
Stand: 2006

Französische Gaststreitkräfte - Personalstärke -

Bundesland	Soldaten	Ziviles Gefolge	Gesamt
Baden-Württemberg	2.413	188	2.601
Bayern	11	0	11
Berlin	1	0	1
Brandenburg	1	0	1
Hamburg	13	0	13
Niedersachsen	41	2	43
Nordrhein-Westfalen	19	1	20
Rheinland-Pfalz	1.196	29	1.225
Sachsen	1	0	1
Schleswig-Holstein	12	0	12
Summe:	**3.708**	**220**	**3.928**

Amerikanische Gaststreitkräfte -Personalstärke

Bundesland	Soldaten	Ziviles Gefolge	Gesamt
Baden-Württemberg	12.774	4.520	17.294
Bayern	23.022	3.290	26.312
Berlin	0	0	0
Bremen	0	0	0
Hamburg	0	0	0
Hessen	12.522	3.149	15.671
Nordrhein-Westfalen	0	27	27
Rheinland-Pfalz	24.098	3.586	27.684
Saarland	0	0	0
Summe:	**72.416**	**14.572**	**86.988**

Belgische Gaststreitkräfte - Personalstärke -

Bundesland	Soldaten	Ziviles Gefolge	Gesamt
Baden-Württemberg	98	2	100
Nordrhein-Westfalen	96	0	96
Rheinland-Pfalz	90	0	90
Summe:	**284**	**2**	**286**

Britische Gaststreitkräfte - Personalstärke -

Bundesland	Soldaten	Ziviles Gefolge	Gesamt
Niedersachsen	6.784	259	7.043
Nordrhein-Westfalen	13.255	1.433	14.688
Summe:	**20.039**	**1.692**	**21.731**

Niederländische Gaststreitkräfte - Personalstärke -

Bundesland	Soldaten	Ziviles Gefolge	Gesamt
Baden-Württemberg	72	168	240
Niedersachsen	1.572	1.086	2.658
Nordrhein-Westfalen	429	412	841
Rheinland-Pfalz	100	135	235
Summe:	**2.173**	**1.801**	**3.974**

Abbildung 3: Dauerhaft stationierte ausländische Truppen in Deutschland, 2006, Quelle: http://dipbt.bundestag.de/dip21/btd/17/055/1705586.pdf, S. 14

Stand: 5. April 2011

Annex zu Parl Sts beim Bundesminister der Verteidigung Kossendey
1780018-V65 vom 8. April 2011

Beilage zur Frage 1, Stand: 2009

Französische Gaststreitkräfte - Personalstärke -

Bundesland	Soldaten	Ziviles Gefolge	Gesamt
Baden-Württemberg	2.291	178	2.469
Bayern	11	0	11
Berlin	1	0	1
Brandenburg	1	0	1
Hamburg	12	0	12
Niedersachsen	49	2	51
Nordrhein-Westfalen	30	0	30
Rheinland-Pfalz	1.171	34	1.205
Sachsen	1	0	1
Schleswig-Holstein	15	0	15
Summe:	**3.582**	**214**	**3.796**

Amerikanische Gaststreitkräfte -Personalstärke

Bundesland	Soldaten	Ziviles Gefolge	Gesamt
Baden-Württemberg	12.346	3.040	15.386
Bayern	19.799	1.525	21.324
Berlin	2	0	2
Bremen	0	0	0
Hamburg	4	0	4
Hessen	2.841	982	3.823
Nordrhein-Westfalen	562	34	596
Rheinland-Pfalz	21.126	4.100	25.226
Saarland	0	0	0
Summe:	**56.680**	**9.681**	**66.361**

Belgische Gaststreitkräfte - Personalstärke -

Bundesland	Soldaten	Ziviles Gefolge	Gesamt
Baden-Württemberg	74	0	74
Bayern	3	0	3
Hamburg	2	0	2
Nordrhein-Westfalen	81	0	81
Rheinland-Pfalz	61	0	61
Summe:	**221**	**0**	**221**

Britische Gaststreitkräfte - Personalstärke -

Bundesland	Soldaten	Ziviles Gefolge	Gesamt
Niedersachsen	4.970	327	5.297
Nordrhein-Westfalen	13.632	1.164	14.796
Summe:	**18.602**	**1.491**	**20.093**

Niederländische Gaststreitkräfte - Personalstärke -

Bundesland	Soldaten	Ziviles Gefolge	Gesamt
Baden-Württemberg	72	12	84
Nordrhein-Westfalen	449	73	522
Rheinland-Pfalz	89	3	92
Summe:	**610**	**88**	**698**

Abbildung 4: Dauerhaft stationierte ausländische Truppen in Deutschland, 2006, Quelle: http://dipbt.bundestag.de/dip21/btd/17/055/1705586.pdf, S. 15

Annex zu Parl Sts beim Bundesminister der Verteidigung Kossendey 1780018-V65 vom 8. April 2011

Beilage zur Frage 3
Stand: 5. April 2011

2001

Staat	Bundesland	Anzahl Soldaten
Vereinigten Staaten	BY, BW	29.070
Vereinigtes Königreich	BY, BB	570
Frankreich	BY, BW	1.000
Niederlande	BY, BW	3.450

2002

Staat	Bundesland	Anzahl Soldaten
Vereinigten Staaten	BY, BW	33.280
Vereinigtes Königreich	BY, HB, SH, NI, ST, BB	8.880
Niederlande	BY, NI, ST, BB	4.500
Frankreich	BW	810
Belgien	MV, NI	350

2003

Staat	Bundesland	Anzahl Soldaten
Vereinigten Staaten	BY, BW	17.480
Vereinigtes Königreich	BY, NI, ST, BB, BW	17.000
Niederlande	BY, SH, NI, MV, ST, BB, TH	9.700
Frankreich	BW	3.620

2004

Staat	Bundesland	Anzahl Soldaten
Vereinigten Staaten	BY	8.250
Vereinigtes Königreich	BY, BW, NI, BB, ST	23.500
Frankreich	BY, BW	5.180
Niederlande	BY, NI, BB	3.880

2005

Staat	Bundesland	Anzahl Soldaten
Vereinigten Staaten	BY, BW	16.560
Vereinigtes Königreich	BY, NI, MV, HH, SH, BW	17.920
Niederlande	BY, SH, NI, BW	4.000
Frankreich	BW	4.065

2006

Staat	Bundesland	Anzahl Soldaten
Vereinigten Staaten	BY, BW	16.760
Vereinigtes Königreich	BY, NI, ST, TH, BB	9.250
Frankreich	BY, BW	4.490
Niederlande	BY, NI, TH, ST, BB	4.970

Abbildung 5: Ausländische Truppen für militärische Übungen in Deutschland, 2006, Quelle: http://dipbt.bundestag.de/dip21/btd/17/055/1705586.pdf, S. 16

Deutscher Bundestag – 17. Wahlperiode – 17 – **Drucksache 17/5586**

2007

Staat	Bundesland	Anzahl Soldaten
Vereinigten Staaten	BY, BW	13.920
Vereinigtes Königreich	BY, BW, SH, NI, ST, TH, BB	12.970
Frankreich	BY, ST, BB, BW	4.080
Niederlande	BY, NI, ST, BB	2.680

2008

Staat	Bundesland	Anzahl Soldaten
Vereinigten Staaten	BY, TH, ST, BB, BW, RP	12.200
Vereinigtes Königreich	BY, ST, BB, NI	7.060
Frankreich	BW, ST, BB	3.560
Niederlande	RP, HE, NW, ST, BB, MV, NI	3.220
Belgien	ST, BB	48
Kroatien	RP	20
Tschechien	TH, BB	40
Finnland	BB	12
Polen	BB	40

2009

Staat	Bundesland	Anzahl Soldaten
Vereinigten Staaten	BY, BW, SL, RP, HE	15.400
Vereinigtes Königreich	BY, ST, TH, BB, NI, SH, MV, NW	11.700
Niederlande	BY, ST, BB, BW, NI, RP, HE, NW	3.240
Norwegen	ST, BB	130
Frankreich	BW, SL	5.580
Polen	BB	50
Luxemburg	RP	30

2010

Staat	Bundesland	Anzahl Soldaten
Vereinigten Staaten	BY, SL, RP, HE, BW	26.780
Vereinigtes Königreich	BY, ST, BB, TH, NI, RP, NW	12.510
Frankreich	SL, RP, BW	5.350
Niederlande	ST, NI, MV, RP, HE, NW, BY	8.340
Finnland	HE	10
Schweden	HE	12

BW	Baden-Württemberg	NI	Niedersachsen
BY	Bayern	NW	Nordrhein-Westfalen
BE	Berlin	RP	Rheinland-Pfalz
BB	Brandenburg	SL	Saarland
HB	Bremen	SN	Sachsen
HH	Hamburg	ST	Sachsen-Anhalt
HE	Hessen	SH	Schleswig-Holstein
MV	Mecklenburg-Vorpommern	TH	Thüringen

Abbildung 6: Ausländische Truppen für militärische Übungen in Deutschland, 2006, Quelle: http://dipbt.bundestag.de/dip21/btd/17/055/1705586.pdf, S. 17

Auf der Abbildung 2 kann man die Standorte der US-Amerikaner in Deutschland erkennen. Man muss also nüchtern feststellen, dass die USA eine Besatzungsmacht sind und ihre Truppen nach ihrem Belieben nach Deutschland verschieben und hier stationieren.

Die Abbildungen 3 bis 6 zeigen die Antworten der Bundesregierung auf eine Kleine Anfrage der Abgeordneten Paul Schäfer, Inge Höger, Jan van Aken und anderer Abgeordnete der Linksfraktion im Deutschen Bundestag.

Die Abbildungen 3 und 4 beantworten hier die Frage:

„1. Wie viele Truppen aus welchen Staaten waren zwischen 2001 und 2011 in welchen Bundesländern dauerhaft stationiert, und welchen Umfang hatte jeweils das zivile Gefolge (bitte aufgeschlüsselt nach Jahren, ausländischen Streitkräften und Bundesland)?“[40]

Man kann den Abbildungen 3 und 4 entnehmen, dass 2006 annähernd 100.000 ausländische Soldaten in Deutschland stationiert waren und im Jahre 2009 etwas weniger. Dabei gibt es bestehende Verträge, die Deutschland zum Drehkreuz für internationale Truppen und Einsätze der NATO und UNO machen.

Die Abbildungen 5 und 6 beantworten die Frage:

„3. Wie viele Truppen aus welchen Staaten hielten sich zwischen 2001 und 2010 für militärische Übungen in welchen Bundesländern auf (bitte jeweils nach Jahren aufgeschlüsselt)?“[41]

Desto stärker die aufmüpfige deutsche Friedensbewegung, desto mehr Truppen werden durch die USA und andere verschoben, könnte man polemisch fast sagen. Und man kann erkennen, dass die USA vermutlich einen neuen Angriff planen: Den Krieg gegen den Iran.

In jedem Falle wird Deutschland doch sehr stark frequentiert durch US-amerikanische Truppen. So wird eine eigenständige deutsche Außenpolitik sehr stark eingeschränkt. Man könnte sagen, dass diese Tatsache die deutsche Außenpolitik zwingt, weiterhin ein Mitglied der NATO zu bleiben, obwohl es inhaltliche Differenzen über die strategische Ausrichtung des Bündnisses, insbesondere mit den USA, gibt.

„4. Wie viele Truppen aus welchen Staaten nutzten zwischen 2001 und 2010 Deutschland als Zwischenstopp bzw. Transitland?“[42]

Dabei lässt sich feststellen, dass Truppen aus 54 Staaten die Bundesrepublik Deutschland zwischen 2004 und 2010 als Transitland benutzten.

„Unterlagen über Ein-/Durchreisen in und durch die Bundesrepublik Deutschland durch ausländische Streitkräfte werden maximal sechs Jahre aufbewahrt. Angehörige der Streitkräfte

---

40 Ausländische Streitkräfte in Deutschland, Antwort der Bundesregierung auf die Kleine Anfrage der Abgeordneten Paul Schäfer (Köln), Inge Höger, Jan van Aken, weiterer Abgeordneter und der Fraktion DIE LINKE. – Drucksache 17/5279, S. 2, online unter: http://dipbt.bundestag.de/dip21/btd/17/055/1705586.pdf

41 Ausländische Streitkräfte in Deutschland, Antwort der Bundesregierung auf die Kleine Anfrage der Abgeordneten Paul Schäfer (Köln), Inge Höger, Jan van Aken, weiterer Abgeordneter und der Fraktion DIE LINKE. – Drucksache 17/5279, S. 2, online unter: http://dipbt.bundestag.de/dip21/btd/17/055/1705586.pdf

42 Ausländische Streitkräfte in Deutschland, Antwort der Bundesregierung auf die Kleine Anfrage der Abgeordneten Paul Schäfer (Köln), Inge Höger, Jan van Aken, weiterer Abgeordneter und der Fraktion DIE LINKE. – Drucksache 17/5279, S. 2, online unter: http://dipbt.bundestag.de/dip21/btd/17/055/1705586.pdf

nachfolgender Nationen reisten in den Jahren 2004 bis 2010 in die Bundesrepublik Deutschland ein bzw. nutzten die Bundesrepublik Deutschland als Transitland:

Albanien, Argentinien, Australien, Weißrussland, Belgien, Bosnien-Herzegowina, Brasilien, Bulgarien, Chile, Dänemark, Estland, Finnland, Frankreich, Georgien, Griechenland, Großbritannien, Irak, Irland, Israel, Italien, Kanada, Kasachstan, Kroatien, Lettland, Litauen, Luxemburg, Mazedonien, Moldawien, Montenegro, Niederlande, Norwegen, Oman, Österreich, Pakistan, Polen, Portugal, Rumänien, Russland (Föderat.), Serbien und Montenegro, Serbien, Schweden, Schweiz, Singapur, Slowakei, Slowenien, Spanien, Südafrika, Syrien, Thailand, Tschechische Republik, Türkei, Ukraine, Ungarn und Vereinigte Staaten von Amerika.

Die Gesamtstärken der Angehörigen der Streitkräfte dieser Nationen betrugen:
2004 50 734 Angehörige der Streitkräfte
2005 56 914 Angehörige der Streitkräfte
2006 47 912 Angehörige der Streitkräfte
2007 65 561 Angehörige der Streitkräfte
2008 54 707 Angehörige der Streitkräfte
2009 67 825 Angehörige der Streitkräfte
2010 58 594 Angehörige der Streitkräfte.“[43]

Hier wird also auch über die Truppenstärke berichtet. Jederzeit wären die USA in der Lage gegen uns einen Krieg zu führen. Dies kann zwar nicht unbedingt in ihrem Interesse liegen, führt aber zu außenpolitischen Abhängigkeiten, die die deutsche Politik zu Verhaltensweisen zwingen, die nicht unserer politisch-gesellschaftlichen Theorie (Humanismus/Pazifismus) entsprechen und nicht mit unseren geostrategischen Interesse und deutschen und europäischen Sicherheitsinteressen kompatibel sind.

Also ist es nicht realistisch, gegen die USA als Einzelstaat eine eigenständige Außenpolitik zu vertreten. Das kann man zwar normativ und idealistisch tun, aber letztlich ändert das die politischen Entscheidungen der US-amerikanischen Parlamente und der US-Präsidenten bisher nicht im Geringsten.

Die Amerikaner akzeptieren jede Kritik an ihnen, sobald sie begründet wird, auch von Spielern innerhalb des politischen Systems. Sie fordern aber auch die Bündnistreue zum Nordatlantikvertrag ein. In der politischen Theorie der USA ist das diplomatisches und demokratisches Verhalten. Es lässt sich aber feststellen, dass es in der CDU und der SPD eine Form des vorauseilenden Gehorsams gegenüber den USA gibt, die weder notwendig noch zielführend ist.

Es ist dringend notwendig, die US-amerikanische Außenpolitik zu kritisieren, im eigenen europäischen Interesse und auch im Interesse der USA. Auch die Innenpolitik, die Sozialpolitik und das Rechtssystem in den USA muss in Anbetracht der Menschenrechtslage dort kritisiert werden. All das hören sich die Amerikaner auch an. Aber das amerikanische Volk ist der Souverän und die Auswirkungen von externer Kritik und politischer und wissenschaftlicher Penetration auf die politischen Entscheidungen der USA sind begrenzt.

Es lässt sich feststellen, dass die EU auf politischer, ökonomischer, sozialer und ökologischer Ebene und insbesondere in Bezug auf die Menschenrechtslage um ein Vielfaches fortschrittlicher ist, als

43 Ausländische Streitkräfte in Deutschland, Antwort der Bundesregierung auf die Kleine Anfrage der Abgeordneten Paul Schäfer (Köln), Inge Höger, Jan van Aken, weiterer Abgeordneter und der Fraktion DIE LINKE. – Drucksache 17/5279, S. 2f., online unter: http://dipbt.bundestag.de/dip21/btd/17/055/1705586.pdf

die politisch-gesellschaftlichen Verhältnisse in den USA. Aber wie die eben genannten Quellen belegen, sind die USA eine Besatzungsmacht. Das ist eine bedauerliche Realität.

Alle Beschwichtigungen in der Art, es handele sich bei den US-Amerikanern um „Freunde“, sind Geschwätz von Gesinnungsethikern und Ideologen der Ökumene, insbesondere der konservativen und sozialdemokratischen Professoren, die aus Angst, die Wahrheit zu sagen könne negative Auswirkungen haben, lügen. Dieses Verhalten ist aber nicht unbedingt zum Nachteil Deutschlands und der Europäischen Union.

Die US-Amerikaner sind im Vergleich zu den europäischen Bürgern autoritäre Persönlichkeiten, die eine kranke Ethik vertreten, die letztlich überholt ist, gewalttätig und rückschrittlich.

Die US-amerikanische Führung zwingt den europäischen Völkern imperiale Kriege auf, die den Sicherheitsinteressen der EU zuwiderlaufen und die nicht der Ethik entsprechen, die in den europäischen Ländern für die Außen-, Sicherheits- und Verteidigungspolitik als common sense gilt.

Das kann man nun bedauern, wie die Ideologen in der Linkspartei und in anderen Fraktionen, oder man kann auf Grundlage der Europäischen Verfassung Tatsachen schaffen, die eine Loslösung von den USA ermöglichen. Das lassen die Amerikaner auch zu, wie im Übrigen auch scharfe Kritik an ihrer Politik. Ich sehe nicht, warum man also in der EU weiter duckmäuserisch sein sollte gegenüber den USA. Ich sehe aber auch keinen Grund militärstrategisch gegen die USA vorzugehen.

Wenn die US-Amerikaner denn Freunde wären, dann könnte man ihnen doch auch die Wahrheit ins Gesicht sagen. Ich sehe keinen Grund das nicht zu tun. Und ich sehe trotzdem keinen Grund, die gewachsenen diplomatischen Beziehungen zu den USA abzubrechen, aber die EU könnte meines Erachtens schon etwas offensiver die humanistische Ethik und die Werte der Aufklärung gegenüber den USA vertreten. Sieht man sich die Gesellschafts- und Sozialwissenschaften in den USA an, so würde ich ein klares Werturteil fällen, dass es sich dort größtenteils um geisteskranke Gesinnungsethiker und Parawissenschaftler handelt, die sich auf Lehrstühlen befinden und Studenten indoktrinieren und Ideologien vertreten werden, die zu denen von deutschen Neonazis nicht verschieden sind. Die US-amerikanische Gesellschaft ist gewalttätig, homophob, rassistisch, nationalistisch, asozial, antikommunistisch und antisemitisch.

Dennoch ist die NATO eine gewisse Sicherheitsgarantie für deutsche und europäische Außen- und Verteidigungspolitik. Das Verhältnis der Linkspartei zur NATO ist demnach von Willensbekundungen geprägt, die im Grunde nicht unbedingt falsch sind, aber da sie unkoordiniert und infantil präsentiert werden, eine Verweigerungshaltung zum Ausdruck bringen, die für eine verantwortungsvolle Regierungspartei unter Berücksichtigung der Staatsräson nicht tragbar ist.

Ein Kommentar zum Interview von Lothar Bisky in der Zeit beschäftigt sich mit der Haltung der Linkspartei zur NATO:

„Ein Problem jeder linken Nato-Debatte, ob sie nun bei den Grünen schon vor Jahren geführt wurde oder bei der Linkspartei, wo das Thema ja nun auch nicht erst gestern erfunden wurde, ist: große politische Differenzen werden in kleinen sprachlichen Unterschieden ausgedrückt. Gerade im Fall des Militärbündnisses haben schon Nuancen eine gewisse Sprengkraft: die Nato auflösen, sie überwinden, aus ihr austreten - das ist nicht dasselbe. Vielleicht hilft die Erinnerung an Diskussionen, welche 2008 in der Linkspartei und in den 1980er Jahren bei den Grünen geführt

wurden."[44]

Es scheint also für neue Parteien, insbesondere auf der Seite der politischen Linken, zu gelten, dass sie teilweise antiamerikanisch sind. Das ist zwar Ausdruck des Bevölkerungswillens, aber gleichzeitig auch gefährlich, weil es politisch zum Boomerang werden kann, insbesondere da die US-amerikanische Gesellschaft und Politik ganz offensichtlich von Gewalttätern dominiert wird.

„Umgekehrt gilt aber auch, dass einmal beschlossene programmatische Festlegungen nicht schon dadurch überzeugender werden, indem man sie mit einer Art Ewigkeitsgarantie versieht. Friedenspolitische Grundsätze müssen auch in einer Linken, in der diese Frage hoch emotional besetzt ist, diskutierbar bleiben. Und sei es, weil Positionen dadurch glaubhafter werden, dass man sie ins Feuer des Streits wirft, statt sie in der Vitrine ewiger Wahrheiten vor jeglichem Zweifel wegzuschließen. Jan van Aken hat in der Zeitschrift „Welttrends", die einer rot-rot-grünen Diskussion über die ganz schwierigen, nämlich außen- und sicherheitspolitischen Fragen Raum gibt, unlängst formuliert: „Kollektive Friedenssicherung braucht keine militärischen Bündnisse." Und er wandte sich gegen den Glauben, man könne schon allein über die Wiederbelebung der OSZE eine „aus linker Sicht notwendige Neuausrichtung der kollektiven Friedenssicherung" erreichen."[45]

Jan van Aken ist ein so erbärmlicher Schmock und Gutmensch, der die Sicherheit der Deutschen und Europäer auf eine so infame Weise wider besseren Wissens gefährdet, dass er im Grunde für jede Fraktion einer demokratischen Partei in jeder politischen Ebene eine persona non grata ist. Angesichts der aktuellen Bedrohungslage für die Europäische Union, etwa durch den Iran, ist es doch absurd zu behaupten, dass die Sicherung des Friedens und die Herstellung der eigenen Sicherheit keiner militärischen Bündnisse bedarf.

Solange die Linkspartei solche Abgeordnete in der Bundestagsfraktion hat, ist sie nicht regierungsfähig und nicht gesellschaftsfähig, weil dieses Gutmenschentum aufgeklärte Wähler vergrault.

Lothar Bisky hat hier völlig Recht, wenn er einen neuen Diskurs über die außenpolitischen Vorstellungen der Linkspartei anmahnt und Veränderungen der bisherigen Ausrichtung der Partei fordert, weil letztlich die gesamte Gesellschaft von einer falschen und naiven Politik betroffen wäre.

Im Grunde sind es eine Minderheit von wenigen Sektologen in der Linkspartei, die aus bornierter Ideologie auf der Grundlage der außenpolitischen Leitlinien des Sowjetblocks (siehe Kapitel 8) die Regierungsfähigkeit der Linkspartei beeinträchtigen und damit die Hoffnungen vieler sozial ausgegrenzter Menschen, etwa Betroffene von Hartz4, enttäuschen. So erklärt sich meines Erachtens auch der Rückgang der Wählerstimmen in den Umfragen und die Wählerwanderung von Linkspartei zu den Grünen und zur SPD.

Das ist letztlich bedauerlich, da die Linkspartei mit anderen politischen Positionen ihr Potential von 15-20% bundesweit voll ausschöpfen könnte und im Sinne der Bürger eine bessere Sozialpolitik gegen die unsoziale SPD durchsetzen könnte.

---

44 Bisky, die Linke und die Sache mit der Nato, in: neues-deutschland.de vom 23. Februar 2013, online unter: http://www.neues-deutschland.de/artikel/813892.bisky-die-linke-und-die-sache-mit-der-nato.html

45 Bisky, die Linke und die Sache mit der Nato, in: neues-deutschland.de vom 23. Februar 2013, online unter: http://www.neues-deutschland.de/artikel/813892.bisky-die-linke-und-die-sache-mit-der-nato.html

4. Das Verhältnis der Linkspartei zur Europäischen Union

Vielfach beruft man sich in linken Parteien auf die Theorie des Internationalismus. Man müsste also davon ausgehen können, dass wann immer sich Nationalstaaten zusammentun, um gemeinsam friedlich, sozial und ökonomisch rational zu handeln, sollte dies auf Zustimmung der Linken treffen. Das Verhältnis der Linkspartei zur Europäischen Union ist jedoch, zumindest in der Wahrnehmung der deutschen Öffentlichkeit, gespalten, wie ich in diesem Kapitel zeigen werde.

Im Parteiprogramm der Linkspartei setzt man sich ein:

„für einen Neustart der Europäischen Union als demokratische, soziale, ökologische und Friedensunion, für den Vorrang sozialer Rechte vor den Binnenmarktfreiheiten, für hohe und bessere europaweite Mindeststandards des sozialen und Umweltschutzes sowie der Unternehmens- und Vermögenssteuern, für eine demokratisch kontrollierte Europäische Zentralbank und eine koordinierte und demokratisch kontrollierte Wirtschaftspolitik, die einer Unterbietungskonkurrenz durch die Verschlechterung von Löhnen und Arbeitsbedingungen, sozialen Leistungen und Umweltstandards entgegenwirkt. Eine EU, die vor allem auf Standortkonkurrenz, Wettbewerb und Dumpingwettlauf und deren militärische Absicherung setzt, diskreditiert die europäische Idee.“[46]

Ich halte das für eine zum Teil bewusste Fehlinterpretation der Politik der Europäischen Union, die durch rassistische, marxistisch-leninistische Tendenzen in der Linkspartei geschürt wird.

Die EU ist die Friedensmacht in der Welt, die Europäische Verfassung garantiert den Bürgern Grundrechte und Freiheitsrechte, wie es sie in keiner anderen Region in der Welt gibt.

Damit hat sich die Europäische Union politisch, ökonomisch, sozial und kulturell zu einer Supermacht entwickelt und ist eine Militärmacht, die eine grundsätzlich andere Strategie verfolgt, als etwa die USA, die letztlich gesellschaftlich, politisch, ökonomisch und sozial zurückgeblieben sind. Die EU ist die stärkste wirtschaftliche Region der Welt und hat damit ein erhöhtes Sicherheitsinteresse. Sicher, es gibt Kritikpunkte, aber die Frage ist, ob es regressive Kritik ist oder ob es sich um fortschrittliche Vorschläge handelt.

Die EU ist eben gerade nicht eine Militärmacht, die auf eine aggressive Außenpolitik setzt, sondern im Gegensatz zu den USA auf friedliche Konfliktlösungen. Ganz so wie es Deutschland seit 1945 immer getan hat. Die Soldaten der Deutschen Bundeswehr sicherten und sichern den Frieden ebenso, wie eine künftige europäische Armee.

Deshalb lässt sich vorerst der Schluss fassen: Je mehr europäische Koordinierung der Außen-, Sicherheits- und Verteidigungspolitik der Mitgliedsstaaten, desto mehr Unabhängigkeit vom Großmachtstreben des US-Imperialismus.

Sicher, man kann die EU kritisieren, auch für die militärische Aufrüstung, das Demokratiedefizit und die fehlende gemeinsame Sozialpolitik. Das mag von einem humanitären Standpunkt auch vertretbar sein und ist letztlich auch sinnvoll. Dennoch muss die Linkspartei doch zur Kenntnis nehmen, dass die Europäische Union der Garant für die soziale Umverteilung, die ökonomische

46 Programm der Partei DIE LINKE., Beschluss des Parteitages der Partei DIE LINKE vom 21. bis 23. Oktober 2011 in Erfurt, bestätigt durch einen Mitgliederentscheid im Dezember 2011., S. 7, online unter: http://www.die-linke.de/fileadmin/download/dokumente/programm_der_partei_die_linke_erfurt2011.pdf

Prosperität und die Sicherheit der deutschen und europäischen Bürger ist.

Ich sehe die gemeinsame Außen-, Sicherheits- und Verteidigungspolitik als die Voraussetzung, um die EU zu einem handlungsfähigen Block zu machen, ähnlich eines Nationalstaates mit Bundesstaaten. Dem Gedanken der Vereinigten Staaten von Europa stehe ich positiv gegenüber. Selbst die Gründerväter der Vereinigten Staaten von Amerika, etwa George Washington und Benjamin Franklin, standen dem Grundgedanken der Europäischen Einigung bereits positiv gegenüber.[47] Das gilt ebenso für die Deutsche Sozialdemokratie, die dieses Ziel bereits im Heidelberger Programm formulierte. Dort heißt es, die SPD

„tritt ein für die aus wirtschaftlichen Ursachen zwingend gewordene Schaffung der europäischen Wirtschaftseinheit, für die Bildung der Vereinigten Staaten von Europa, um damit zur Interessensolidarität der Völker aller Kontinente zu gelangen.“[48]

Die Linkspartei jedoch hat ein ablehnendes Verhältnis zur Europäischen Union wie einst Lenin es äußerte:

„Ist jedoch die Losung der republikanischen Vereinigten Staaten von Europa im Zusammenhang mit dem revolutionären Sturz der drei reaktionärsten Monarchien Europas, an ihrer Spitze der russischen, völlig unanfechtbar als politische Losung, so bleibt doch noch die sehr wichtige Frage nach dem ökonomischen Inhalt und Sinn dieser Losung. Vom Standpunkt der ökonomischen Bedingungen des Imperialismus, d. h. des Kapitalexports und der Aufteilung der Welt durch die »fortgeschrittenen« und »zivilisierten« Kolonialmächte, sind die Vereinigten Staaten von Europa unter kapitalistischen Verhältnissen entweder unmöglich oder reaktionär. Das Kapital ist international und monopolistisch geworden. (...)
Vereinigte Staaten von Europa sind unter kapitalistischen Verhältnissen gleichbedeutend mit Übereinkommen über die Teilung der Kolonien. Unter kapitalistischen Verhältnissen ist jedoch jede andere Basis, jedes andere Prinzip der Teilung als das der Macht unmöglich. Der Milliardär kann das »Nationaleinkommen« eines kapitalistischen Landes mit jemand anderem nur in einer bestimmten Proportion teilen: »entsprechend dem Kapital« (überdies noch mit einem Zuschlag, damit das grösste Kapital mehr bekommt als ihm zusteht). Kapitalismus bedeutet Privateigentum an den Produktionsmitteln und Anarchie der Produktion. Auf solcher Basis eine »gerechte« Verteilung des Einkommens zu predigen ist Proudhonismus, ist kleinbürgerlicher, philiströser Stumpfsinn. (...)
Aus eben diesen Erwägungen heraus, im Ergebnis vielfacher Erörterung der Frage auf der Konferenz der Auslandssektionen der SDAPR und nach dieser Konferenz, ist die Redaktion des Zentralorgans zu dem Schluss gelangt, dass die Losung der Vereinigten Staaten von Europa eine falsche Losung ist.“[49]

47 Siehe hierzu: Wikipedia: Vereinigte Staaten von Europa, online unter: http://de.wikipedia.org/wiki/Vereinigte_Staaten_von_Europa

48 Das Heidelberger Programm der SPD von 1925, online unter: http://www.marxists.org/deutsch/geschichte/deutsch/spd/1925/heidelberg.htm

49 Lenin, Wladimir Iljitsch: Über die Losung der Vereinigten Staaten von Europa, in: »Sozial-Demokrat«, Nr. 44 vom 23. August 1915, online unter: http://www.vulture-bookz.de/marx/archive/volltext/Lenin_1915~Ueber_die_Losung_der_Vereinigten_Staaten_von_Eur.html

Man erkennt, dass die Kritik der Linkspartei an der Europäischen Union lediglich eine regressive Kritik auf der Grundlage von demagogischer Polemik ist, die auf Versatzstücken marxistisch-leninistischer Agitation basiert. Das ist die Ideologie des real-existierenden Staatssozialismus, der, wie Gregor Gysi es allzu oft betonte, zurecht gescheitert ist.[50] Diese Ideologie und die Zusammenhänge zu aktuellen Positionen der Linkspartei werde ich in Kapitel 8 noch genauer untersuchen.

Hier wäre es, angesichts der extrem regressiven Positionen der Linkspartei zum Thema Europäische Union, fast schon besser, wenn man sich an Leo Trotzki orientieren würde, der 1923 zur Parole „Vereinigte Staaten von Europa" äußerte:

„Ich meine, dass es an der Zeit ist, neben der Parole „Arbeiter- und Bauernregierung" eine andere aufzustellen: „Die Vereinigten Staaten von Europa". Nur die Verbindung dieser beiden Parolen wird die brennendsten Fragen der europäischen Entwicklung in einer den Zeitumständen angemessenen Weise beantworten können. (...)
Die Unfähigkeit der Bourgeoisie, die Lösung der grundlegenden Fragen des wirtschaftlichen Wiederaufbaus Europas in die Hand zu nehmen, wird den werktätigen Massen immer deutlicher. Die Parole „Arbeiter- und Bauernregierung" kommt diesem wachsenden Bedürfnis der Werktätigen, selbständig und aus eigener Kraft einen Ausweg zu finden, entgegen. Es ist an der Zeit, auf diesen Ausweg konkret hinzuweisen: er ist – enge wirtschaftliche Kooperation der europäischen Völker, als das einzige Mittel, unseren Kontinent vor der wirtschaftlichen Zersetzung und Unterjochung durch das überstarke amerikanische Kapital zu retten. (...)"[51]

Es werden hier erstaunliche Parallelen zwischen dem Antagonismus USA-Europa heute und im Jahre 1923 deutlich.

„Man darf nicht den Umstand übersehen, dass die Gefahr seitens US-Amerikas, das den Verfall Europas mit allen Mitteln fördert und sich schon bereit macht, das europäische Erbe anzutreten, die Notwendigkeit eines Zusammenschlusses der einander entgegenarbeitenden europäischen Völker und die Bildung der „Vereinigten Staaten der europäischen Arbeiter und Bauer" besonders dringlich macht. Diese Gegenüberstellung von Amerika und Europa ergibt sich aus der Verschiedenheit der objektiven Lage der europäischen Länder und der transozeanischen mächtigen Republik und richtet sich natürlich keineswegs gegen die internationale Solidarität des Proletariats oder gegen die Interessen der amerikanischen Revolution. Im Gegenteil. (...)
Wir werden uns hier nicht mit Prophezeiungen darüber beschäftigen, in welchem Tempo sich die Vereinigung der europäischen Republiken vollziehen, welchen Zentralisationsgrad die europäische Wirtschaft in der ersten Periode des Arbeiter- und Bauernregimes erreichen wird. Aber das eine ist klar, dass die Zollschranken beseitigt werden müssen. Die europäischen Völker müssen in Europa eine Arena der vereinigten planmäßigen Wirtschaft erblicken. (...)"[52]

Man kann hier also schon in Trotzkis Begründung der Notwendigkeit des Zusammenschlusses der europäischen Nationen erkennen, dass die Ökonomie eine zentrale Rolle spielt. Das gilt auch heute für Neoliberale ebenso wie für Marxisten-Leninisten.

---

50 Siehe hierzu etwa: Eubel, Cordula/Meisner, Matthias: Gregor Gysi: „Heute stellen ganz andere die Systemfrage", in: tagesspiegel.de vom 20. August 2011, online unter: http://www.tagesspiegel.de/politik/gregor-gysi-heute-stellen-ganz-andere-die-systemfrage/4523750.html

51 Trotzki, Leo: Über die Aktualität der Parole „Vereinigte Staaten von Europa", in: Prawda, Nr. 144 vom 30. Juni 1923, online unter: http://www.marxists.org/deutsch/archiv/trotzki/1923/06/vse.htm

52 Trotzki, Leo: Über die Aktualität der Parole „Vereinigte Staaten von Europa", in: Prawda, Nr. 144 vom 30. Juni 1923, online unter: http://www.marxists.org/deutsch/archiv/trotzki/1923/06/vse.htm

„Die „Vereinigten Staaten von Europa" sind eine Parole, die derjenigen der „Arbeiter- (oder Arbeiter- und Bauern-)Regierung" in jeder Hinsicht entspricht. Ist die „Arbeiterregierung" ohne eine Diktatur des Proletariats realisierbar? Darauf kann man nur mit Vorbehalt antworten. Wir fassen „Arbeiterregierung" jedenfalls als eine Etappe zur Diktatur des Proletariats auf. Darin erblicken wir den ungeheuren Wert der Parole. Aber auch die Parole „Vereinigte Staaten von Europa" hat eine gleichwertige, parallel laufende Bedeutung. Ohne diese ergänzende Parole bleiben die europäischen Probleme in der Luft hängen. (...)
„Vereinigte Staaten von Europa" – diese rein revolutionäre Perspektive – sind die nächste Etappe der revolutionären Bewegung in Europa, die sich aus dem schneidenden Gegensatz zwischen Europa und Amerika ergibt. Wer diesen für die gegenwärtige Periode grundlegenden Gegensatz und Unterschied ignoriert, der wird die realen revolutionären Perspektiven in historischen Abstraktionen versanden lassen. Es versteht sich von selbst, dass die Arbeiter- und Bauernföderation bei der europäischen Etappe ihrer Entwicklung nicht stehen bleiben wird. Unsere Sowjetunion wird ihr, wie gesagt, den Zugang nach Asien eröffnen und damit Asien den Weg nach Europa bahnen. Es handelt sich hier also nur um eine Etappe, aber um eine sehr bedeutsame historische Etappe, die wir vor allem erreichen müssen."[53]

Trotzki steht dem Gedanken der Europäischen Einigung gar etwas aufgeschlossener gegenüber, obwohl auch er hier eine autoritäre Vorstellung von Staat und Ökonomie hatte, die sich, in Anbetracht der untergegangenen Sowjetunion und des real-existierenden Sozialismus, ganz offenkundig als falsch erwiesen hat.

Letztlich zeigt sich jedoch nach diesem kurzen Exkurs zur bolschewistischen Theorie über Europa, dass man mit vulgär-marxistischem und bolschewistischem Phrasendreschen nicht mehr Zustimmung von den Wählern erhält und damit die Europäische Union nicht mitgestalten kann. Bleibt die Linkspartei und die Europäische Linke hier bei dieser regressiven Kritik stehen, so isoliert man sich und überlässt anderen die Macht.

Wer also die NATO überwinden will, der muss zunächst erst einmal die EU anerkennen und zu ihren Verfassungsgrundsätzen stehen. Das ist europäische Räson, so wie es eben zur Deutschen Staatsräson gehört, die eigene Armee nicht zu diskreditieren oder gar ihr letztlich zu schaden und die Verfassungsgrundsätze anzuerkennen.

Ich möchte hier Beispiele anführen und diskutieren, in denen ich falsche, reaktionäre Positionen in der Linkspartei und der Europäischen Linken feststellen musste.

Im März 2005 bereits gab es eine Veranstaltung mit Bezug zur Europäischen Union, auf der die Politik der Europäischen Union total regressiv kritisiert wurde.

„Ende Januar erlebte das spanische Barcelona den Auftakt einer europaweiten Informations- und Diskussionskampagne der Partei der Europäischen Linken (EL) zur EU-Verfassung. 1500 Teilnehmer begrüßten auf einer Großveranstaltung der Vereinigten Linken Kataloniens in einem Konferenzzentrum von Barcelona Fausto Bertinotti, EL-Vorsitzender und Chef der italienischen Rifondazione Comunista, Marie-George Buffet, Vorsitzende der französischen Kommunisten, Wolfgang Gehrcke, außenpolitischer Sprecher der PDS, und Gaspar Llamazares, Chef der Vereinten Linken Spaniens.

Bei allen nationalen Aspekten zog sich durch ihre Ausführungen wie ein roter Faden die Warnung

53 Trotzki, Leo: Über die Aktualität der Parole „Vereinigte Staaten von Europa", in: Prawda, Nr. 144 vom 30. Juni 1923, online unter: http://www.marxists.org/deutsch/archiv/trotzki/1923/06/vse.htm

vor einer EU, die sich auf Grundlage ihrer ersten Verfassung zur Großmacht entwickelt und dabei den USA immer ähnlicher wird. Wenn man die Befreiung vom Faschismus vor 60 Jahren als Geburtsstunde eines modernen, gemeinsamen Europas verstehe, sei es umso wichtiger, sich gegen die zunehmende Militarisierung der EU zu stemmen. Zugleich kritisierten die Redner den neoliberale Grundkurs des Verfassungsvertrages. Europas Handschrift müsse Sozialstaatlichkeit, globale Gerechtigkeit und Verzicht auf Gewalt sein.

Wie Gehrcke in einem Pressegespräch betonte, ist das Nein der PDS zum Verfassungsvertrag ein Ja zu Europa. Dessen Forderung, die "militärischen Fähigkeiten zu verbessern", bedeute im Klartext, die Union aufzurüsten. Die Gründung einer Rüstungsagentur, die Aufstellung von EU-Militär für Auslandseinsätze seien Anlass genug, mit Nein zu stimmen, denn "wer Europa auf diesem Vertrag aufbauen will, trägt dazu bei, es zu zerstören. Wir wollen die Kriege von US-Präsident Bush nicht, weder in Irak noch in Iran.""[54]

Ich denke, dass man unterscheiden muss, zwischen notwendigen Verteidigungsmaßnahmen und Militarisierung. Die Verbesserung der militärischen Fähigkeiten kann nicht per se gleichgesetzt werden mit imperialem und gewalttätigen Handeln. Man muss Militär ja nicht einsetzen, sondern das ist ja dann immer eine politische Frage.

Eine gemeinsame Armee bietet die Möglichkeit, Kosten zu sparen und die Modernisierung bietet letztlich mehr Sicherheit für die europäischen BürgerInnen. Anderes zu behaupten, ist doch abwegig. Mit der Konstellation einer Abkehr von einer nationalstaatlichen Verteidigungs-, Sicherheits- und Außenpolitik der Länder der EU, ist doch überhaupt erst die Friedensmacht Europa möglich. Die EU bietet doch überhaupt erst die Möglichkeit, sich von der US-amerikanischen militärischen Expansionspolitik loszusagen und friedlichere Wege in der internationalen Politik einzuschlagen. Bereits die Truppenstärken der EU-Länder im Militäreinsatz gegen Afghanistan haben doch gezeigt, dass es ganz offenbar eine Diskrepanz zwischen den außenpolitischen Vorstellungen der EU und denen der USA gibt. Die Re-Nationalisierung der Außenpolitik in Europa hilft also dem US-Imperialismus viel eher, als ein starker Militärblock Europa, der auf friedlichen und humanistischen Werten beruht.

Es ist doch so, dass EU-Politik und Gesellschaft viel eher von den Werten des Humanismus und der Aufklärung bestimmt sind, als Politik und Gesellschaft in den USA und Russland oder gar erst im Vergleich zu China und den Ländern des islamischen Blocks. Die EU ist so pazifistisch, wie die UNO, man beruft sich auf formales internationales Recht, das ist Rechtspazifismus.

Die EU-Verfassung ist im Vergleich zur US-amerikanischen Verfassung viel fortschrittlicher und legt Grundrechte und Freiheiten als universell, die Menschenrechte für uns und andere garantieren.

Auch in dem Beschluss des Parteivorstandes vom Februar 2008 zum EU-Vertrag kommen leider antieuropäische Stereotype zum Ausdruck, die reaktionär sind und eine national-bolschewistische Gesinnung als Ursache haben. Hier heißt es zunächst:

„DIE LINKE bejaht grundsätzlich die europäische Integration. Ohne gemeinsame konkrete Antworten auf die sozialen, ökologischen und demokratischen Herausforderungen des 21. Jahrhunderts sind die heutigen und zukünftigen Probleme nicht lösbar. Eine dauerhafte und nachhaltig im Interesse der Menschen wirksame europäische Integration braucht ihre

54 Europäische Linke gegen EU-Verfassung – Kampagnenstart in Barcelona, in: Auslandsbulletin, März 2005, archiv2007.sozialisten.de, online unter: http://archiv2007.sozialisten.de/politik/publikationen/auslandsbulletin/view_html?zid=26574&bs=1&n=6

Unterstützung und Beteiligung. Dies kann aber nur auf der Grundlage einer demokratischen, freiheitlichen, sozialen und den Frieden sichernden Verfassung gelingen.“[55]

Soweit richtig. Aber leider kommen darauf folgend fast nur noch politische Positionen, die dieses Ansinnen meines Erachtens zunichte machen und die Europäische Integration verhindern.

„Der Vertrag von Lissabon wird diesen Erfordernissen in keiner Weise gerecht. Es handelt sich weder um eine Verfassung, noch begründet dieser Vertrag eine demokratische, soziale, ökologische und den Frieden sichernde Europäische Union. (...)

Deshalb lehnt DIE LINKE den Vertrag von Lissabon ab.“[56]

Der Lissabon-Vertrag hat doch eindeutig Verfassungscharakter. Er garantiert Grundrechte und Freiheiten für die Bürger, legt Anforderungen an die Mitgliedsstaaten fest und verpflichtet zu gemeinsamem Handeln zu friedlichen, humanistischen und sozialen Zwecken. Doch Die LINKE. behauptet:

„Einen gewichtigen Teil der Neuerungen gegenüber den jetzt gültigen Verträgen machen Bestimmungen zur Militär- und Sicherheitspolitik aus. Durch sie soll die vertragliche Grundlage geschaffen werden, um die EU nun auch zu einer globalen Militärmacht aufrüsten zu können, die weltweit Militärinterventionen und Kampfeinsätze durchführen kann. Ausdrücklich begründet der Vertrag eine Verpflichtung der Mitgliedsstaaten, "ihre militärischen Fähigkeiten schrittweise zu verbessern". Die Einrichtung einer "Europäischen Verteidigungsagentur" als Instrument zur "Entwicklung der Verteidigungsfähigkeiten, Forschung, Beschaffung und Rüstung" und "zur Stärkung der industriellen und technologischen Basis des Verteidigungssektors" wird ebenso vertraglich festgeschrieben.“[57]

Was spricht dagegen, die militärischen Fähigkeiten zu verbessern, angesichts der Bedrohung durch den islamischen Block, der Penetration durch die USA und der Großmachtinteressen Russlands? Ich denke: Nichts! Hier kommt ein kruder Selbsthass der Linkspartei zum Ausdruck, der letztlich der gesamten deutschen und europäischen Bevölkerung schadet.

„Für weltweite Militäroperationen werden "EU-battle groups" aufgebaut. Zudem wird die EU-Sicherheitspolitik eng an die NATO und die USA gebunden. Das ist eine fast ausschließlich militärisch definierte Sicherheits- und Verteidigungspolitik. Zugleich aber bleiben die Kompetenzen im Bereich der Sicherheits- und Verteidigungspolitik bei den Mitgliedstaaten.“[58]

---

55 Positionen des Parteivorstandes zum EU-Vertrag, Beschluss des Parteivorstandes vom 24. Februar 2008, in: die-linke.de, online unter: http://www.die-linke.de/partei/organe/parteivorstand/parteivorstand20072008/beschluesse/positionendesparteivorstandesderparteidielinkezumeuvertrag/

56 Positionen des Parteivorstandes zum EU-Vertrag, Beschluss des Parteivorstandes vom 24. Februar 2008, in: die-linke.de, online unter: http://www.die-linke.de/partei/organe/parteivorstand/parteivorstand20072008/beschluesse/positionendesparteivorstandesderparteidielinkezumeuvertrag/

57 Positionen des Parteivorstandes zum EU-Vertrag, Beschluss des Parteivorstandes vom 24. Februar 2008, in: die-linke.de, online unter: http://www.die-linke.de/partei/organe/parteivorstand/parteivorstand20072008/beschluesse/positionendesparteivorstandesderparteidielinkezumeuvertrag/

58 Positionen des Parteivorstandes zum EU-Vertrag, Beschluss des Parteivorstandes vom 24. Februar 2008, in: die-linke.de, online unter: http://www.die-linke.de/partei/organe/parteivorstand/parteivorstand20072008/beschluesse/positionendesparteivorstandesderparteidielinkezumeuvertrag/

Das ist letztlich nichts als Demagogie, die den eigenen Zielen der Linkspartei (siehe Kapitel 2) zuwiderläuft.

Ebenfalls ist die Behauptung leicht zu widerlegen, dass eine engere Bindung an die NATO und die USA angestrebt wird. Das Gegenteil ist doch der Fall und die Bindung an die NATO ist auch nicht Inhalt des Vertragstextes des Lissabon-Vertrags. Mithin wären die Mitgliedsstaaten der Europäischen Union durch eine Re-Nationalisierung doch noch viel eher durch NATO und USA gezwungen, im Sinne des US-Imperialismus zu handeln. Die EU-Battle Groups sind die Vorstufe zu einer europäischen Verteidigungsarmee, die angesichts der Drohungen etwa des Irans doch zwingend erforderlich ist. DIE LINKE. gefährdet durch ihre naive Haltung die Sicherheit der Menschen in Europa. Das ist unerträglich!

„Die EU bekennt sich im Vertrag von Lissabon nicht zur Sozialstaatlichkeit, ohne die aber die im Vertrag proklamierte Demokratie und Rechtstaatlichkeit auf tönernen Füßen stehen. Der Vertrag unterwirft die Wirtschaftspolitik uneingeschränkt dem neoliberalen Dogma "einer offenen Marktwirtschaft mit freiem Wettbewerb" und stellt die in Artikel 3 als Ziel postulierte "soziale Marktwirtschaft" unter den Vorbehalt der Wettbewerbsfähigkeit."[59]

Die Sozialpolitik der Mitgliedsstaaten bleibt aber doch davon unberührt. Eine eigene politisch-ökonomische Definition von Wettbewerbsfähigkeit könnte DIE LINKE. doch leicht bringen: Eine Gesellschaft und Ökonomie ist dann wettbewerbsfähig, wenn alle Bürger auf höchstem Niveau versorgt sind und die Sicherheit des Humankapitals ist in einer modernen Ökonomie untrennbar mit der Sicherheit des Investitionskapitals verbunden.

Außerdem könnte man aus den Grundrechten, die in der „Charta der Grundrechte der Europäischen Union" festgelegt wurden, etwa aus Art. 1 (Würde des Menschen), Art. 14 (Recht auf Bildung), Art. 15 (Berufsfreiheit und Recht zu arbeiten), Art. 17 (Eigentumsrecht), Art. 21 (Nichtdiskriminierung), Art. 27 (Recht auf Unterrichtung und Anhörung der Arbeitnehmerinnen und Arbeitnehmer im Unternehmen), Art. 34 (Soziale Sicherheit und soziale Unterstützung) und Art. 36 (Zugang zu Dienstleistungen von allgemeinem wirtschaftlichen Interesse)[60] auch ein Sozialstaatsgebot ableiten, wo doch etwa auch das Bundesverfassungsgericht die Verfassungswidrigkeit etwa der Hartz-IV-Gesetze auch aus Art. 1 GG und Art. 20 GG, der Menschenwürde und dem Sozialstaatsgebot ableiten.[61] Aus den Werten der Menschenrechte, wie sie bereits in der Präambel der EU-Grundrechtscharta genannt werden, ließe sich das Sozialstaatsgebot ebenso locker begründen, wie aus Art. 34 der „Charta der Grundrechte der Europäischen Union". Artikel 34 der EU-Grundrechtscharta ist meines Erachtens gar noch weitreichender und detaillierter als Art. 20 GG. Außerdem bleiben die nationalen Verfassungen, sprich das Grundgesetz doch bestehen.

„DIE LINKE sagt Nein! zu einer neoliberal ausgerichteten Europäischen Union, die sich vorrangig den Profiten der internationalen Konzerne und des Finanzkapitals verpflichtet fühlt. Sie sagt Ja zur sozialen Ausrichtung der Europäische Union, in der die Bedürfnisse der Bürgerinnen und Bürger im Mittelpunkt stehen - mit eindeutigen arbeitsrechtlichen und sozialen Regelungen und Mindeststandards, um Lohn- und Sozialdumping innerhalb der EU zu beenden. Sie bleibt bei ihrer

59 Positionen des Parteivorstandes zum EU-Vertrag, Beschluss des Parteivorstandes vom 24. Februar 2008, in: die-linke.de, online unter: http://www.die-linke.de/partei/organe/parteivorstand/parteivorstand20072008/beschluesse/positionendesparteivorstandesderparteidielinkezumeuvertrag/

60 Charta der Grundrechte der Europäischen Union, in: Amtsblatt der Europäischen Union, 53. Jahrgang vom 30. März 2010, online unter: http://eur-lex.europa.eu/LexUriServ/LexUriServ.do?uri=OJ:C:2010:083:0389:0403:DE:PDF

61 BVerfG, 1 BvL 1/09 vom 9.2.2010, Absatz-Nr. (1 – 220), online unter: http://www.bverfg.de/entscheidungen/ls20100209_1bvl000109.html

Forderung nach einer sozialstaatlichen Zielbestimmung im EU-Vertrag.“[62]

Die soziale Ausrichtung der EU wäre meines Erachtens eine klare Komponente dessen, was man als Wettbewerbsfähigkeit bezeichnen kann, in Anbetracht eben angeführter Definition. Außerdem wäre ein Sozialstaatsgebot möglicherweise sogar kontraproduktiv, da man sich so auf den kleinsten gemeinsamen Nenner in der Sozialpolitik verständigen müsste, anstatt dass die stärksten Staaten (etwa Frankreich und Deutschland) ihre Sozialniveaus exportieren. Auch Profitmaximierung ist nicht negativ, weil sich allein aus der Rentabilität und Profitabilität der europäischen Unternehmen die sozialen Sicherungssysteme finanzieren lassen. In der marxistischen Theorie ist auch nicht die Profitmaximierung das Problem des Kapitalismus, sondern die ungleiche Verteilung des Profits und die damit einhergehende relative Verelendung. Ein höherer Profit bedeutet doch auch immer mehr Wohlstand, weil es günstiger wird, Waren zu produzieren.

„Die "gemeinsame" Asyl- und Einwanderungspolitik mit einem "integrierten Grenzschutzsystem", einer "wirksamen Überwachung des Grenzübertritts an den Außengrenzen" und einer "wirksamen Steuerung der Migrationsströme" zielen auf eine EU-einheitliche restriktive Flüchtlings- und Einwanderungspolitik.“[63]

Man kann in den USA erkennen, dass Massenimmigration kontraproduktiv für eine Volkswirtschaft und ein Gemeinwesen sein kann, wenn sie nicht gesteuert wird. Flüchtlingshilfe kann nicht auf Kosten der eigenen Sicherheit und sozialen Stabilität geschehen. Eine zu zahlreiche ungesteuerte Immigration könnte politisch, gesellschaftlich und ökonomisch zu einer Gefahr für die Europäische Union werden.

„Statt mehr Sicherheit bedeutet diese neue Macht der EU vor allem weniger Grundrechte und Demokratie für die Bürgerinnen und Bürger. Einer repressiven Asyl- und Migrationspolitik – wie sie bereits seit langem von vielen Ländern praktiziert wird - droht nun auch EU-weit Tür und Tor geöffnet zu werden. Die Politik einer "Festung Europa" soll vertraglich abgesichert werden.“[64]

Das ist eine glatte Lüge, dass es weniger Grundrechte gäbe. Die Grundrechte sind die selben, wie sie auch das deutsche Grundgesetz gewährt, wenn nicht gar zum Teil weitreichender. Außerdem gibt es mehr Pflichten auch für Konzerne. Die Flüchtlings- und Asylpolitik analog der Verfassungsänderung zu Art. 16a GG[65] europäisch zu koordinieren, halte ich für einen richtigen Schritt. Daraus eine „Festung Europa“ abzuleiten, ist nichts weiter als Populismus.

„Trotz zahlreicher Änderungen beseitigt der Vertrag von Lissabon nicht das Demokratiedefizit der EU. DIE LINKE sieht sehr wohl Fortschritte, insbesondere bei der Mitentscheidung durch das Europäische Parlament. Die Anzahl der Bereiche, in denen das Parlament künftig mitbestimmen soll, wird sich von jetzt 20 auf 80 erhöhen Es bleibt aber dabei, dass das EU-Parlament auch in

62 Positionen des Parteivorstandes zum EU-Vertrag, Beschluss des Parteivorstandes vom 24. Februar 2008, in: die-linke.de, online unter: http://www.die-linke.de/partei/organe/parteivorstand/parteivorstand20072008/beschluesse/positionendesparteivorstandesderparteidielinkezumeuvertrag/

63 Positionen des Parteivorstandes zum EU-Vertrag, Beschluss des Parteivorstandes vom 24. Februar 2008, in: die-linke.de, online unter: http://www.die-linke.de/partei/organe/parteivorstand/parteivorstand20072008/beschluesse/positionendesparteivorstandesderparteidielinkezumeuvertrag/

64 Positionen des Parteivorstandes zum EU-Vertrag, Beschluss des Parteivorstandes vom 24. Februar 2008, in: die-linke.de, online unter: http://www.die-linke.de/partei/organe/parteivorstand/parteivorstand20072008/beschluesse/positionendesparteivorstandesderparteidielinkezumeuvertrag/

65 Siehe hierzu: Wikipedia: Asylkompromiss, online unter: http://de.wikipedia.org/wiki/Asylkompromiss

Zukunft kein Recht auf Gesetzesinitiative hat. Es wählt weiterhin nicht die einzelnen Mitglieder der Kommission. Auch hinsichtlich des Kommissionspräsidenten kann es nur Vorschläge des Rats ablehnen, nicht aber wirklich selbst wählen. Zukünftig werden zwar erstmalig Bürgerbegehren innerhalb der EU möglich sein, jedoch wird es weiterhin keine bindenden EU-weiten Referenden geben."[66]

Dass es ein Demokratiedefizit gibt, wird im Europaparlament fraktionsübergreifend so gesehen, aber wenn es nicht mindestens auch relevante Entscheidungen zu treffen gibt, etwa in der Innen- und Rechtspolitik, der Außenpolitik, der Verteidigungspolitik und der Sicherheitspolitik, so braucht man darüber auch nicht zu diskutieren. Wer dies nicht akzeptiert, verhindert letztlich eine europäisch koordinierte Sozialpolitik. Diese Kritik ist also zwar berechtigt, dafür sollte die Zustimmung zu einer gemeinsamen europäischen Sicherheits- und Verteidigungspolitik aber die Voraussetzung sein.

„*Die EU-Grundrechtecharta wird durch Artikel 6 Absatz 1 des geänderten EU-Vertrags für rechtsverbindlich erklärt. Es wurden keine der in den vergangenen Jahren in den Mitgliedsländern diskutierten inhaltlichen Ergänzungen oder Änderungen an der Grundrechtecharta vorgenommen: So wird es weder ein vertraglich garantiertes Recht auf Arbeit noch ein grenzüberschreitendes Streikrecht geben. Ein Grundrecht auf unternehmerische Freiheit aber bleibt verankert.*"[67]

Die Behauptung, es gäbe kein Streikrecht ist doch absurd. Es gibt Versammlungsfreiheit. Angesichts der Produktivitätssteigerungen durch Innovationen durch Investitionen ist ein Recht auf Arbeit auch sinnfrei. Die Realität ist selbst mit Hartz4 in Deutschland etwa doch schon ein Recht auf Geld ohne Arbeit. Insofern gibt es eher ein Recht auf ein bedingungsloses Grundeinkommen, das sich aus den Werten des Humanismus und der Menschenwürde ableiten ließe. Warum sollte man die unternehmerische Freiheit untersagen, wo es doch rentable Unternehmungen sind, die letztlich die Sozialtransfers finanzieren? Es gibt doch zumindest in Deutschland weiter sichere Transferleistungen, dies ist vorerst nationalstaatlich, später könnte das Grundeinkommen supranational zum Leitbild werden. Das scheint realistisch. Dabei könnte sich DIE LINKE. doch dafür einsetzen, dass das bedingungslose Grundeinkommen in Form einer verbesserten Hartz4-Gesetzgebung das Sozialmodell der Europäischen Union wird.

„*DIE LINKE. wendet sich entschieden dagegen, dass der Vertrag von Lissabon an den Bürgerinnen und Bürgern der Mitgliedsstaaten und an den Parlamenten vorbei ausgehandelt wurde und v. a. jetzt in kürzester Zeit allein durch die Parlamente ratifiziert werden soll.*"[68]

Es sind doch gewählte politische Vertreter, die diesen Vertrag ausgearbeitet haben, die Ratifizierung durch Parlamente ist in den meisten Ländern auch verfassungskonform. Mag sein, dass dies wünschenswert gewesen wäre, aber notwendig ist es nicht zwingend.

66 Positionen des Parteivorstandes zum EU-Vertrag, Beschluss des Parteivorstandes vom 24. Februar 2008, in: die-linke.de, online unter: http://www.die-linke.de/partei/organe/parteivorstand/parteivorstand20072008/beschluesse/positionendesparteivorstandesderparteidielinkezumeuvertrag/

67 Positionen des Parteivorstandes zum EU-Vertrag, Beschluss des Parteivorstandes vom 24. Februar 2008, in: die-linke.de, online unter: http://www.die-linke.de/partei/organe/parteivorstand/parteivorstand20072008/beschluesse/positionendesparteivorstandesderparteidielinkezumeuvertrag/

68 Positionen des Parteivorstandes zum EU-Vertrag, Beschluss des Parteivorstandes vom 24. Februar 2008, in: die-linke.de, online unter: http://www.die-linke.de/partei/organe/parteivorstand/parteivorstand20072008/beschluesse/positionendesparteivorstandesderparteidielinkezumeuvertrag/

„Der Parteivorstand begrüßt, dass die Bundestagsfraktion DIE LINKE in einem Entschließungsantrag vom 12. Dezember 2007 die Bundesregierung aufgefordert hat, den Vertragentwurf nicht zu unterschreiben. Er erwartet, dass die Fraktion, nachdem der Entwurf ohne Änderungen unterzeichnet wurde, das Zustimmungsgesetz zu dem Vertrag ablehnt. Die Linksfraktionen im Bundestag und in den Landtagen werden sich auf der Grundlage des Beschlusses des Parteivorstands der LINKEN und des Parteitagsbeschlusses der Partei der Europäischen Linken hörbar in den Ratifizierungsdebatten zu Wort melden."[69]

Es war falsch, den Vertragsentwurf stoppen zu wollen. Das war eine politische Kampagne gegen die Europäischen Union, die letztlich eine Provokation gegen alle anderen Demokraten bedeutet hat und die reaktionärsten Kräfte hervorgelockt hat und in die Linkspartei-Mitgliedschaft geholt hat. Das waren alle National-Bolschewisten und Sektierer aus SPD und Grünen.

„Mit den vertraglichen Grundlagen für die Militarisierung der Sicherheits- und Verteidigungspolitik ist zu erwarten, dass das Bestreben, das Aufrüstungsgebot für die Mitgliedstaaten rasch umzusetzen, Raum greift - mit allen damit verbundenen Konsequenzen. Ebenso die Bildung eines militärischen Kerneuropas und der mit beiden verbundenen weiteren Ausdehnung militärischer Operationen außerhalb der EU. Das sind die Hauptgefahren, die sich aus dem Vertrag von Lissabon ergeben. Zugleich aber verbleibt die Sicherheits- und Verteidigungspolitik nach wie vor in der Souveränität der Mitgliedstaaten, und damit muss DIE LINKE gemeinsam mit ihren Bündnispartnern im Inland und abgestimmt mit den anderen Linksparteien diesen Gefahren insbesondere auf nationaler Ebene entgegen treten. Dafür gilt es, eine konkrete Strategie zu entwickeln. So muss in Deutschland gesichert werden, dass der Parlamentsvorbehalt des BT nicht ausgehöhlt wird."[70]

Ich sehe in der europäischen Verteidigungspolitik keine Gefahr, sondern im Gegenteil einen Beitrag zu mehr Sicherheit. Ich denke, dass die Tatsache, dass die Zuständigkeit für die Sicherheits- und Verteidigungspolitik vorerst weiterhin in der Souveränität der Mitgliedsstaaten bleibt daran liegt, dass es für die Einsätze, die durch nationale Regierungen beschlossen wurden, etwa den Afghanistan-Einsatz weiterhin einen nationalen Parlamentsvorbehalt gibt. Für zukünftige Einsätze der „EU-Battle Groups" gilt es einen Parlamentsvorbehalt für das Europäische Parlament zu erstreiten, alles andere halte ich für reaktionär.

„Ähnlich ist es mit den Schritten, die durch die teilweise Vergemeinschaftung der Innen- und Rechtspolitik ausgelöst werden, vor allem die Operativbefugnis für Europol, eine mögliche Vermischung von Polizei und Geheimdiensten mit Hilfe des neugeschaffenen "ständigen Ausschusses", die restriktive Ausrichtung der gemeinsamen Asyl- und Einwanderungspolitik und der "Kampf gegen den Terrorismus". Auch hier muss in Deutschland gesichert werden, dass das deutsche Grundgesetz nicht über die EU-Ebene (evt. sogar von der deutschen Regierung initiiert) ausgehebelt wird. Die Linken müssen zusammen v.a. mit entsprechenden Nichtregierungsorganisationen und allen interessierten demokratischen Initiativen und Bewegungen ihren Kampf für eine gemeinsame Flüchtlings-, Asyl- und Einwanderungspolitik verstärken, die auf der Genfer Flüchtlingskonvention, der Europäischen Menschenrechtskonvention

---

69 Positionen des Parteivorstandes zum EU-Vertrag, Beschluss des Parteivorstandes vom 24. Februar 2008, in: die-linke.de, online unter: http://www.die-linke.de/partei/organe/parteivorstand/parteivorstand20072008/beschluesse/positionendesparteivorstandesderparteidielinkezumeuvertrag/

70 Positionen des Parteivorstandes zum EU-Vertrag, Beschluss des Parteivorstandes vom 24. Februar 2008, in: die-linke.de, online unter: http://www.die-linke.de/partei/organe/parteivorstand/parteivorstand20072008/beschluesse/positionendesparteivorstandesderparteidielinkezumeuvertrag/

sowie den anerkannten Standards internationalen Flüchtlingsrechts der UN beruhen.“[71]

Durch die Vergemeinschaftung der Innen- und Rechtspolitik wird eine gemeinsame Rechtsgrundlage geschaffen, die letztlich als Voraussetzung für die Sozialpolitik angesehen werden kann. Das Grundgesetz wird auch nicht ausgehebelt, da es sich bei der EU um ein intergouvernementales System handelt, ähnlich wie auch die UNO. Die Flüchtlingskonventionen und die EU-Menschenrechtskonvention sind doch schon einklagbares geltendes Recht. Und auch die UN-Menschenrechtscharta gilt als oberstes Prinzip.

„Was die nach wie vor anhaltende Durchsetzung neoliberaler Politik als bestimmende Grundrichtung der EU-Entwicklung durch EU-Institutionen und die nationalen Regierungen der EU-Mitgliedstaaten, gestützt auf oftmals mehrheitlichen Entscheidungen der nationalen Parlamente betrifft, gilt es, den eingeschlagenen Weg des nationalen und europäischen Widerstandes, z.B. gegen Prekarisierung, für europaweite Mindestlöhne, für den Erhalt der öffentlichen Daseinsvorsorge und gegen ihre Privatisierung, für die Ausweitung der Aufgaben der EZB und ihre demokratische Kontrolle, für die Durchsetzung ökologischer Standards und eine wirksame sozial-ökologische Nachhaltigkeitsstrategie der EU einschließlich der europäischen Energie- und Klima-Politik konsequent weiter zu führen.
Dabei sind die Spielräume, die sich aus den EU-Verträgen ergeben, initiativreich, konkret und verantwortungsvoll zu nutzen.“[72]

Einerseits wird sich gegen die gemeinsame Innen- und Rechtspolitik ausgesprochen, andererseits will man sich darauf berufen, um die eigenen Positionen, etwa gegen Prekarisierung, für europäische Mindestlöhne, für Daseinsvorsorge usw. zu belegen und einzufordern. DIE LINKE. denkt nur an den eigenen parteipolitischen Vorteil und nicht zuerst an den Vorteil aller EU-Bürger durch die Europäische Integration.

„Demokratiepolitisch hat das Europäische Parlament in Zukunft weitaus größere Mitentscheidungsrechte. Diese gilt es mit konkreten politischen Vorschlägen für andere Mehrheiten und eine grundlegende Veränderung der heute praktizierten EU-Politik einzusetzen. Dafür braucht die europäische Linke eine starke Fraktion im Europäischen Parlament. DIE LINKE und die Partei der Europäischen Linken werden ihren Beitrag dazu leisten.
Darüber hinaus wird den Bürgerinnen und Bürgern das Instrument des Bürgerbegehrens gegeben, das es klug zu nutzen gilt. Gleiches trifft auch auf die Grundrechte-Charta zu. Nicht zuletzt haben nun auch die nationalen Parlamente durch die Subsidiaritätsprüfung und ihre erweiterten Informationsrechte mehr Möglichkeiten, rechtzeitig auf EU-Entwicklungen Einfluss zu nehmen.“[73]

Alles in Allem kann man also konstatieren, dass sich die wenigsten Mitglieder des Parteivorstandes mit der Europapolitik und den Rechtsgrundlagen ausreichend auskennen und nur Halbwahrheiten und reaktionäre Positionen in den Diskurs bringen, die letztlich den Bürger nur irritieren. DIE

71 Positionen des Parteivorstandes zum EU-Vertrag, Beschluss des Parteivorstandes vom 24. Februar 2008, in: die-linke.de, online unter: http://www.die-linke.de/partei/organe/parteivorstand/parteivorstand20072008/beschluesse/positionendesparteivorstandesderparteidielinkezumeuvertrag/

72 Positionen des Parteivorstandes zum EU-Vertrag, Beschluss des Parteivorstandes vom 24. Februar 2008, in: die-linke.de, online unter: http://www.die-linke.de/partei/organe/parteivorstand/parteivorstand20072008/beschluesse/positionendesparteivorstandesderparteidielinkezumeuvertrag/

73 Positionen des Parteivorstandes zum EU-Vertrag, Beschluss des Parteivorstandes vom 24. Februar 2008, in: die-linke.de, online unter: http://www.die-linke.de/partei/organe/parteivorstand/parteivorstand20072008/beschluesse/positionendesparteivorstandesderparteidielinkezumeuvertrag/

LINKE. sollte neben parteipolitischen Aktionen auch über Tatsachen sachlich aufklären und nicht demagogisch sein.

Außerdem wird durch Politiker der Linkspartei gegen den Lissabon-Vertrag Klage erhoben, was zeigt, dass man alle von mir soeben geschilderten Tatsachen schlicht und einfach nicht zur Kenntnis nehmen will.

„Der europapolitische Sprecher der Linksfraktion im Bundestag, Diether Dehm, will in Karlsruhe gegen den Lissabon-Vertrag zur Reform der EU klagen. „Ich werde vor das Bundesverfassungsgericht gehen", sagte Dehm dem Tagesspiegel. Es gebe „eine ganze Reihe" weiterer Abgeordneter aus der Linksfraktion, die sich einer solchen Verfassungsbeschwerde gegen den Reformvertrag anschließen wollten, kündigte Dehm zudem an. Er berief sich auf eine Expertise der Staatsrechtler Andreas Fisahn und Martin Kutscha, der zufolge die Aussichten für die Zulässigkeit einer Verfassungsbeschwerde relativ hoch seien."[74]

Es mag sein, dass eine Klageerhebung zulässig ist, aber das ist nur so angesichts des intergouvernementalen Charakters der EU. Letztlich ist dies realpolitisch doch völlig sinnfrei und als reine Wahlkampf-Propaganda zu werten, die letztlich reaktionäre Gesinnung verrät.

„Als Begründung führte er zudem an, dass die im Grundgesetz verankerte Sozialstaatlichkeit im Lissabon-Vertrag nicht angemessen berücksichtigt werde. Dehm kritisierte, dass der Vertrag keinen Schutz gegen Entscheidungen des Europäischen Gerichtshofs wie das jüngste Urteil biete, wonach öffentliche Aufträge nicht an speziell festgelegte Mindestlöhne gekoppelt werden dürfen."[75]

Es gibt doch das Grundgesetz, das weiterhin besteht und damit das Sozialstaatsgebot in Deutschland. Außerdem gehen die sozialen Rechte im Lissabon-Vertrag doch noch viel weiter. Diether Dehm ist ein National-Bolschewist, wie auch viele in der SPD-Linken, die genauso wie er im Grunde der DKP näher stehen, als einer modernen linken Volkspartei.

Die Linkspartei will mit der Ablehnung der Innen- und Rechtspolitik die Grundlage für die Sozialstaatlichkeit der EU als Gesamtes ablehnen. Das ist nichts weiter als Blödheit!

„Durch den Vertrag werde das Sozialstaatsprinzip vernachlässigt und der Parlamentsvorbehalt bei einer Beteiligung deutscher Soldaten an europäischen Einsetzen ausgehebelt, erläuterte der Fraktionsvorsitzende Gregor Gysi. Er stellte klar, dass er für die europäische Integration eintrete, weil sie den Frieden in Europa gewährleiste."[76]

Die EU ist ein intergouvernementales System, das gleiche Werte und Sozialstaatlichkeit und gleiche Standards in allen Mitgliedsstaaten anstrebt. Parlamentsvorbehalt: Ja! Aber dieser sollte doch bei der EU-Ebene selbst liegen. Die EU-Battle Groups im Lissabon-Vertrag sind doch Truppen auf der Grundlage der neuen EU-Verfassung, also internationale Truppen des Militärblocks EU. Deshalb müsste der Parlamentsvorbehalt auch beim Europäischen Parlament liegen.

---

74 Meier, Albrecht: Europäische Integration: Linkspolitiker Dehm klagt gegen EU-Vertrag, in: tagesspiegel.de vom 22. April 2008, online unter: http://www.tagesspiegel.de/politik/europaeische-integration-linkspolitiker-dehm-klagt-gegen-eu-vertrag/1217082.html

75 Meier, Albrecht: Europäische Integration: Linkspolitiker Dehm klagt gegen EU-Vertrag, in: tagesspiegel.de vom 22. April 2008, online unter: http://www.tagesspiegel.de/politik/europaeische-integration-linkspolitiker-dehm-klagt-gegen-eu-vertrag/1217082.html

76 Vertrag von Lissabon: Linke klagt gegen EU-Reformvertrag, in: sueddeutsche.de vom 17. Mai 2010, online unter: http://www.sueddeutsche.de/politik/vertrag-von-lissabon-linke-klagt-gegen-eu-reformvertrag-1.197628

„Die Fraktion hatte am Mittwoch in Karlsruhe eine Verfassungsbeschwerde und eine Organklage gegen das Zustimmungsgesetz zum Lissabonner Vertrag eingelegt. Der Reformvertrag, der die gescheiterte EU-Verfassung ersetzen soll, stelle Wirtschaftsfreiheiten über die sozialen Grundrechte, sagte Gysi. Die Rechte des Bundestags würden ausgehebelt.“[77]

Sehr wohl ließen sich auch aus dem Vertragstext soziale Grundrechte ableiten, wie ich bereits oben erläutert habe. Diese Verfassungsbeschwerde ist Wahlkampf-Propaganda, die letztlich auch nicht durchkommt, da die EU als System sui generis auf der Grundlage von internationalen Verträgen durch die Regierungen beschlossen und demokratisch legitimiert ist. Keineswegs wird also das Verfassungsorgan Bundestag ignoriert.

„Auch wenn die Rechte des Europaparlaments leicht gestärkt würden, gebe es ein Übergewicht der Exekutive, erläuterte der Klagebevollmächtigte, Professor Andreas Pisahn. "Die Regierungen setzen das, was sie auf nationaler Ebene nicht durchsetzen können, über Europarecht durch", befürchtete er.“[78]

Ein Übergewicht der Exekutive mag zu konstatieren sein, aber das muss ja nicht so bleiben. Ich selbst denke, dass dies eine falsche Analyse ist. Im Rahmen der Debatte zur gemeinsamen Innen- und Rechtspolitik könnte man doch Vorschläge in den europäischen Gremien vortragen, so dass Veränderungen möglich werden.

„Gysi äußerte im Zusammenhang mit dem Einsatz deutscher Soldaten im Rahmen europäischer Truppen die Hoffnung, dass das Verfassungsgericht in jedem Fall das Letztentscheidungsrecht des Bundestags unterstreicht, auch wenn es die Klage der Linksfraktion ablehnen sollte.“[79]

Das ist abwegig! Warum sollte denn der Bundestag über Europäische Truppen und Einsätze ein Letztentscheidungsrecht haben? Zumal im Europäischen Rat die Regierungsvertreter der Mitgliedsländer doch vertreten sind und es außerdem doch das Europaparlament gibt.

DIE LINKE. sollte den Fokus auf das Demokratiedefizit legen, denn mit mehr demokratischen Rechten für das Europäische Parlament wäre auch leichter etwa eine gemeinsame Sozialpolitik möglich. Außerdem ließe sich dafür auch ein Konsens mit anderen Fraktionen herstellen, sogar mit Liberalen und Konservativen.

Doch weiter wird durch die politische Führung der Linkspartei gegen die EU gewettert.

„Linkspartei-Chef Bernd Riexinger richtet hart über die Verleihung des Friedensnobelpreises an die Europäische Union. Er führt dafür drei Gründe an – und steht mit seiner Meinung bei weitem nicht alleine da. (...)
Insbesondere der soziale Friede innerhalb der EU sei keinesfalls gewährleistet, sondern nehme derzeit schweren Schaden, sagte der Vorsitzende der Linkspartei, Bernd Riexinger am Montag in Berlin. „Die sozialen Unruhen in ganz Europa nehmen zu.“ In Verträgen werde zudem festgeschrieben, dass demokratisch gewählte Regierungen in Europa nichts mehr zu sagen hätten. „Drittens kann niemand den Friedensnobelpreis bekommen, der zu den größten Waffenexporteuren

77 Vertrag von Lissabon: Linke klagt gegen EU-Reformvertrag, in: sueddeutsche.de vom 17. Mai 2010, online unter: http://www.sueddeutsche.de/politik/vertrag-von-lissabon-linke-klagt-gegen-eu-reformvertrag-1.197628

78 Vertrag von Lissabon: Linke klagt gegen EU-Reformvertrag, in: sueddeutsche.de vom 17. Mai 2010, online unter: http://www.sueddeutsche.de/politik/vertrag-von-lissabon-linke-klagt-gegen-eu-reformvertrag-1.197628

79 Vertrag von Lissabon: Linke klagt gegen EU-Reformvertrag, in: sueddeutsche.de vom 17. Mai 2010, online unter: http://www.sueddeutsche.de/politik/vertrag-von-lissabon-linke-klagt-gegen-eu-reformvertrag-1.197628

der Welt gehört. Jede Waffe findet ihren Krieg", so Riexinger weiter. "[80]

Bernd Riexinger ist nur ein Polit-Clown, der als Parteivorsitzender der Linkspartei wirklich unerträglich ist. So naiv und agitatorisch für eine dumme Position war kaum jemand davor, mal abgesehen von Oskar Lafontaine. Man mag ja die EU kritisieren, aber derart ablehnend gegen die Würdigung durch alle Anderen zu sein, ist wirklich abenteuerlich.

Dagegen sind Reformpolitiker wie Andre Brie wesentlich diplomatischer, obwohl auch er sich opportun zur Mehrheit und ihren Beschlüssen verhalten muss. In einem Interview mit der taz äußerte er sich wie folgt:

„Die EU betreibt eine Politik der Aufrüstung, sozialer Spaltung und Ausbeutung. Das steht im Wahlprogramm der Linkspartei. Ist es so?

Weitgehend ja. Aufrüstung betreibt nicht die EU, das tun die Nationalstaaten. Allerdings droht die EU ihren Charakter als zivile Macht zu verlieren. Und der Lissabon-Vertrag treibt die Orientierung auf mehr Markt und Privatisierung voran. Das befördert soziale Spaltung.

Das Wahlprogramm der Linkspartei lässt kein gutes Haar an der EU ...

Ich finde schon, dass in dem Text nun ein klares Bekenntnis zu Europa steht.

Reden wir über das gleiche Programm?

Doch, es gibt durchaus verbale Bekenntnisse zu Europa. Die sind auch wichtig. Falsch scheint mir, dass vieles, was Nationalstaaten verantworten, der EU angeheftet wird. Damit drohen die großen Chancen der europäischen Einigung in den Hintergrund zu treten.

In dem Programm steht, dass "der Vorrang des EU-Rechts vor nationalen Grundrechten" gebrochen werden muss. Zeigt diese Passage nicht eine antieuropäische Schlagseite?

Nein, das ist ein komplexes Problem. Wir haben viele Souveränitätsrechte an die EU abgegeben - das finde ich richtig. Denn gerade die Finanzkrise zeigt, dass Nationalstaaten in der globalisierten Ökonomie nicht ausreichen, um die Rechte der Bürger zu verteidigen. Andererseits müssen die nationalstaatlichen Rechte der Bürger das Primäre bleiben. Denn wir wollen keinen EU-Superstaat. Das muss man ausbalancieren - und die umfassende Demokratisierung der EU forcieren. In dieser Hinsicht ist der Lissabon-Vertrag positiv. Denn dort sind erstmals einklagbare Rechte der Bürger gegenüber den EU-Institutionen fixiert.

Die Linkspartei klagt in Karlsruhe gegen den EU-Vertrag. Unterstützen Sie das?

Ja, denn im EU-Vertrag findet sich mehr Negatives als Positives. "[81]

Zwar kommt auch hier eine kritische Haltung zum Ausdruck, doch wird dies rational begründet und mit Fakten belegt. Andre Brie hat auch eigene Vorschläge für die Europapolitik unterbreitet auf der Grundlage einer grundsätzlich pro-europäischen Haltung.

80 „Jede Waffe findet ihren Krieg" - Linken-Chef: EU verdient den Friedensnobelpreis nicht, in: focus.de vom 10. Dezember 2012, online unter: http://www.focus.de/politik/deutschland/jede-waffe-findet-ihren-krieg-linken-chef-eu-verdient-den-friedensnobelpreis-nicht_aid_878798.html

81 Reinecke, Stefan: EU-Politiker André Brie über DIE LINKE: „Meine Haltung missfällt der Partei", in: taz.de vom 22. Februar 2009, online unter: http://www.taz.de/!30838/

Bei Katja Kipping kommt bereits eine pro-europäische Grundhaltung zum Ausdruck, da sie zu einer neueren Generation von linken Reformpolitikern gehört, die gegen reaktionäre Sektierer in der Linkspartei zu Felde ziehen.

„Die Linkspartei will die Europawahl 2014 mit einer Volksabstimmung über den europäischen Sozialpakt verbinden. Es müsse verpflichtende Mindeststandards geben.

In allen Mitgliedsländern müssten „verpflichtende gemeinsame Standards für Mindestlöhne, Mindestrenten und soziale Sicherheit gelten", sagte Parteichefin Katja Kipping der „Leipziger Volkszeitung" vom Dienstag und fügte hinzu: „Dazu brauchen wir einen europäischen Sozialpakt." Die Bürger sollten bei Europa nicht länger nur an einen Beamtenapparat denken, der ihnen in die Tasche greife.

Eine europaweite Abstimmung dazu sollte parallel zur nächsten Europawahl im Frühsommer 2014 stattfinden. Rückendeckung für ihre Forderung nach einem Referendum erhofft sich die Linke durch die anhängigen Entscheidungen beim Bundesverfassungsgericht. „An mehr Europa führt kein Weg vorbei", sagte Kipping. „Ich hoffe aber auf einen Wink der Richter an die Politik, dass mehr Europa nicht weniger Demokratie bedeuten darf." "[82]

Für viele jüngere Mitglieder ist eine pro-europäische Haltung bereits eine Selbstverständlichkeit und es werden eigene Vorschläge in den politischen Diskurs gebracht. Daher ist es gut möglich, dass sich neuere Wege und Positionen in der Linkspartei in naher Zukunft durchsetzen, die die Möglichkeiten zur Mitgestaltung der EU auch nutzen.

Doch leider gibt es auch direkt im Programm der Linkspartei noch altbackene Positionen, die einer Re-Nationalisierung das Wort reden. Zunächst heißt es hier zwar:

„Die Europäische Union beeinflusst das Leben der Bürgerinnen und Bürger in allen Mitgliedstaaten unmittelbar und in wachsendem Umfang. Entscheidungen des Europäischen Parlaments, des von den Staats- und Regierungschefs der Mitgliedstaaten gebildeten Europäischen Rates, des Rates, der Europäischen Kommission und des Europäischen Gerichtshofes bestimmen die Lebensbedingungen, den Alltag der Menschen in der Bundesrepublik substanziell. Die auf EU-Ebene getroffenen Entscheidungen sind von zentraler Bedeutung für die Sicherung des Friedens, die wirtschaftliche und soziale Entwicklung und die Lösung der ökologischen Herausforderungen auf dem Kontinent und darüber hinaus. Linke Politik in Deutschland muss angesichts dessen heute mehr denn je die europäische Dimension mitdenken und für die Gestaltung der europäischen Politik eigene Vorschläge unterbreiten. Die Europäische Union ist für DIE LINKE eine unverzichtbare politische Handlungsebene."[83]

Das ist also schon mal ein Richtungswechsel, den Brie, Kipping und andere bereits angesprochen und umgesetzt haben und auf den sich die Parteireformer berufen können. Doch dann wird es im Programm wieder regressiv.

„Gemeinsam mit anderen linken Parteien stehen wir für einen grundlegenden Politikwechsel in der Europäischen Union. Wir wollen eine andere, eine bessere EU. Die Europäische Union muss zu

82 Zur Europawahl 2014: Linke fordert Referendum über europäischen Sozialpakt, in: focus.de vom 26. Juni 2012, online unter: http://www.focus.de/politik/deutschland/zur-europawahl-2014-linke-fordert-referendum-ueber-europaeischen-sozialpakt_aid_772854.html

83 Programm der Partei DIE LINKE., Beschluss des Parteitages der Partei DIE LINKE vom 21. bis 23. Oktober 2011 in Erfurt, bestätigt durch einen Mitgliederentscheid im Dezember 2011., S. 66, online unter: http://www.die-linke.de/fileadmin/download/dokumente/programm_der_partei_die_linke_erfurt2011.pdf

einer tatsächlich demokratischen, sozialen, ökologischen und friedlichen Union werden.

Die Vertragsgrundlagen der Europäischen Union sind dafür nicht geeignet. Wir haben deshalb den Vertrag von Lissabon abgelehnt. Unsere Kritik richtete und richtet sich weiterhin vor allem gegen die in diesem Vertragstext enthaltenen Aussagen zur Militarisierung der EU-Sicherheits- und Verteidigungspolitik, gegen die Grundausrichtung der EU an den Maßstäben neoliberaler Politik, gegen den Verzicht auf eine Sozialstaatsklausel, gegen die angestrebte Art der verstärkten Zusammenarbeit der Polizei- und Sicherheitsdienste sowie gegen das weiter bestehende Demokratiedefizit in der EU und ihren Institutionen."[84]

Die EU ist doch eine Friedensunion. Mehr demokratischen, sozialen und ökologischen Fortschritt kann es eben nur mit einer gemeinsamen Innen- und Rechtspolitik geben. Die Angst vor der Militarisierung hat seine Ursache nur in Unkenntnis. Die Sozialstaatsklausel ist doch nicht unbedingt nötig, wenn man auf der Grundlage des bestehenden Rechts, des Lissabon-Vertrages und der EU-Menschenrechtscharta für eine gemeinsame Sozialpolitik argumentiert. Und die Zusammenarbeit der Polizei- und Sicherheitsdienste halte ich für notwendig und sinnvoll.

„*Die Eurokrise hat einen weiteren Beleg dafür erbracht, dass die EU-Verträge nicht für ein demokratisches, soziales, ökologisches und friedliches Europa taugen, sondern ganz im Gegenteil zur Verschärfung der Krise beitragen.*

Die Europäische Union braucht einen Neustart mit einer vollständigen Revision jener primärrechtlichen Grundelemente der EU, die militaristisch, undemokratisch und neoliberal sind. Wir setzen uns deshalb weiter für eine Verfassung ein, die von den Bürgerinnen und Bürgern mitgestaltet wird und über die sie zeitgleich in allen EU-Mitgliedstaaten in einem Referendum abstimmen können."[85]

Die Eurokrise ist meines Erachtens ein Werk des US-Imperialismus und der Bourgeoisie, die eine soziale Friedensmacht Europa aus Eigeninteresse nicht wollen. Die Angriffe der Linkspartei auf die EU sind nur regressive, demagogische und linksfaschistische Propaganda, die letztlich nicht empirisch belegbar ist und sogar den Feinden der Arbeiterbewegung, der Bourgeoisie, dem US-Imperialismus und den islamistischen Regimen, in die Hände spielen.

„*Wir wollen eine friedliche Europäische Union, die im Sinne der Charta der Vereinten Nationen Krieg ächtet, die strukturell nicht angriffsfähig und frei von Massenvernichtungswaffen ist, die sowohl auf den Ausbau militärischer Stärke als auch auf eine weltweite militärische Einsatzfähigkeit und weltweit auf militärische Einsätze verzichtet. Wir setzen auf Abrüstung, zivile Kooperation und die Entwicklung partnerschaftlicher Beziehungen in Europa und weltweit.*"[86]

Es ist ohnehin jeder Staat verpflichtet, die Charta der Vereinten Nationen zu achten, nur die USA tun oft das Gegenteil. Wer diese Politik des US-Imperialismus nicht unterstützen will, muss militärisch stark genug sein, um sich dagegen zu wehren und mit gemeinsamer Stimme sprechen.

84 Programm der Partei DIE LINKE., Beschluss des Parteitages der Partei DIE LINKE vom 21. bis 23. Oktober 2011 in Erfurt, bestätigt durch einen Mitgliederentscheid im Dezember 2011., S. 66, online unter: http://www.die-linke.de/fileadmin/download/dokumente/programm_der_partei_die_linke_erfurt2011.pdf

85 Programm der Partei DIE LINKE., Beschluss des Parteitages der Partei DIE LINKE vom 21. bis 23. Oktober 2011 in Erfurt, bestätigt durch einen Mitgliederentscheid im Dezember 2011., S. 66, online unter: http://www.die-linke.de/fileadmin/download/dokumente/programm_der_partei_die_linke_erfurt2011.pdf

86 Programm der Partei DIE LINKE., Beschluss des Parteitages der Partei DIE LINKE vom 21. bis 23. Oktober 2011 in Erfurt, bestätigt durch einen Mitgliederentscheid im Dezember 2011., S. 67, online unter: http://www.die-linke.de/fileadmin/download/dokumente/programm_der_partei_die_linke_erfurt2011.pdf

„Wir wollen eine Europäische Union, in der Frauen und Männer wirklich gleichberechtigt sind und die Diskriminierung von Menschen wegen ihrer ethnischen Herkunft, ihres Geschlechts, der Religion oder Weltanschauung, einer Behinderung, des Alters oder der sexuellen Identität ausgeschlossen ist. Wir wollen, dass Frauen endlich die gleichen Möglichkeiten in Beruf und Gesellschaft haben wie Männer. Dies erfordert gesetzliche Maßnahmen, um beispielsweise Kinderbetreuung zu sichern und Lohndiskriminierung zu bekämpfen.“[87]

Das ergibt sich doch genau aus dem Text des Lissabon-Vertrages und ist doch eben gerade das Anliegen des Vertrages und war immer Ziel der europäischen Einigung.

„Wir wollen eine Europäische Union, in der Rechtsstaatlichkeit, Freiheit und Sicherheit garantiert sind und die Bekämpfung von Kriminalität nicht zu Lasten der Grund- und Menschenrechte geht. Die EU muss sich zum Prinzip der Gewaltenteilung und der Trennung von Polizei, Geheimdiensten und Militär bekennen. Das Grundrecht auf Asyl ist zu garantieren. Deshalb muss die Grenzschutzagentur FRONTEX aufgelöst werden. Neofaschismus, Fremdenhass, Rassismus, religiöser Fundamentalismus, Sexismus und Homophobie müssen europaweit geächtet werden.“[88]

Wenn man Rechtsstaatlichkeit will, warum ist man dann gegen eine gemeinsame Innen- und Rechtspolitik? Die Menschenrechte gelten doch EU-weit wie national in den Mitgliedsstaaten. Man will eine Trennung von Polizei, Geheimdiensten und Militär: gut. Aber es kann doch auch, unter bestimmten Umständen, Zusammenarbeit sinnvoll sein, wenn es eine Gefahr gibt, etwa im Falle von Terrorismus. In jedem Falle sind das generell getrennte Bereiche, die den europäischen Bürger schützen sollen. Die Ächtung von Neofaschismus, Fremdenhass, Rassismus, religiösem Fundamentalismus, Sexismus und Homophobie gehört doch zu einer humanistischen Grundvorstellung der Europäischen Union, die ebenfalls im Vertragstext festgeschrieben ist.

Es gibt aber, wie oben bereits angedeutet, auch Politiker der Linkspartei, die ein positive Auffassung von der Europäischen Einigung haben. Ich nenne da etwa Stefan Liebich, der im Bundestag im Zusammenhang zum Beitritt Kroatiens sprach:

„Kroatien hat einen langen Weg bis zum Beitritt zur Europäischen Union zurückgelegt, einen längeren als alle anderen Beitrittskandidaten bisher. Am 1. Juli dieses Jahres ist es höchstwahrscheinlich endlich so weit: Wir werden 28. Es wird 28 Mitglieder der Europäischen Union geben. Die Linke stimmt dem Beitritt Kroatiens gerne zu; denn entgegen allen Gerüchten sind wir eine proeuropäische Partei.“[89]

Insofern gibt es auch Abgeordnete in der Linksfraktion, die der Europäischen Integration und sogar der Erweiterung positiv gegenüberstehen. Das macht mir Hoffnung auf einen Richtungswechsel in der Partei.

Die Europäische Union bietet überhaupt erst die Möglichkeit, linke Politikvorschläge und die geopolitische Wende umzusetzen. Jonas Bens macht im Forum Demokratischer Sozialismus bereits konkrete Anregungen für linke Politikkonzepte.

---

87 Programm der Partei DIE LINKE., Beschluss des Parteitages der Partei DIE LINKE vom 21. bis 23. Oktober 2011 in Erfurt, bestätigt durch einen Mitgliederentscheid im Dezember 2011., S. 68, online unter: http://www.die-linke.de/fileadmin/download/dokumente/programm_der_partei_die_linke_erfurt2011.pdf

88 Programm der Partei DIE LINKE., Beschluss des Parteitages der Partei DIE LINKE vom 21. bis 23. Oktober 2011 in Erfurt, bestätigt durch einen Mitgliederentscheid im Dezember 2011., S. 68, online unter: http://www.die-linke.de/fileadmin/download/dokumente/programm_der_partei_die_linke_erfurt2011.pdf

89 Liebich, Stefan: Wir werden 28!: Rede zum Beitritt Kroatiens zur Europäischen Union, in: linksfraktion.de vom 1. Februar 2013, online unter: http://www.linksfraktion.de/reden/wir-werden-28/

„1) Das Europäische Parlament, das die einzig verlässliche linke Einflussnahmemöglichkeit im europäischen Institutionengefüge darstellt, muss politisch gestärkt werden. Defätistische Rhetorik über das schwache und einflusslose Europäische Parlament darf nicht denen in die Hände spielen, die alles lieber ohne direkt vom Volk gewählte Abgeordnete entschieden sähen.“[90]

Das ist eine eindeutige Positionierung gegen die Querfront-Agitation der linksfaschisten Sektierer, die bald reden, wie die Nationalisten im Europäischen Parlament, UKIP und Lega Nord. Es geht bei Kritik am Demokratiedefizit darum, mehr Mitbestimmung der BürgerInnen und mehr Demokratie zu erstreiten.

„2) Die EU muss – mit Blick auf das Parlament – Vorrang haben vor nationalstaatlichen Alleingängen in der Eurokrise. Wenn die starken und von der Krise am wenigsten betroffenen Staaten im Alleingang entschieden und den wirtschaftlich gebeutelten Staaten ihre Bedingungen aufdrücken können, ohne dass die Gesamt-EU-Perspektive Raum greift, dann ist das europäische Projekt ernsthaft in Gefahr.“[91]

Das ist meines Erachtens nicht ganz richtig und nicht ganz falsch. Es ist doch so, dass auch nationalstaatliche Alleingänge sinnvoll und zielführend in einer ökonomischen Krise sein können. Ein Mitgliedsstaat kann im Hinblick auf die Sozialpolitik und die Wettbewerbsfähigkeit der eigenen nationalen Volkswirtschaft doch Maßnahmen ergreifen, um sich vor der Ausbreitung einer ökonomischen Krise auf seine Volkswirtschaft zu schützen. Das ist rechtlich möglich und ökonomisch sinnvoll. Es kann ja nicht sinnvoll sein, dass eine nationale Volkswirtschaft sich in eine Krise hineinziehen lässt, wenn ein anderer Staat es ist, der maßgeblich betroffen ist. Das würde im Grunde dann auch der Europäischen Union insgesamt schaden, insbesondere dann, wenn es sich um einen politisch und ökonomisch stärkeren Staat handelt. Dennoch kann ein koordiniertes Vorgehen zusätzlich zu den politischen Maßnahmen der Einzelstaaten durch die EU als Gesamtakteur auch sinnvoll sein, um etwa durch Eingriffe in eine krisenhafte nationale Ökonomie die Gefahren einer Krise für alle Mitgliedsstaaten abzufedern.

„3) Das linke Ziel heißt Transferunion! Nur durch europaweite solidarische Ausgleichssysteme ist das Projekt dauerhaft zu stabilisieren und nur so wird seine Akzeptanz auch wieder wachsen. Die Polemik, die „fleißigen Deutschen“ könnten doch wohl den „faulen Griechen“ nicht die hart verdienten Steuergelder hinterherwerfen widerspricht dem linken Grundwert der internationalen Solidarität; das gilt auch dann, wenn diese Polemik mit der kleinen Wendung verkauft wird, bei der „Griechenland-Rettung“ gehe es ja ohnehin nur um „Bankenrettung“. Alle wissen: Banken-Bail-Out war und ist „part of the game“. An dieser Stelle sei daran erinnert, dass DIE LINKE im Bundestag zwar dem Finanzmarktstabilisierungsgesetz nicht zugestimmt hat, sich aber grundsätzlich positiv auf die Bankenrettung durch die Bundesregierung bezogen hat.“[92]

Eine Bankenrettung über Bürgschaften heißt doch in erster Linie, dass die Spareinlagen der BürgerInnen gesichert werden durch eine staatliche Garantie. Verstaatlichung von Banken, die letztlich pleite sind, wäre eine verheerende Entscheidung, die noch mehr Kosten nach sich ziehen

90 Bens, Jonas: Warum die parlamentarische Linke jetzt helfen muss, die EU zu retten, in: forum-ds.de vom 4. Dezember 2012, online unter: http://www.forum-ds.de/article/2207.warum_die_parlamentarische_linke_jetzt_helfen_muss_die_eu_zu_retten.html

91 Bens, Jonas: Warum die parlamentarische Linke jetzt helfen muss, die EU zu retten, in: forum-ds.de vom 4. Dezember 2012, online unter: http://www.forum-ds.de/article/2207.warum_die_parlamentarische_linke_jetzt_helfen_muss_die_eu_zu_retten.html

92 Bens, Jonas: Warum die parlamentarische Linke jetzt helfen muss, die EU zu retten, in: forum-ds.de vom 4. Dezember 2012, online unter: http://www.forum-ds.de/article/2207.warum_die_parlamentarische_linke_jetzt_helfen_muss_die_eu_zu_retten.html

würde. Verstaatlichen sollte man nur rentable Branchen und Unternehmen. Schulden zu Verstaatlichen, macht für mich keinen Sinn.

„4) Die EU ist nicht nur ein Projekt des Freihandels, sie ist auch ein Projekt der Angleichung der Lebensverhältnisse in den Mitgliedstaaten. Dafür steht die Kohäsions- und Strukturpolitik. Sie muss gegen Angriffe verteidigt werden. Darüber hinaus brauchen wir eine pro-europäische Politik, die für die Schaffung eines europäischen Sozialstaats eintritt, wie das bereits in der Vergangenheit gute linke Tradition in der Europapolitik war. Das die EU auch dieses Potential bietet, das im nationalstaatlichen Rahmen nie zu erreichen sein wird, muss wieder in den Vordergrund linker EU-Rhetorik treten."[93]

Das unterstütze ich, gebe aber auch zu bedenken, dass wie oben bereits erwähnt, dazu die Zustimmung zu einer gemeinsame Innen- und Rechtspolitik, sowie auch zu Vorgaben zur Wirtschafts- und Finanzpolitik an die Mitgliedsstaaten und die Zustimmung zum Lissabon-Vertrag hierfür Voraussetzung sind.

„5) Die parlamentarische Linke muss heute mehr denn je an einem europäischen Parteienprojekt arbeiten. Die Verdienste rund um die Europäische Linke sind hinlänglich bekannt. Aber das Projekt stockt; wie alles Rückschläge hat, was einen gesamteuropäischen öffentlichen Raum zu etablieren versucht. Das Projekt EL, mit all seinen Macken, muss „gepusht" werden, anstatt mal offen mal weniger offen belächelt zu werden. Das gilt freilich auch für die Arbeit der Europaabgeordneten. Die innerparteiliche Aufmerksamkeit für die europäische Ebene korreliert nicht annähernd mit deren Bedeutung für die Steuerung der politischen Prozesse. Dazu gibt es keine Patentrezepte. Aber auch, wenn es noch so unendlich mühsam ist: Das muss sich ändern."[94]

Es ist in der Tat dringend notwendig, das Projekt Europa zu pushen. Das gilt nicht nur für die Europäische Linke, sondern für alle Parteien. Europakritische und europaskeptische Einstellungen unter den Mitgliedern sind in allen Parteien anzufinden, auch insbesondere in der SPD.

Hier kommen in jedem Fall schon mal einige neue Politikvorschläge auf der Grundlage der aktuell gültigen Verträge.

Auch Markus Koch beantwortet im Forum Demokratischer Sozialismus die Frage danach, warum es wichtig ist, an den Europawahlen teilzunehmen.

„Die häufigste Frage an den Infoständen dürfte auch bei dieser Wahl sein: Warum soll ich das Europaparlament, warum soll ich Europa wählen?

Die einfache Antwort ist: Weil wir Europa schon lange leben. 70% aller Entscheidungen, die unser Leben bestimmen, lassen sich auf die EU zurückführen. Sowohl der Europäische Rat, die Europäische Kommission als auch der Europäische Gerichtshof (EuGH) wirken maßgeblich auf die Lebensbedingungen der Menschen Europas ein. Dies reicht von deutlich sichtbaren, auffälligen Ergebnissen Europäischer Politik wie der Einführung des EURO als gemeinsamer Währung und der Abschaffung der Grenzen innerhalb Europas bis hin zur Gleichstellungsrichtlinie und Eingriffen in das Arbeitsrecht. Europa ist viel mehr als nur Festlegung von Bananengrößen,

93 Bens, Jonas: Warum die parlamentarische Linke jetzt helfen muss, die EU zu retten, in: forum-ds.de vom 4. Dezember 2012, online unter: http://www.forum-ds.de/article/2207.warum_die_parlamentarische_linke_jetzt_helfen_muss_die_eu_zu_retten.html

94 Bens, Jonas: Warum die parlamentarische Linke jetzt helfen muss, die EU zu retten, in: forum-ds.de vom 4. Dezember 2012, online unter: http://www.forum-ds.de/article/2207.warum_die_parlamentarische_linke_jetzt_helfen_muss_die_eu_zu_retten.html

Äpfelgewichten und Handytarifen, es bestimmt fast jeden Aspekts unseres Lebens und Arbeitens.

Gerade weil die Europäische Politik in der EU unser Leben bestimmt ist es wichtig, sich an dem Prozess der Gestaltung Europas durch Wahlen zu beteiligen. Denn: Bei der Aufzählung der Europäischen Institutionen, die auf unser Leben so bestimmend einwirken, fehlt ein bedeutendes Organ: Das Europäische Parlament. Dessen Bedeutung ist im Vergleich mit der des Bundestages und der meisten anderen nationalen Parlamente, vor allem aber in Relation zu den anderen Organen der EU, deutlich schwächer. Für ein demokratischeres Europa, in dem die Menschen mitgestalten können, ist dessen Aufwertung sehr wichtig. So fordert „Die Linke" in ihrem Wahlprogramm nicht nur mehr Transparenz der politischen Zusammenhänge, sondern auch wichtige Befugniserweiterungen des Parlaments (das Recht, Gesetze vorzuschlagen, oder auch die direkte Wahl der Europäischen Kommission durch das Parlament). "[95]

Den BürgerInnen muss, quer durch alle Parteien, verständlich erläutert werden, dass die Entscheidungsbefugnisse der europäischen Politik so relevant für sie sind, dass Mitbestimmung über Wahlen und Abstimmungen unerlässlich und unverzichtbar sind.

Auch Matthias Höhn streitet auf dem Europaparteitag der Linkspartei für eine positive Auffassung zur europäischen Einigung:

„Wer für sich in Anspruch nimmt, für die europäische Integration zu werben und andere Menschen für diesen Prozess zu begeistern, der wird scheitern, wenn er die Europäische Union auf einen ‚imperialen Block' reduziert, wie das eben geschehen ist.

Man kann sich dem Thema Europa auf sehr unterschiedliche Weise nähern.

Man kann sich Europa als Ostdeutscher nähern: In die neuen Bundesländer sind nach 1990 Milliarden an EU-Fördermitteln geflossen, im Rahmen von Maßnahmen für strukturschwache Regionen genauso wie über den Europäischen Sozialfonds. Ostdeutschland hat den Aufholprozess nach 1990 noch lange nicht geschafft, aber die neuen Bundesländer wären noch lange nicht an dem Punkt, an dem sie heute sind ohne die EU. Es wäre absurd, dies zu ignorieren. Nein, es verdient der Anerkennung gerade durch unsere Partei. Europa hat an dieser Stelle über viele Jahre Gebrauchswert unter Beweis gestellt. "[96]

Das Argument, dass insbesondere Ostdeutschland von den EU-Fördermitteln profitiert hat, ist doch stichhaltig. Letztlich spricht daher auch nichts dagegen, die EU-weiten Förderinstrumente anzuerkennen.

„Man kann sich Europa aber auch aus geschichtlicher Perspektive nähern: Allein die Tatsache, dass sich mittlerweile der überwiegende Teil der europäischen Staaten auf den Weg gemacht hat, ihre Politiken miteinander zu verflechten und viele Dinge gemeinsam zu regeln, kann mit Blick auf die europäische Geschichte kaum überschätzt werden. DIE LINKE hat sich entschieden, den Verfassungsvertrag bzw. den Lissabonner Vertrag abzulehnen und hat dafür ihre Gründe benannt. Aber allein der Fakt, dass in den Mitgliedsstaaten der politische Wille entwickelt wurde, einem

95 Koch, Markus: Europa wählen? Europa wählen!, in: forum-ds.de vom 08. Mai 2009, online unter: http://www.forum-ds.de/article/1830.europa_waehlen_europa_waehlen.html

96 Höhn, Matthias: Wer die EU auf einen 'imperialien Block' reduziert, wirbt nicht für Europäische Integration, Rede auf der Europaparteitag der Partei DIE LINKE in Essen, in: forum-ds.de vom 28. Februar 2009, online unter: http://www.forum-ds.de/article/1803.matthias_hoehn_wer_die_eu_auf_einen_imperialien_block_reduziert_wirbt_nicht_fuer_europaeische_integration.html

großen Teil des europäischen Kontinents eine gemeinsame Verfassungsgrundlage zu geben, dies wäre noch vor gut einem halben Jahrhundert undenkbar gewesen und ist und bleibt ein zivilisatorischer Fortschritt.“[97]

Die Ablehnung des Lissabon-Vertrages ist umso bedauerlicher, da die europäische Einigung immer eine linke Position war. Das galt, wie oben bereits erwähnt, insbesondere für die Sozialdemokratie, aber letztlich selbst für Trotzki, wenn auch bei Letzterem verbunden mit autoritären Machtvorstellungen.

„Oder man nähert sich Europa auf eine sehr persönliche Weise: Wer wie ich in einer binationalen Partnerschaft lebt, der weiß, dass viele Menschen vor allem in den neuen Mitgliedsstaaten große Hoffnungen setzten und weiterhin setzen in den europäischen Integrationsprozess und damit in mehr Gleichstellung und eine Verbesserung der Rechte gleichgeschlechtlicher Lebensweisen. Und darum ist es auch so wichtig, dass wir die Politik der Europäischen Union nicht allein aus deutscher Sicht betrachten, sondern aus wahrlich europäischer.

Europäische Politik ist vielfältig und sie ist konkret. Und genauso müssen wir auf sie Einfluss nehmen. Was uns nicht gelingen wird, ist ein einfacher Transport der parteipolitischen Auseinandersetzung von der deutschen auf die europäische Bühne. Europa war und bleibt ein andauernder Prozess der Aushandlung und des Ausgleich zwischen den unterschiedlichsten geschichtlichen, kulturellen oder politischen Traditionen.“[98]

Man muss also als Partei neue Koalitionen schmieden. Das gilt insbesondere für die Europäische Linke, die im Grunde nur aus der deutschen Linkspartei besteht. Es braucht also neue Bündnispartner in den anderen europäischen Ländern oder aber die Linkspartei muss sich mit einer pro-europäischen, reform-sozialistischen Haltung innerhalb der Europäischen Linken durchsetzen.

Ebenfalls hat Dominic Heilig sich in einer größeren Monografie mit dem Thema der europäischen Innenpolitik auseinandergesetzt.[99] Hier handelt es sich um weitestgehend deskriptive Sozialforschung, die die europäischen Institutionen und Organisationen beschreibt, die sich mit innerer und äußerer Sicherheit beschäftigen.

„Der Linke-Bundestagsabgeordneter Stefan Liebich, Mitbegründer der parteirechten Strömung »Forum Demokratischer Sozialismus«, legte in der FAZ vom Donnerstag nach und suchte gleich den ganz großen Konsens. In einem gemeinsamen Gastbeitrag mit den Bundestagskollegen Roderich Kiesewetter (CDU), Reinhard Brandl (CSU), Bijan Djir-Sarai (FDP), Lars Klingbeil (SPD) sowie Agnieszka Brugger und Viola von Cramon (beide Bündnis 90/Die Grünen) formulierte er den »parteiübergreifenden Grundkonsens »Mehr europäische Außenpolitik«. Liebich und Co. schreiben da: »Wenn die EU nicht bereit ist, die internationale Ordnung mitzugestalten, überläßt sie anderen die Gestaltung der Welt. Deutsche Politik hat ein Interesse daran und sollte sich dazu

97 Höhn, Matthias: Wer die EU auf einen 'imperialien Block' reduziert, wirbt nicht für Europäische Integration, Rede auf der Europaparteitag der Partei DIE LINKE in Essen, in: forum-ds.de vom 28. Februar 2009, online unter: http://www.forum-ds.de/article/1803.matthias_hoehn_wer_die_eu_auf_einen_imperialien_block_reduziert_wirbt_nicht_fuer_europaeische_integration.html

98 Höhn, Matthias: Wer die EU auf einen 'imperialien Block' reduziert, wirbt nicht für Europäische Integration, Rede auf der Europaparteitag der Partei DIE LINKE in Essen, in: forum-ds.de vom 28. Februar 2009, online unter: http://www.forum-ds.de/article/1803.matthias_hoehn_wer_die_eu_auf_einen_imperialien_block_reduziert_wirbt_nicht_fuer_europaeische_integration.html

99 Heilig, Dominic: Freiheit uns Sicherheit in Europa – Trilog zur europäischen Innenpolitik, Rosa-Luxemburg-Papers, Berlin 2007, online unter: http://www.rosalux.de/cms/fileadmin/rls_uploads/pdfs/rls-papers-Heilig.pdf

verpflichtet fühlen, eine aktivere gemeinsame europäische Außen- und Sicherheitspolitik zu unterstützen, auch wenn deutsche Interessen nicht immer selbstverständlich deckungsgleich mit denen europäischer Partner sein müssen.« Europa müsse »Friedensmacht« sein, fordern die sieben wohlfeil. »Die Friedensmachtkompetenzen Europas gilt es auszubauen und zu stärken. Das beinhaltet eine Stärkung der Fähigkeiten und Instrumente zu Krisenprävention, Krisenmanagement und Krisennachsorge (...).« "[100]

Stefan Liebich, Katja Kipping, André Brie, Jonas Bens, Dominic Heilig und andere sehe ich als Parteireformer und Linke, die einen Gestaltungsanspruch in der Europapolitik haben. Euroskeptiker, insbesondere in der Antikapitalistischen Linken, der Kommunistischen Plattform, bei Marx21 und der Sozialistischen Linken sehe ich als verrückte Querfrontler, die mit der FPÖ, Front National, UKIP, Lega Nord und anderen Neofaschisten auf Linie sind. Dieses Scheiß-Pack soll sich aus der Linkspartei verdrücken und woanders sektieren.

Ich komme daher in diesem Kapitel zu folgendem Schluss: Mit der Europäischen Union, insbesondere mit der gemeinsamen Außen-, Verteidigungs- und Sicherheitspolitik kann man sich gemeinsam und damit alle Mitgliedsstaaten unabhängig machen vor militärischen Expeditionen der USA und vor dem islamischen Block und anderen potentiellen Feinden schützen. So hat etwa die Europäische Verfassung, der Vertrag von Nizza, der Vertrag von Amsterdam, überhaupt erst möglich gemacht, dass Joschka Fischer als Außenminister sich bei seinem Besuch in den USA gegen den Irak-Krieg positionieren konnte. Den Lissabon-Vertrag abzulehnen, war eine dumme Position der Linkspartei! DIE LINKE. müsste eigentlich, um ihr Interesse umzusetzen, in jedem Falle der Europäischen Integration positiv gegenüberstehen.

Letztlich muss man der Linken aber zugute halten, dass viele der Kritikpunkte, die sie als europaskeptisch, regressiv europakritisch dastehen lassen, im Gegensatz zur politischen Rechten im Europaparlament aus einer humanistischen Gesinnung vertreten werden.

Es ist offenbar so, dass sich linke Kritiker zu wenig mit der Materie der Europäischen Einigung auskennen und deshalb Halbwahrheiten und seltsame politische Positionierungen in den politischen Diskurs bringen, die letztlich nicht konstruktiv sind.

Die Haltung des Bundesvorstandes der Linkspartei und die Passagen in ihrem Programm zur Europapolitik sind unerträglich und reaktionär. Das ist einfach nur dumm. Es ist unerträglich, dass heute die politische Linke es ist, die gegen den Gedanken der Europäischen Einigung steht, ein Gedanke den sie selbst vor fast 100 Jahren entwickelt hat. Die Linkspartei und die Europäische Linke braucht im Sinne der deutschen und europäischen Bevölkerung schnellstens einen politischen Richtungswechsel.

100Position: Liebich will mehr Europa wagen, in: jungewelt.de vom 8. März 2013, online unter: http://www.jungewelt.de/2013/03-08/002.php

5. Radikalpazifismus ist inhuman

In diesem Kapitel möchte ich beweisen, dass der Radikalpazifismus, den viele der Bundestagsabgeordneten der Linkspartei vertreten, inhuman ist. Dennoch halte ich Pazifismus nicht grundlegend für falsch, zumindest in jedem Falle dann nicht, wenn er sich durch Friedenskundgebungen und auch politische Bestrebungen äußert. Ich möchte, dass die Bevölkerung dieser Ethik folgt, damit extremistische Strömungen in der Gesellschaft keinen Fuß mehr fassen können und damit sich Auschwitz nicht wiederholen kann. Für reale Politik in diesem Internationalen System ist er aber derzeit untauglich, um eine rationale Entscheidung zu fällen. Auch das möchte ich hier darstellen.

In seinem Essay „Bestialität und Humanität“[101] hat Jürgen Habermas zwischen Gesinnungspazifismus und Rechtspazifismus unterschieden. Ich würde mich tendenziell eher, aber auch nur bedingt, der zweiten Richtung zuordnen. Ich denke aber, dass man Pazifismus auch mit Logik begründen kann, was nach meiner Auffassung bedeutet, dass es sich um Wahrheit, im Sinne einer empirisch-analytisch gewonnenen Erkenntnis handelt. Dass es sich um eine objektive wissenschaftliche Erkenntnis handelt heißt aber noch lange nicht, dass man diese auch realpolitisch umsetzen kann. Auch diesen Zusammenhang möchte ich hier darstellen.

Ich würde also sprechen von Radikalpazifismus, Gesinnungspazifismus, Rechtspazifismus und logischem Pazifismus und dies in Anlehnung an Habermas so trennen. Ich würde etwa die Außen-, Sicherheits- und Verteidigungspolitik der Europäischen Union als eine Form des Rechtspazifismus ansehen, der meiner Auffassung von logischem Pazifismus sehr nahe kommt. Jürgen Habermas plädiert für Rechtspazifismus, den er aus dem Internationalen Recht ableitet.

Ich möchte zunächst belegen, dass Radikalpazifismus und der Gesinnungspazifismus nur Ideologie ist. Radikalpazifismus und Gesinnungspazifismus sind ethische Positionen, aber diese Position wird dann unrealistisch, wenn man beispielsweise selbst angegriffen wird. Würde die Gewaltfreiheit selbst im Falle eines Angriffes auf sich selbst zum Maßstab für das Regierungshandeln, dann würde man die Gewalt des Angreifers verkennen und sein eigenes Leben aufs Spiel setzten für eine Theorie, die letztlich eine Ideologie ist. Verteidigungsmaßnahmen für sich und Verbündete, so wie sie das Grundgesetz erlaubt, halte ich für legitim. Ich meine damit Handlungen, die dem Selbstschutz und dem Schutz von Verbündeten dienen, ohne dabei bellizistisch zu sein.

Pazifismus wird im Duden definiert als eine

„weltanschauliche Strömung, die jeden Krieg als Mittel der Auseinandersetzung ablehnt und den Verzicht auf Rüstung und militärische Ausbildung fordert“[102]

Das ist an sich ein hehres Ziel, doch verkennt es die Tatsache, dass nicht jeder Mensch, jede Gruppe oder jeder Staat dieser Ethik folgt. Insofern versucht der Pazifismus, der sich als universelle Ethik setzt, die Tatsache, dass es auch Gegner dieser Anschauung gibt, demagogisch zu negieren.

Pazifismus ist

101Habermas, Jürgen: Bestialität und Humanität – Ein Krieg an den Grenzen zwischen Recht und Moral, in: zeit.de vom 29. April 1999, online unter: http://www.zeit.de/1999/18/199918.krieg_.xml/komplettansicht

102DUDEN, Definition: Pazifismus, online unter: http://www.duden.de/rechtschreibung/Pazifismus

„jemandes Haltung, Einstellung, die durch den Pazifismus bestimmt ist“[103]

also eine Grundeinstellung für eine antiautoritäre Person, die nicht falsch sein kann. Aber etwa zum Beispiel religiöse Ideologien stehen schon einmal gegen diesen Gedanken, da alle Religionen in Abgrenzung zur jeweils anderen Religion ihre Daseinsberechtigung für sich reklamieren. Im Falle etwa des Politischen Islams handelt es sich um eine Form des religiösen Bellizismus, der ebenso wie der christliche Bellizismus in den USA grundsätzlich gegen den Gedanken der friedlichen Konfliktlösung steht.

Pazifismus ist

„eine politisch-moralische Überzeugung bzw. Weltanschauung, die den Einsatz von Gewalt, insbesondere von militärischer Gewalt und von Kriegen als Mittel zur Durchsetzung von Interessen ablehnt und ausschließlich friedliche und gewaltfreie Aktivitäten (z. B. gewaltlosen Widerstand) duldet. Ursprünge des P. finden sich sowohl im christlichen Glauben als auch in anderen Religionen und Kulturen (M. Gandhi).

Er findet sich in sozialistischen Schriften und wurde in D durch die Ostermarschbewegung sowie später durch die Friedensbewegung in eine breitere Öffentlichkeit getragen.“[104]

Gesinnungspazifismus ist eine selbstreferentielle Ethik, die den Anspruch hat, allgemeingültig sein zu wollen. Radikalpazifismus geht noch weiter und setzt diese Ethik so extrem absolut, dass selbst im Falle eines Angriffes auf das eigene Leben die Ideologie gilt. Pazifistische Ethik steht im Gegensatz zum Bellizismus. Dieser ist eine

„politische Haltung, die den Einsatz militärischer Mittel zur Durchsetzung von Zielen befürwortet“[105]

Diese politische Haltung lässt sich meines Erachtens in Deutschland und Europa nicht als Mehrheitsauffassung im politischen Diskurs feststellen. Der Journalist Alexander Gauland analysiert die Ursache dafür wie folgt:

„Die Deutschen haben ein gestörtes Verhältnis zur militärischen Gewalt. Sie betrachten sie nicht als die Fortsetzung der Politik mit anderen Mitteln im Sinne von Clausewitz, sondern als das schlechthin Böse und Falsche, als ein Mittel, aus dem nie und unter keinen Umständen Brauchbares entstehen könne. Das ist kein Wunder, haben doch ihre politischen wie militärischen Führer in zwei Weltkriegen den Beleg für diese Einschätzung geliefert.“[106]

In Anbetracht der deutschen Schuld an zwei Weltkriegen kann ich diese Tatsache nicht als eine generell negative Entwicklung sehen. Auf der anderen Seite kann dies auch zu Fehleinschätzungen der eigenen Sicherheitslage führen, die angesichts der Bedrohung etwa durch den internationalen Terrorismus, der Gewalt des US-Imperialismus und des politischen Islams zur Gefahr werden kann.

„Statt also immer von Neuem die pazifistische Melodie zu singen, wäre es klug, eine politische zu

103DUDEN, Definition: Pazifismus, online unter: http://www.duden.de/rechtschreibung/Pazifismus

104Das Politiklexikon: Pazifismus, in: bpb.de, online unter: http://www.bpb.de/nachschlagen/lexika/politiklexikon/18001/pazifismus

105DUDEN, Definition: Bellizismus, online unter: http://www.duden.de/rechtschreibung/Bellizismus

106Gauland, Alexander: Diffuser Pazifismus: Warum sich die Deutschen mit Gewalt so schwer tun, in: tagesspiegel.de vom 23. Juli 2012, online unter: http://www.tagesspiegel.de/meinung/diffuser-pazifismus-warum-sich-die-deutschen-mit-gewalt-so-schwer-tun/6907386.html

intonieren, weil eben militärische Gewalt – siehe oben – nicht an sich schlecht, sondern nur als falsche Politik schlecht ist. Das aber setzt voraus, dass die Deutschen wieder eine Tatsache der Weltgeschichte akzeptieren lernen, die Bismarck in seiner ersten Regierungserklärung als preußischer Ministerpräsident 1862 in die berühmten Worte fasste: „Nicht durch Reden und Majoritätsbeschlüsse werden die großen Fragen der Zeit entschieden – das ist der große Fehler von 1848 und 1849 gewesen – sondern durch Eisen und Blut." "[107]

Der ersten Aussage könnte ich noch einen gewissen Sinn abgewinnen, die Berufung auf Bismarck und das genannte Zitat jedoch sehe ich als extrem problematisch an, weil ich dies als einen Bellizismus charakterisieren würde, den ich für gefährlich halte, weil er in der Lage ist, die Massen zur unkontrollierten Gewalt aufzuhetzen.

In den USA und in den islamistischen Regimen ist Bellizismus common sense. Dies kann man etwa an den Wahlkampfpositionen von Barack Obama in Jahre 2007 erkennen, der Pakistan unilateral angreifen wollte.[108]

„When I am President, we will wage the war that has to be won, with a comprehensive strategy with five elements: getting out of Iraq and on to the right battlefield in Afghanistan and Pakistan; developing the capabilities and partnerships we need to take out the terrorists and the world's most deadly weapons; engaging the world to dry up support for terror and extremism; restoring our values; and securing a more resilient homeland."[109]

Zu erinnern ist auch an die unter der US-Administration von George W. Bush gezielt vorgetragenen Lügen zur Begründung des Irak-Kriegs.[110]

Präsident Bush sagte:

„The danger to our country is grave. The danger to our country is growing. The Iraqi regime possesses biological and chemical weapons. The Iraqi regime is building the facilities necessary to make more biological and chemical weapons."[111]

Hier kommt bereits eine gewisse religiöse Begründung für militärische Invasionen zum Ausdruck, die sich meines Erachtens nicht von den politischen Verlautbarungen islamistischer Regime unterscheidet. Diese Entwicklung in der Politik und der politischen Kommunikation der Vereinigten Staaten von Amerika ist nicht nur Ausdruck von Angst, sondern auch von Überheblichkeit und Naivität, die letztlich auch den anderen NATO-Verbündeten schadet und keinesfalls mehr Sicherheit für die US-AmerikanerInnen und EuropäerInnen mit sich gebracht hat. Diese Form der politischen Kommunikation zeigt auch, dass es sich bei der US-Amerikanischen Gesellschaft um eine zunehmend regressive, reaktionäre und geschlossene Gesellschaft handelt, in der humanistische oder humanitäre Tendenzen keineswegs auf dem Vormarsch sind. Auch die von Alt-Bundespräsident Johannes Rau kritisierte Äußerung von George W. Bush, es handele sich beim

107Gauland, Alexander: Diffuser Pazifismus: Warum sich die Deutschen mit Gewalt so schwer tun, in: tagesspiegel.de vom 23. Juli 2012, online unter: http://www.tagesspiegel.de/meinung/diffuser-pazifismus-warum-sich-die-deutschen-mit-gewalt-so-schwer-tun/6907386.html

108Siehe hierzu: Balz, Dan: Obama Says He Would Take Fight To Pakistan, in: washingtonpost.com vom 2. August 2007, online unter: http://www.washingtonpost.com/wp-dyn/content/article/2007/08/01/AR2007080101233.html

109Graham-Felsen, Sam: Senator Obama Delivers Address on National Security, in: barackobama.com vom 1. August 2007, online unter: https://my.barackobama.com/page/community/post_group/ObamaHQ/CpHR

110Siehe hierzu: Langenau, Lars: Irak: Lügen in Zeiten des Krieges, in: spiegel.de vom 05. Februar 2004, online unter: http://www.spiegel.de/politik/ausland/irak-luegen-in-zeiten-des-krieges-a-285058.html

111King, John: Courting the Saudis, Bush style, in: cnn.com vom 04. Oktober 2002, online unter: http://edition.cnn.com/2002/WORLD/meast/10/02/bushes.saudis/

Irak-Krieg um eine göttliche Mission[112] oder die viel kritisierte Aussage des ehemaligen US-Präsidenten George W. Bush, von einem globalen Kreuzzug gegen den Terrorismus zu sprechen, unterstützen diese These.[113]

Auch die Aussage von George W. Bush *„I'm a war president."* zeigt, dass in der US-amerikanischen Gesellschaft und Politik der Bellizismus die herrschende Doktrin ist.[114]

Hier gib es auch keinen Unterschied zwischen den US-Demokraten und den Republikanern. Außerdem unterscheidet sich der US-amerikanische Bellizismus meiner Ansicht nach nicht von der Propaganda eines Ahmadinedschad, der Israel auslöschen will:

„[Israel ist] ein tyrannisches Regime, das eines Tages zerstört werden wird."[115]

Ursache ist jeweils die ideologische Gleichschaltung: in der US-amerikanischen Gesellschaft durch christlich-neoliberale Ethik, die letztlich gewalttätig ist und zur Gewalt aufhetzt. Unter Berufung auf religiöse Dogmen wird mit religiöser Ethik gegen den Feind agitiert. In totalitären islamistischen Gottesstaaten ist es der politische Islam und der damit zusammenhängende Zwang, innere und äußere Feinde zu haben. Unter Berücksichtigung des in Kapitel 3 aufgeführten Zitats von Noam Chomsky, kann man zu der Einschätzung gelangen, dass es sich bei beiden Ideologien, Islamismus und christlicher Fundamentalismus, um antisemitische Ideologien handelt.

Die Frage nach einer friedlichen Außenpolitik und nach der pazifistischen Ethik ist von scharfen theoretischen Auseinandersetzungen geprägt, die die Gemüter der Deutschen und Europäer, aber auch einiger US-Amerikaner erregen.

„Bei der Pazifismus-Debatte brennen Sicherungen durch - intellektuelle, politische und moralische. "Daß die Begriffe ‚Militarismus` und ‚Pazifismus` ihren Charakter als aggressiv wirkende Reizvokabeln verloren" hätten und "als analytische Kategorien" anerkannt würden - wie der Historiker Wolfram Wette noch 1991 hoffte -, liest sich wie ein Spottvers. Wieder einmal dient "der" Pazifismus als Prügelknabe."[116]

Dass der Pazifismus nun generell diffamiert wird, halte ich für grundfalsch und für den Ausdruck einer gewaltiger werdenden Gesellschaft, die mehr und mehr durch abgestumpfte demagogische Positionen gekennzeichnet ist, die letztlich wie Scholastik wirken und für jedes Problem ein Patentrezept anzubieten zu haben glauben.

„Es ist eigenartig, aber immer, wenn es um Krieg und Frieden geht, arbeiten Kritiker von links und

112Siehe hierzu: Krieg vermeidbar - „Keine göttliche Mission": Rau kritisiert Bush, in: handelsblatt.com vom 31. März 2003, online unter: http://www.handelsblatt.com/archiv/krieg-vermeidbar-keine-goettliche-mission-rau-kritisiert-bush/2237168.html

113Siehe hierzu: Wahlkampf: Bush spricht erneut von "Kreuzzug" gegen den Terror, in: spiegel.de vom 19. April 2004, online unter: http://www.spiegel.de/politik/ausland/wahlkampf-bush-spricht-erneut-von-kreuzzug-gegen-den-terror-a-295911.html

114Siehe hierzu: Marinucci, Carla: Bush defends record: 'I'm a war president' / He takes the offensive in Oval Office interview, in: sfgate.com vom 09. Februar 2004, online unter: http://www.sfgate.com/politics/article/Bush-defends-record-I-m-a-war-president-He-2824326.php

115American Jewish Committee Berlin Office: Antisemitismus "Made in Iran": Die Internationale Dimension des Al-Quds-Tages, Berlin, 2006, S. 16, in: ajcgermany.org, online unter: http://www.ajcgermany.org/atf/cf/%7B46AEE739-55DC-4914-959A-D5BC4A990F8D%7D/Neuauflage%20Al%20Quds%20Okt%202006%20FINAL.pdf

116Walter, Rudolph: Feldzug gegen die Friedensfreunde, in: zeit.de vom 19. Januar 1996, online unter: http://www.zeit.de/1996/04/Feldzug_gegen_die_Friedensfreunde/komplettansicht

rechts mit ähnlichen Methoden. Das gilt für die Debatten in den fünfziger Jahren um die Wiederbewaffnung, in den Sechzigern um Abrüstung und Atomwaffen, in den Siebzigern um Kriegsdienstverweigerung und in den Achtzigern um die "Nachrüstung" ebenso wie für die Auseinandersetzung um den Golfkrieg 1991: Immer traten der Anlaß und die politische Konsistenz der pazifistischen Aktionen zurück hinter dem Gerede über die - freihändig erschlossenen - Motive der Akteure.“[117]

Frieden ist keine Selbstverständlichkeit, muss also mithin organisiert werden. Dass es um die Form der Organisation in einer Demokratie einen Diskurs gibt, ist also alles andere als verwunderlich.

„Die neuerdings wieder modische Verteufelung "des" Pazifismus als unpolitische Schwärmerei und als moralisch wie intellektuell unzurechnungsfähiger Irrationalismus wird der Theorie und der politischen Bewegung nicht gerecht, ist sachlich falsch und bleibt theoretisch in Anachronismen befangen.“[118]

Ich halte diese Modeerscheinung für gefährlich, weil sie zumindest die oben bereits erwähnte Unterscheidung in die verschiedenen Formen des Pazifismus, den Radikalpazifismus, den Gesinnungspazifismus, den Rechtspazifismus und und den logischen Pazifismus, völlig außer Acht lässt.

„Pazifistischen Theorien dagegen ging es immer um eine alternative Politik, die den vermeintlichen Realismus, demzufolge der Kampf konkurrierender Interessen nur durch Krieg entschieden werden könne, als Ideologie entblößte. Und was haben "Interessenpolitik", "Staatsraison" und "Machtpolitik" im Lauf der Geschichte nicht alles als "real" präsentiert! Zu den alternativen Konzepten gehört als Herzstück die Frage nach den rechtlichen, sozialen und ökonomischen Bedingungen, unter denen Friede möglich ist. Pazifistischen Ideen der Kriegsprävention und Konfliktlösung Versagen oder Undurchführbarkeit vorzuwerfen ist billig, denn sie wurden bislang kaum ernsthaft umgesetzt - ganz im Unterschied zu den realpolitisch-militärischen Hausrezepten. Deren Leistungen können bei der kritischen Geschichtswissenschaft nachgeschlagen oder auf Friedhöfen und Soldatenfriedhöfen besichtigt werden.“[119]

Ich halte die zunächst angeführte Einschätzung für nicht ganz zutreffend. Ich denke, dass es sich bei der Kritik an der Realpolitik weitestgehend um deskriptive, moralisierende Theorien handelt, die die Realität aus humanistischen Werten heraus kritisieren, um eine neue gültige Norm zu etablieren. Diese Norm könnte aber auch der Rechtspazifismus bzw. der logische Pazifismus sein und hat sich nicht zuletzt durch die Friedensbewegung zumindest theoretisch auf internationaler Ebene durchgesetzt. Insofern kann man den Gesinnungspazifismus nicht nur als gescheiterten Moralismus abtun.

„In der aktuellen Debatte wird "der" Pazifismus beschuldigt, sich seinerseits außerhalb der Moral anzusiedeln, weil er bereit sei, Kriegen und Bürgerkriegen tatenlos zuzuschauen. Dieses Argument trifft allenfalls auf einen randständigen Pazifismus zu, der Gewaltanwendung prinzipiell ablehnt. Absolute oder bedingungslose Gewaltablehnung ist kein moralisch und rational begründbarer Standpunkt, da er sich nicht auf verallgemeinerbare Prinzipien beruft, sondern auf religiöse Überzeugungen oder individuelle Präferenzen. Die Heiligkeit des Lebens etwa ist kein moralisches

117 Walter, Rudolph: Feldzug gegen die Friedensfreunde, in: zeit.de vom 19. Januar 1996, online unter: http://www.zeit.de/1996/04/Feldzug_gegen_die_Friedensfreunde/komplettansicht

118 Walter, Rudolph: Feldzug gegen die Friedensfreunde, in: zeit.de vom 19. Januar 1996, online unter: http://www.zeit.de/1996/04/Feldzug_gegen_die_Friedensfreunde/komplettansicht

119 Walter, Rudolph: Feldzug gegen die Friedensfreunde, in: zeit.de vom 19. Januar 1996, online unter: http://www.zeit.de/1996/04/Feldzug_gegen_die_Friedensfreunde/komplettansicht

Prinzip, sondern ein unhaltbares Dogma, das schon im Falle eigener Notwehr oder beim möglichen Schutz Dritter vor Mördern als Handlungsmaxime versagt."[120]

In der Tat wird der Pazifismus angegriffen, aber dies ist oft undifferenziert der Fall. Radikalpazifismus, der selbst dann noch friedlich ist, wenn ein akuter Angriff auf das eigene Leben zu konstatieren ist, würde ich als eine Gutmenschenethik ansehen, die letztlich gefährlich ist, wenn sie sich als universell etablieren will. Auf der anderen Seite ist ein logischer Pazifismus, der durch Rechtsnormen und politische, militärische und gesellschaftliche Mechanismen hergestellt wird, doch alternativlos, es sei denn, man will in einen Zustand der Barbarei zurückfallen.

„*Alle reflektierten Formen von Pazifismus lassen sich jedoch auf die Diskussion ein, welche Gewaltanwendung unter welchen Umständen für die Erreichung welcher Ziele zulässig ist. Sie ähnelt insofern traditioneller Macht- und Realpolitik, die stets abwägen muß, welchen Mitteleinsatz sie für welche Ziele riskieren und notfalls auch verantworten kann. Die Kriterien, nach denen reflektierte Pazifisten und herkömmliche Macht- oder Realpolitiker Entscheidungen beurteilen, unterscheiden sich allerdings nach Herkunft, Reichweite, Begründungskonsistenz und Zielsetzung ihrer Argumente fundamental. Jene suchen nach ökonomischen, sozialen, politischen und moralischen Bedingungen des Friedens, und diese rechnen einzig mit dem "Ernstfall" und setzen auf militärische Kriegsvorbereitung oder militärische Beendigung von Kriegen und Bürgerkriegen.*"[121]

Die Zweck-Mittel-Abwägung ist gerade Ausdruck dessen, dass es sich bei politischen Entscheidungsträgern zumeist um gefallene Radikalpazifisten handelt, die angesichts der objektiven Umstände und Handlungsoptionen in Regierungsverantwortung plötzlich unter Legitimationsdruck stehen. Insofern wird zumeist auch wieder ein ethisches Werturteil gefällt, das in einem anderen Fall oder bei geänderten Handlungsoptionen auch anders ausfallen kann. Dies ist aber dennoch nicht das, was ich als logischen Pazifismus bezeichnen würde.

„*Für die Praxis eines zugleich universellen, also weltweiten, und universalistischen, nach verbindlichen Normen agierenden Interventionismus für Menschenrechte, Demokratie und Rechtsstaat fehlt es bislang an allem - am politischen Willen der Einzelstaaten, an Organisationen und Ressourcen. Ob die Einzelstaaten je dahin kommen, auf Kosten ihrer Souveränität die Voraussetzungen dafür zu schaffen, ist eine offene Frage. Bis es soweit ist, gibt es nur eine rational und moralisch vertretbare Entscheidung. Die Relation zwischen den für militärische Interventionen und den für humanitäre Hilfen oder präventive Kriegs- und Bürgerkriegsverhütung aufgebrachten Mitteln muß sich zugunsten humanitärer Hilfe und präventiver Interventionsformen verschieben. Die von den führenden Staaten in der Uno und in der Nato bestimmte Politik läuft in die entgegengesetzte Richtung.*"[122]

Auch diese Einschätzung würde ich nicht teilen, denn es gibt doch in den Vereinten Nationen prinzipiell schon eine gemeinsame Auffassung von dem, was als universalistische Norm gelten soll und umgesetzt werden soll. Sicher ist es so, dass dies zum Teil in die Souveränität von Einzelstaaten eingreift, aber ein Recht auf individuelle und kollektive Selbstverteidigung wird doch in der UN-Charta auch ausdrücklich erwähnt. Das Problem liegt vielmehr in der Tatsache, dass große Einzelstaaten und Staatenbündnisse jeweils die UNO als ein Instrument nutzen wollen, um ihre

---

120 Walter, Rudolph: Feldzug gegen die Friedensfreunde, in: zeit.de vom 19. Januar 1996, online unter: http://www.zeit.de/1996/04/Feldzug_gegen_die_Friedensfreunde/komplettansicht

121 Walter, Rudolph: Feldzug gegen die Friedensfreunde, in: zeit.de vom 19. Januar 1996, online unter: http://www.zeit.de/1996/04/Feldzug_gegen_die_Friedensfreunde/komplettansicht

122 Walter, Rudolph: Feldzug gegen die Friedensfreunde, in: zeit.de vom 19. Januar 1996, online unter: http://www.zeit.de/1996/04/Feldzug_gegen_die_Friedensfreunde/komplettansicht

imperialen geostrategischen Interessen durchzusetzen. Dies widerstrebt aber dem Gedanken des Weltfriedens, wie er ebenfalls in der UN-Charta festgelegt wurde. Der Rechtspazifismus ist also bereits geltende Rechtsnorm, aber angesichts realpolitischer Gegebenheiten, sprich ungleicher militärischer Stärker der verschiedenen Nationen, noch nicht durchsetzbar. Insofern geht es eher darum, eine weitere Vergemeinschaftung der friedenserhaltenden und friedenserzwingenden Maßnahmen auf internationaler Ebene anzustreben und Alleingänge einzelner Staaten oder Staatenverbunde zu unterbinden. Es geht eher um präventive Maßnahmen um militärische Konflikte zu verhindern und zu unterbinden und eben nicht um präemptive Militärschläge und militärische Drohungen.

Ich würde mich selbst als einen Pazifisten ansehen, teile auch die normative Ethik, solange meine körperliche Unversehrtheit dadurch nicht gefährdet wird. Als Rechtspazifist würde ich eigene Gewalt, im Politischen eine militärische Intervention, von der Einschätzung der Gefahr der eigenen Sicherheit nach objektiven Kriterien und dem geltenden Recht abhängig machen. Rechtspazifismus ist aber auch eine Ethik, denn ein Gesetz ist eine allgemein gültige Norm.

In der Realpolitik wird diese normative Ethik, insbesondere in der Deutschen Politik nicht umsetzbar sein, denn, wie oben bereits ausführlich erläutert, sind die USA eine imperiale Besatzungsmacht, die uns Deutschen ein Militärbündnis aufnötigen, mit dem sie ihre Macht umsetzen. In der Realpolitik ist es oft nicht möglich, pazifistisch zu sein, insbesondere dann nicht, wenn es größere politische Spieler gibt, die eben nicht den Pazifismus als ihre Ethik begreifen. Die NATO ist dabei das beste Beispiel. Die USA dominieren mit politischer und militärischer Macht dieses Bündnis und vertreten einen Bellizismus, der völkerrechtswidrig ist. Das mag man als Oppositionspartei kritisieren, wird aber angesichts drohender negativer Auswirkungen auf einen selbst als Regierungspartei nicht danach handeln können, sprich den eigenen Worten nicht die versprochenen Taten folgen lassen können.

Ich halte mich eher an dem Pazifismus von Mahatma Ghandi fest, als am Gesinnungspazifismus der Linksextremisten. Am Prinzip der Gewaltlosigkeit, das dieser als eine Tugend der Tapferen betrachtete.

„Gewaltlosigkeit hat nichts mit Feigheit zu tun. Ich kann mir einen bis an die Zähne bewaffneten Mann vorstellen, der im Herzen ein Feigling ist. Waffenbesitz läßt auf eine gewisse Furcht, wenn nicht gar auf Feigheit schließen. Wahre Gewaltlosigkeit hingegen setzt absolute Furchtlosigkeit voraus."[123]

Das ist ein Idealismus, der sich auch in der Charta der UN widerspiegelt. Auf der anderen Seite war Gandhi aber auch kein Gutmensch, sondern hatte ein feines Gespür für Gefahren und Bedrohungen, insbesondere für die eigene Bewegung.

„Weil die Lehre vom Schwer die meisten Menschen so fest im Griff hat und der Erfolg der Nicht-Zusammenarbeit so unbedingt vom Verzicht auf Gewaltanwendung abhängt, darf ich, da meine Ansichten hierüber das Verhalten einer großen Zahl von Menschen bestimmen, nicht müde werden, diese Ansichten so klar wie möglich zu äußern.

Ich glaube folgendes: Wo man nur die Wahl hat zwischen Feigheit und Gewalt, würde ich zu Gewalt raten. Als mein ältester Sohn mich fragte, was er hätte tun sollen, wenn er den Anschlag auf mein Leben im Jahr 1908 miterlebt hätte: Davonlaufen und mich ermorden lassen oder, wie er

123Attenborough, Richard (Hrsg.): Mahatma Gandhi – Ausgewählte Texte, Goldmann Verlag, München 1983, S. 43, ISBN 3-442-06577-1

gekonnt und gewollt hätte, mich mit allen Kräften zu beschützen, da erwiderte ich, es wäre seine Pflicht gewesen, mich zu schützen, auch unter Anwendung von Gewalt. Aus diesem Grunde habe ich auch am Burenkrieg teilgenommen, an der sogenannten Zulu-Expedition und am letzten Krieg. Aus diesem Grunde auch befürworte ich die militärische Ausbildung für alle, die an Gewalt glauben."[124]

Keineswegs muss man sich also gewalttätig angreifen und ermorden lassen. Gewaltlosigkeit bedeutet vielmehr, dass man selbst andere nicht attackiert. Das gilt im Privatem, im Allgemeinen und im Militärischen.

Auch für das Verhältnis der Deutschen und Europäer zum US-Imperialismus und zur ablehnenden Haltung etwa des Irak-Krieges hat Gandhi ein Zitat mit beeindruckender Aktualität zu bieten.

„Dies ist im Kern das Prinzip der gewaltlosen Verweigerung der Zusammenarbeit. Daraus folgt, daß sie ihre Wurzel in der Liebe haben muß. Ihr Ziel sollte nicht die Bestrafung oder die Verunglimpfung des Gegners sein. Obgleich wir ihm die Zusammenarbeit verweigern, müssen wir ihn fühlen lassen, daß er in uns einen Freund hat, und wir sollten sein Herz zu gewinnen suchen, indem wir ihm, wo immer es möglich ist, menschlich entgegenkommen."[125]

Ghandi war ein Rechtspazifist, der sich soweit es ging auf das geltende Recht berief, um sein Ziel, die Unabhängigkeit Indiens vom britischen Empire, durchzusetzen. Ich sehe in der Außenpolitik etwa der Partei Bündnis90/Die Grünen ein ähnliches politisches Bestreben. Das gilt leider bei Weitem nicht mehr für alle Mitglieder der SPD. Hier erkenne ich bedauerlicherweise insbesondere bei vielen jüngeren Mitgliedern einen Bellizismus, der der Ethik des US-Imperialismus folgt und beispielsweise einen militärischen Erstschlag gegen den Iran befürwortet. Das sind für mich verfassungsfeindliche Tendenzen, die aus religiösen Dogmen heraus und aus Hörigkeit gegenüber der NATO und den USA vertreten werden.

Es ist doch schon so, dass es Grenzen gibt, in denen man mit Gesinnungspazifismus seine Psyche und sein Gewissen beruhigen kann. Wenn man selbst angegriffen wird und um sein eigenes Leben fürchten muss, hilft Radikalpazifismus auch nicht weiter. Der Rechtspazifismus versucht, der eigenen Gesinnung ein Normenkonstrukt zu geben, das die Einhaltung für alle Spieler, alle Staaten im internationalen System, einfordert. Wenn aber die eigenen humanistischen und friedlichen Grundwerte verletzt werden, wenn man weiß, man kann anderen helfen, sie schützen, indem man Gewalt anwendet, um Kriege zu verhindern oder zu beenden, dann kann dies aus der Sicht eines verantwortungsethischen Rechtspazifisten legitim sein. Das entspricht auch der Logik der friedenserzwingenden Maßnahmen der Vereinten Nationen.

Man kann dies etwa vergleichen mit der Erziehung eines Kindes. Wenn man ein Kind vor einer akuten Gefahr schützt und dabei Gewalt anwendet, so ist dies legitim und geboten. Zum Beispiel, wenn man ein Kind am Arm zieht, dass ohne zu schauen auf die Straße rennen will, so hilft dies dem Kind und schützt es vor einer Verletzung. Oder: Wenn man zwei streitende Kinder trennt, die sich gegenseitig schlagen, so wäre das eine Maßnahme, die beide Kinder schützt und zur Gewaltfreiheit erzieht. Dies ist legitim und geboten.

Präemptive Gewaltanwendung aber, um das Kind zu züchtigen, um ihm seinen Willen und seine

124Attenborough, Richard (Hrsg.): Mahatma Gandhi – Ausgewählte Texte, Goldmann Verlag, München 1983, S. 48, ISBN 3-442-06577-1

125Attenborough, Richard (Hrsg.): Mahatma Gandhi – Ausgewählte Texte, Goldmann Verlag, München 1983, S. 45, ISBN 3-442-06577-1

eigene Ideologie aufzuzwingen, wäre aber illegitime und illegale Gewaltanwendung, weil hier die Menschenwürde nicht Beachtung finden würde, ebenso wie das Recht auf körperliche Unversehrtheit des Kindes.

Projiziert man diese beiden Beispiele auf die Internationale Politik, so ergeben sich Ähnlichkeiten: Wenn man in einem anderen Staat durch militärische, logistische Hilfe, ärztliche Versorgung und Ähnlichem mit militärischen Einheiten präsent ist, so ist das legitim. Oder wenn man Piraterie oder Terrorismus mit militärischen Mitteln bekämpft, so ist das legal und legitim. Ebenso verhält es sich mit friedenssichernden und friedenserzwingenden Maßnahmen durch Militär, etwa in der UNIFIL-Mission. Präemptive Militärschläge, Vergeltungsakte und Angriffskriege für Rohstoffquellen und Absatzmärkte sind jedoch illegal und verbrecherisch. Ich werde später auf die Bundeswehreinsätze zurückkommen und diese Zusammenhänge in Kapitel 7 genauer verdeutlichen.

Der Philosoph Jürgen Habermas erläutert diesen Zusammenhang wie folgt:

„Der Rechtspazifismus will den lauernden Kriegszustand zwischen souveränen Staaten nicht nur völkerrechtlich einhegen, sondern in einer durchgehend verrechtlichten kosmopolitischen Ordnung aufheben. Von Kant bis Kelsen gab es diese Tradition auch bei uns. Aber heute wird sie von einer deutschen Regierung zum ersten Mal ernst genommen. Die unmittelbare Mitgliedschaft in einer Assoziation von Weltbürgern würde den Staatsbürger auch gegen die Willkür der eigenen Regierung schützen. Die wichtigste Konsequenz eines durch die Souveränität der Staaten hindurchgreifenden Rechts ist, wie sich im Falle Pinochets schon andeutet, die persönliche Haftung von Funktionären für ihre in Staats- und Kriegsdiensten begangenen Verbrechen.“[126]

Der Rechtspazifismus ist also ebenfalls eine wollensbasierte Theorie, eine normativ-ontologische Theorie, also daher eine Ideologie. Er setzt aber Strafen für abweichendes Handeln und erhöht so die Hemmschwelle für Menschenrechtsverletzungen, Völkermord und Angriffskriege. Kriegsverbrecher können angeklagt und verurteilt werden. Wahrlich meistens real nur dann, wenn sie nicht zu den stärkeren Spielern in der Welt gehören. Der Sieger schreibt weiterhin die Geschichte. Das Recht des Stärkeren gilt weiterhin. Logischer Pazifismus will den Versuch unternehmen, insbesondere auch dieses Paradoxon aufzuheben. Das Recht des Stärkeren konterkariert das Ansinnen, die Menschenwürde, die Humanität, das Menschenrecht auf Leben und körperliche Unversehrtheit weltweit umzusetzen, zugunsten einer gewalttätigen Ideologie, der Ideologie des Stärkeren. Im Falle etwa des Konfliktes des Westens mit dem Islamischen Block, soll Christentum als die bessere Ethik gegenüber dem Islam dargestellt werden, obwohl Religion in jedem Falle immer nur Ideologie ist.

„In der Bundesrepublik beherrschen die Gesinnungspazifisten auf der einen, die Rechtspazifisten auf der anderen Seite die öffentliche Auseinandersetzung. Sogar die "Realisten" schlüpfen unter den Mantel der normativen Rhetorik. Die Stellungnahmen pro und con bündeln ja gegensätzliche Motive. Die machtpolitisch Denkenden, die der normativen Zügelung der souveränen Staatsgewalt grundsätzlich mißtrauen, finden sich Arm in Arm mit Pazifisten wieder, während die "Atlantiker" aus schierer Bündnistreue ihren Argwohn gegen den regierungsamtlichen Menschenrechtsenthusiasmus unterdrücken - gegen Leute, die vor kurzem noch gegen die Stationierung der Pershing II auf die Straße gegangen sind.“[127]

126Habermas, Jürgen: Bestialität und Humanität – Ein Krieg an den Grenzen zwischen Recht und Moral, in: zeit.de vom 29. April 1999, online unter: http://www.zeit.de/1999/18/199918.krieg_.xml/komplettansicht

127Habermas, Jürgen: Bestialität und Humanität – Ein Krieg an den Grenzen zwischen Recht und Moral, in: zeit.de vom 29. April 1999, online unter: http://www.zeit.de/1999/18/199918.krieg_.xml/komplettansicht

Das ist eine durchaus zutreffende Beschreibung, die mir aber letztlich zweierlei zeigt: Zum Einen versuchen ehemalige Gesinnungspazifisten sich und Andere zu Verantwortungsethikern zu erziehen, weil der Rechtspazifismus eine zwingende Voraussetzung für realpolitisches Regierungshandeln ist. Zum Anderen bleibt bei der notwendigen Bündnistreue zur NATO und damit zu den USA die Frage, ob es sich hier nicht um einen aufgezwungenen Bellizismus im Namen der Menschenrechte handelt, der aus einer humanitären Perspektive als nicht hinnehmbar angesehen werden müsste. Insofern ergibt sich auch die Notwendigkeit, eine andere internationale Sicherheitsstruktur zu etablieren, die anstatt auf Rachefeldzüge und präemptive Militärschläge auf frühzeitige Verhinderung von militärischen Krisen und Konflikten setzt und dabei den Waffenhandel einschränkt.

„Anders sieht die Sache aus, wenn die Menschenrechte nicht nur als moralische Orientierung des eigenen politischen Handelns ins Spiel kommen, sondern als Rechte, die im juristischen Sinne implementiert werden müssen. Menschenrechte weisen nämlich ungeachtet ihres rein moralischen Gehalts die strukturellen Merkmale von subjektiven Rechten auf, die von Haus aus darauf angewiesen sind, in einer Ordnung zwingenden Rechts positive Geltung zu erlangen. Erst wenn die Menschenrechte in einer weltweiten demokratischen Rechtsordnung in ähnlicher Weise ihren "Sitz" gefunden haben wie die Grundrechte in unseren nationalen Verfassungen, werden wir auch auf globaler Ebene davon ausgehen dürfen, daß sich die Adressaten dieser Rechte zugleich als deren Autoren verstehen können.“[128]

Letztlich ist es doch eben das Problem, dass die US-Amerikaner diese Internationale Rechtsordnung nicht anerkennen und stattdessen mit unilateralen Militärschlägen den Weltfrieden gefährden und die Gewaltspirale ankurbeln. Ich möchte nur ein einziges Beispiel anführen für das Paradoxon des US-amerikanischen Bellizismus: Wie wenig fallen die 30.000 Todesopfer von Milosevic' Massaker ins Gewicht gegen die 600.000 zivilen Opfer im Irak-Krieg? Dennoch gelten Milosevic und Hussein als Verbrecher, Bush und seine Verbündeten jedoch nicht. Das ist auch Ergebnis von politischer Propaganda und Manipulation der Bevölkerung durch die westlichen Massenmedien. Darüber kann man doch mal nachdenken, ohne dass man die Gewalttaten und Verbrechen Milosevic' und Husseins dabei in irgendeiner Weise rechtfertigt.

Für die rot-grüne Bundesregierung erläuterte der damalige Staatsminister Ludger Volmer in der Folge der Terroranschläge vom 11. September 2001 und des darauf folgenden Kampfes gegen den Terrorismus im Jahre 2002 die Ansichten der Regierung zum Pazifismus.

„Pazifismus und Gewissen - sie sind letzte Berufungsinstanz für alle, die eine deutsche Beteiligung an den militärischen Maßnahmen zur Bekämpfung des Terrorismus ablehnen. Ein solcher Pazifismus setzt sich als universelle Ethik, an deren Ansprüchen der Pragmatismus jeder Regierung scheitert. Aber: Kann die pazifistische Gesinnung diesen Absolutheitsanspruch mit Recht erheben? Oder drücken sich nicht viele, die sich Pazifisten nennen, vor der Verpflichtung, die politische Bedingtheit ihrer Grundeinstellung zu bedenken und zur Debatte zu stellen?“[129]

Ludger Volmer wirkt wie ein Getriebener von externer Penetration. Auf der anderen Seite fordert er zu realistischer Politik auf und die Staatsräson ein, angesichts der realen Handlungsoptionen der von mir in Kapitel 3 dargestellten Tatsachen. Als Verantwortungsethiker für den Rechtspazifismus plädiert er für eine neue Ethik in der Regierungsverantwortung. Als Begründung dafür gibt er an:

128Habermas, Jürgen: Bestialität und Humanität – Ein Krieg an den Grenzen zwischen Recht und Moral, in: zeit.de vom 29. April 1999, online unter: http://www.zeit.de/1999/18/199918.krieg_.xml/komplettansicht

129Volmer, Ludger: Was bleibt vom Pazifismus – Die alten Feindbilder der Kriegsgegner haben ausgedient / Warum militärische Mittel nicht ganz verzichtbar sind, in: Frankfurter Rundschau vom 07. Januar 2002, online unter: http://www.ag-friedensforschung.de/themen/Pazifismus/volmer.html

„Innerhalb des Politischen ist ein abstrakt-gesinnungsethischer Pazifismus handlungsunfähig.“[130]

Damit sagt er auch, dass er nicht als Gesinnungspazifist handeln kann, weil es Handlungszwänge gibt, die dem entgegenstehen. Deshalb setzt er sich ein für eine Metaphysik, die eine rationale Theologie ist, für einen rationalen politischen Pazifismus.

„Anders der politische Pazifismus. Er ist normengeleitet, aber er ist sich gleichermaßen seiner historischen Bedingtheit bewusst. Jede Zeit hat ihre eigenen Bedrohungen und Feindbilder. Der politische Pazifismus wendet sich nicht nur gegen falsche Feindbilder, sondern beansprucht auch, Antworten auf die Bedrohung selbst zu bieten. Die pazifistische Konsequenz der einen Zeit gibt nicht unbedingt plausible Antworten auf die Bedrohungen einer anderen.“[131]

Damit wird gesagt, dass diese politische Theorie bei geänderten politischen Voraussetzungen, etwa eine stärkere Europäische Union, auch nicht zwingend generalisierbar bleiben muss. Sprich: Die Grünen bleiben pazifistisch, auch wenn in diesem Falle die Handlungszwänge dem entgegenstehen.

„Die aufgelöste Blockstruktur hinterließ ein Vakuum. Die Großorganisationen beeilten sich, sich als Ordnungsmacht auf dem politischen Markt anzubieten und als Garanten einer neuen Friedensordnung darzustellen. Der Pazifismus der neunziger Jahre versuchte nunmehr, OSZE und EU gegenüber der Militärorganisation Nato stärker zur Geltung zu bringen. Er wollte die Nato in eine - stärker nichtmilitärische - Sicherheitsstruktur auflösen, die die ehemaligen Feindmächte von Vancouver bis Wladiwostok umfasste. Auch dieser Pazifismus hatte politische Perspektiven, die keine Antwort auf die neue Bedrohung geben.“[132]

Damit wird gesagt, dass selbst Initiativen für den Rechtspazifismus nicht zwingend neue Handlungsoptionen erschlossen haben, die im Falle des Krieges gegen den Terrorismus hilfreich gewesen wären.

„Inzwischen nähern sich bei der Bekämpfung des Terrorismus die ehemaligen Blockvormächte USA und Russland, ebenso ihre ehemaligen Verbündeten und Satelliten, in einer Art und Weise an, wie die Vertreter einer gesamteuropäischen Sicherheitsgemeinschaft es sich immer gewünscht hatten.“[133]

Dies kann man aber auch als negativen Aspekt ansehen, der möglicherweise dazu führt, dass Russland und die USA ihre Vorstellungen vereinen und ihre Kräfte bündeln, um präemptive Militärschläge gemeinsam durchzuführen, um ihre Sicherheit und ihre Macht zu erhalten und zu erweitern. Insofern gibt es Grenzen für die Einflussnahme der deutschen Politik auf die beiden Supermächte.

„So erübrigt sich auch die Antwort auf die Frage nach der besseren Strategie. Ein Pazifismus, der

130Volmer, Ludger: Was bleibt vom Pazifismus – Die alten Feindbilder der Kriegsgegner haben ausgedient / Warum militärische Mittel nicht ganz verzichtbar sind, in: Frankfurter Rundschau vom 07. Januar 2002, online unter: http://www.ag-friedensforschung.de/themen/Pazifismus/volmer.html

131Volmer, Ludger: Was bleibt vom Pazifismus – Die alten Feindbilder der Kriegsgegner haben ausgedient / Warum militärische Mittel nicht ganz verzichtbar sind, in: Frankfurter Rundschau vom 07. Januar 2002, online unter: http://www.ag-friedensforschung.de/themen/Pazifismus/volmer.html

132Volmer, Ludger: Was bleibt vom Pazifismus – Die alten Feindbilder der Kriegsgegner haben ausgedient / Warum militärische Mittel nicht ganz verzichtbar sind, in: Frankfurter Rundschau vom 07. Januar 2002, online unter: http://www.ag-friedensforschung.de/themen/Pazifismus/volmer.html

133Volmer, Ludger: Was bleibt vom Pazifismus – Die alten Feindbilder der Kriegsgegner haben ausgedient / Warum militärische Mittel nicht ganz verzichtbar sind, in: Frankfurter Rundschau vom 07. Januar 2002, online unter: http://www.ag-friedensforschung.de/themen/Pazifismus/volmer.html

als politische Kraft ernst genommen werden will, darf nicht die Realitäten verdrängen, um ein Weltbild zu retten. Er darf nicht nur die anderen kritisieren, er muss selbst Antworten geben.“[134]

Letztlich wird das Regierungshandeln unter den aktuellen Voraussetzungen als alternativlos beschrieben.

„Militärische Machtprojektion um politischer Ziele willen - solche Drohgebärden konservativer Nationalstaatlichkeit wollen unsere Nachbarn nicht mehr erleben. Aber Verunsicherung und Befremden verursachen die Deutschen auch, wenn sie sich zwar einbinden in internationale Organisationen, die dort getroffenen Entscheidungen aber selber nicht umsetzen wollen, mit Rücksicht auf die verbrecherische Geschichte. So entsteht der Verdacht, sie wollten sich hinter der Geschichte verstecken und anderen die Lasten aufbürden.“[135]

Es gab also innerhalb der EU politischen Druck auf Deutschland, sich der Verantwortung für die Bündnisse NATO und EU nicht zu entziehen. Insofern sollten Kritiker auch in ihre Überlegungen einbeziehen, dass in anderen europäischen Staaten derzeit konservative Regierungen an der Macht waren.

„Politischer Pazifismus heute heißt: Einsatz für das Primat der Politik und die Unterordnung militärischer Schritte unter politische Strategien, für die zentrale Rolle der Vereinten Nationen, die Geltung des humanitären Kriegsvölkerrechts und die Verhältnismäßigkeit der Mittel, für humanitäre Hilfe und Menschenrechte, für Auswärtige Kulturpolitik und den Dialog der Kulturen, für Entwicklungshilfe und Institutionenbildung, für global governance und eine internationale Strukturpolitik, die auf globale Gerechtigkeit zielt.“[136]

Man merkt richtig, wie Ludger Volmer trotz der Handlungszwänge für seinen Idealismus, den Humanismus und die Gewaltlosigkeit politisch kämpft. So erklärt sich auch, dass die Deutsche Bundeswehr einen militärischen Auftrag mit einer im Vergleich zu den US-amerikanischen Truppen eher humanitären Ausrichtung hat, um im Militäreinsatz Entwicklungshilfe zu leisten. Das ist eine kopernikanische Wende in der Deutschen Außenpolitik und in der Internationalen Politik, die ein historisches Verdienst der Realpolitiker der Grünen und der Sozialdemokraten ist.

„Pazifismus heute kann militärische Gewalt als Ultima Ratio, als letztes Mittel, nicht leugnen, kämpft aber für die Prima Ratio, die zivilen Mittel der Krisenprävention. Der Ort eines so verstandenen politischen Pazifismus ist nicht das politische Niemandsland. Auch nicht der des folgenlosen Protestes. Es gilt, Verantwortung und Risiken mitzutragen.

Beim Kampf gegen den Terror hat die internationale Staatengemeinschaft, legitimiert durch die Vereinten Nationen, zum ersten Mal in der Geschichte der Menschheit ansatzweise im Sinne einer Weltinnenpolitik gehandelt.“[137]

134Volmer, Ludger: Was bleibt vom Pazifismus – Die alten Feindbilder der Kriegsgegner haben ausgedient / Warum militärische Mittel nicht ganz verzichtbar sind, in: Frankfurter Rundschau vom 07. Januar 2002, online unter: http://www.ag-friedensforschung.de/themen/Pazifismus/volmer.html

135Volmer, Ludger: Was bleibt vom Pazifismus – Die alten Feindbilder der Kriegsgegner haben ausgedient / Warum militärische Mittel nicht ganz verzichtbar sind, in: Frankfurter Rundschau vom 07. Januar 2002, online unter: http://www.ag-friedensforschung.de/themen/Pazifismus/volmer.html

136Volmer, Ludger: Was bleibt vom Pazifismus – Die alten Feindbilder der Kriegsgegner haben ausgedient / Warum militärische Mittel nicht ganz verzichtbar sind, in: Frankfurter Rundschau vom 07. Januar 2002, online unter: http://www.ag-friedensforschung.de/themen/Pazifismus/volmer.html

137Volmer, Ludger: Was bleibt vom Pazifismus – Die alten Feindbilder der Kriegsgegner haben ausgedient / Warum militärische Mittel nicht ganz verzichtbar sind, in: Frankfurter Rundschau vom 07. Januar 2002, online unter: http://www.ag-friedensforschung.de/themen/Pazifismus/volmer.html

Hier zeigt sich doch, dass es sich durchaus lohnt, gegenüber den US-Amerikanern eine andere Ethik, die des Humanismus, der Gedanken der Humanität und der prinzipiellen Gewaltlosigkeit zu vertreten. So konnte etwa gegen den Irak-Krieg später opponiert werden, was sich die rot-grüne Bundesregierung durch ihre Beharrlichkeit erarbeitet hatte.

„Die USA, verdächtigt, die Vereinten Nationen zu schneiden, eigene Interessen unilateral zu verfolgen und sich zu wenig um globale Fragen zu scheren, entdecken inzwischen, dass sie Freunde brauchen und liebäugeln wieder mit dem Multilateralismus. In der Tat, vielleicht nur aus der Not geboren.

Russland und China orientieren sich neu in der Sicherheitspolitik. Sicherlich nicht uneigennützig. Doch gerade jetzt wäre es doch Aufgabe der Pazifisten, statt dies ideologiekritisch zu denunzieren, die Chance zu nutzen.

Gerade jetzt muss eine multilaterale Weltordnungspolitik gegenüber unilateraler Supermachtpolitik gestärkt werden. Gerade jetzt verlangt die schwierige Beziehung der islamisch-arabischen Welt mit dem Westen den von Pazifisten seit langem geforderten interkulturellen Dialog. Noch nie waren die Aussichten so groß, dass sich die internationale Staatengemeinschaft auf Methoden zur Krisenprävention und zivilen Konfliktbearbeitung verständigt."[138]

Eine multilaterale Weltordnungspolitik muss eben zuallererst auf Krisenprävention und zivile Konfliktbearbeitung setzen, damit der unilaterale US-amerikanische Bellizismus ad acta gelegt wird zugunsten des Weltfriedens.

„Die Terroranschläge waren Anlass, dieses Denken auf die globale Ebene zu übertragen. In der Weltinnenpolitik treffen sich die Gedanken der etablierten Außenpolitik und eines neuen politischen Pazifismus. Sollen die alten Pazifisten ausgerechnet jetzt aus der Politik aussteigen, nur weil militärische Mittel nicht ganz verzichtbar sind?"[139]

Diese Machtoption aufzugeben wäre in der Tat töricht, nur weil die USA sich momentan mit Unilateralismus durchsetzen konnten. Den gewonnenen Einfluss und Respekt Deutschlands und Europas gilt es so gut als möglich für Gewaltlosigkeit zu nutzen.

Ludger Volmer ist als Vertreter der Regierung in der Pflicht, das Handeln der Regierung zu begründen. Dazu erklärt er die Handlungen der Regierung selbst normativ, zum Teil deskriptiv, moralistisch und wendet sich mit Moralismus gegen die Kritiker dieser Politik. Er kann dies nicht logisch begründet tun, sondern bestenfalls mit rationaler Theologie, weil es doch zutreffend ist, was auch Joschka Fischer sagte, dass es eine gewisse Verschwiegenheitspflicht für Regierungsvertreter gibt. Diese ergibt sich aus zumindest drei Tatsachen. Erstens den gesetzlichen Bestimmungen. Zweitens aus der Tatsache, dass es außenpolitische Handlungszwänge durch den US-Imperialismus und die NATO gibt, die man als Regierungsvertreter aus gutem Grunde verschweigen sollte, um die Bevölkerung nicht in Angst zu versetzen. Drittens wäre es naiv und unklug, zu viele Details über die eigene Strategie zu verraten. Das liegt im deutschen und europäischen Interesse.

Deshalb bietet Ludger Vollmer hier an dieser Stelle eine zweckmäßige Predigt, die letztlich nur dem

138Volmer, Ludger: Was bleibt vom Pazifismus – Die alten Feindbilder der Kriegsgegner haben ausgedient / Warum militärische Mittel nicht ganz verzichtbar sind, in: Frankfurter Rundschau vom 07. Januar 2002, online unter: http://www.ag-friedensforschung.de/themen/Pazifismus/volmer.html

139Volmer, Ludger: Was bleibt vom Pazifismus – Die alten Feindbilder der Kriegsgegner haben ausgedient / Warum militärische Mittel nicht ganz verzichtbar sind, in: Frankfurter Rundschau vom 07. Januar 2002, online unter: http://www.ag-friedensforschung.de/themen/Pazifismus/volmer.html

Ziel dient, eine parteipolitische und gesellschaftliche Mehrheit für das eigene Handeln zu erreichen und gleichzeitig die politische Macht zu behalten. Letztlich bleibt es bei einer objektiven Betrachtung ebenso bei Gesinnungsethik, wie die Gesinnungspazifisten, die er kritisiert.

Es werden Handlungsoptionen für den Rechtspazifismus aufgezeigt, die bei genauerer Betrachtung zukünftig mehrheitsfähig werden könnten. Daher handelt es sich eher um eine von Zweckmäßigkeit gekennzeichnete Veröffentlichung um den Kampf gegen den Terrorismus und den Angriff auf Afghanistan zu begründen. Das war notwendig, weil der politische und militärische Druck der USA auf die Deutsche Bundesregierung offenbar so groß war, dass man nicht gegen sie politisch agieren konnte. So musste man den Gesinnungspazifisten in den Grünen begründen, warum man so handelt. Es bleibt also eine aus einer Notlage heraus zusammengeschusterte Position, die in einem anderen Falle auch anders aussehen könnte.

Meine Argumente gegen den Gesinnungspazifismus, zum Teil auch gegen den Rechtspazifismus begründe ich mit Logik. Pazifismus ist die Ethik der Gutmenschen. Letztlich ist das nur normative Ideologie, die nicht immer real umsetzbar ist. Natürlich wäre es besser, wenn alle Menschen auf der Welt friedlich wären. Dahinter steckt das theologische Bild von „Schwertern zu Pflugscharen". Aber autoritäre Regime lachen Gesinnungspazifisten aus und benutzen sie für ihre bellizistische Ideologie. Dabei treffen sie auf schwache Gegenwehr.

Rechtspazifismus ist der mehr oder weniger erfolgreiche Versuch von Verantwortungsethikern, die pazifistische Gesinnung durch formales Recht zu institutionalisieren.

Im allgemeinen Sprachgebrauch wird Pazifismus also mit einer Haltung gleichgesetzt, die militärische Verteidigungsmaßnahmen selbst im Falle eines Angriffs und akuter Gefahr für das eigene Leben ausschließt. Das gilt aber zum Beispiel nicht für den Rechtspazifismus und ist daher zum Teil auch eine pejorative Zuschreibung an Pazifisten, vorgenommen durch Bellizisten und Gesinnungsethiker, die davon ausgehen, dass Menschen immer gewalttätig waren und bleiben werden. Dies halte ich für falsch, weil Gewalttätigkeit in den meisten Fällen eine konditionierte Eigenschaft von Menschen ist und ihre Ursache in religiösen Dogmen, direkten Gewalterfahrungen und systemimmanenter Gewalt hat.

Das Ziel einer gewaltlosen Weltgesellschaft sollte man daher keineswegs aus den Augen verlieren.

„Ist Gewaltlosigkeit eine Utopie?

Die "Unerreichbarkeit" vollkommener Gewaltlosigkeit sollte nicht zu ihrer Verketzerung verführen, denn auch die Freiheit ist stets "unvollkommen", aber im Streben danach und aus der Verteidigung ihrer Prinzipien mittels des Rechts erwächst die Freiheit und ist bei aller Unvollkommenheit "real" und unverzichtbares Ideal. "[140]

Gesinnungspazifismus ist ein normatives Paradigma, das Erlösung verspricht. Gewaltlosigkeit ist der weltweit angestrebte Zustand, der Wille dazu ist aus einer normativen religiösen Ethik, aus Humanismus und bei Verantwortungsethikern auch rational erklärbar. Das ist aber noch keine logische Begründung durch Beweisführung.

Hier genau liegt aber die Schnittmenge zwischen Rationalismus und Logik, also auch zwischen Rechtspazifismus und logischem Pazifismus.

140Definition: Pazifismus, in: pazifismus.info, online unter: http://pazifismus.info/ und http://www.unsere.de/markus-sebastian-rabanus.htm

„Pazifismus ist Friedensschaffung, also die Abschaffung der Fähigkeit zum Krieg durch eine Ordnung des Rechts im Weltmaßstab.“[141]

Institutionalisierte Instrumente, um Konflikte und Kriege zu verhindern, von autoritären Regierungen unterdrückten Menschen zu helfen, Waffenhandel einzuschränken, das ist derzeit alles andere als die Realität, da unilaterale Alleingänge der Supermächte zu beobachten sind.

„Ist Pazifismus realitätsfremd?

Realitätsfremd ist, wer ignoriert oder boykottiert, dass nach dem von allen Mitgliedsstaaten unterschriebenen Gebot der Art.24 UNO-Charta einzig der Weltsicherheitsrat über Krieg und Frieden zu entscheiden hat.“[142]

Dass aber der Weltsicherheitsrat durch die militärisch stärksten Staaten bzw. die Atommächte dominiert wird, ist Realität, aber mitnichten logisch begründbar.

„Ist Pazifismus wehrlos?

Pazifismus ist nicht wehrlos, sondern lehnt die zwischenstaatliche Selbstjustiz als veraltetes und falsches Verteidigungskonzept ab.

Selbstjustizielle Verteidigungsgewalt ist nur dann legitim, wenn Nothilfe durch den Weltsicherheitsrat entweder nicht oder zu spät erlangbar ist.

Selbstjustizielle Verteidigungsgewalt ist unstatthaft, wenn das angegriffene Land das Gewaltmonopol der Vereinten Nationen hintertrieben hat, denn niemand darf aus Missständen, die er selbst mitzuvertreten hat, Rechte ableiten.“[143]

Der Sinn und Zweck des Rechtspazifismus und auch des logischen Pazifismus liegt also genau darin, dass für alle Konflikte und Kriege auf der Welt eine internationale Lösung gefunden werden soll, um den Frieden wieder herzustellen. Beim Rechtspazifismus jedoch bleibt bisher der Zustand bestehen, dass die militärisch stärksten Mächte Weltfrieden nach ihrem Gusto definieren und dabei zu eigenen strategischen und ökonomischen Vorteil handeln. Weltfrieden ist also ein anzustrebender Zustand, den im Grunde alle Staaten anstreben, zumindest aber anstreben sollten.

„Wie weit darf die Selbstjustiz gehen?

Selbstjustiz muss sich an die Regeln des Notwehrrechts halten, darf also beispielsweise nicht provoziert sein und auf keinen Fall darauf gerichtet sein, Friedensschlüsse oder Gebietsabtretungen zu erzwingen, allenfalls Waffenstillstände, denn dauerhaftes Recht darf nicht aus militärischer Überlegenheit geschlussfolgert werden, sondern ausschließlich aus demokratischen Verfahren und den Menschenrechten genügend.“[144]

141Rabanus, Markus Sebastian: Definition: Pazifismus, in: pazifismus.info, online unter: http://pazifismus.info/ und http://www.unsere.de/markus-sebastian-rabanus.htm

142Definition: Pazifismus, in: pazifismus.info, online unter: http://pazifismus.info/ und http://www.unsere.de/markus-sebastian-rabanus.htm

143Definition: Pazifismus, in: pazifismus.info, online unter: http://pazifismus.info/ und http://www.unsere.de/markus-sebastian-rabanus.htm

144Definition: Pazifismus, in: pazifismus.info, online unter: http://pazifismus.info/ und http://www.unsere.de/markus-sebastian-rabanus.htm

Das internationale Recht setzt Regeln für den Selbstschutz, die nur für die unmittelbare Verteidigung gegen einen akuten Angriff gelten. Jeder militärische Akt ist daher prinzipiell an geltendes Recht gebunden, wenngleich es in der Realität, wie oben bereits erwähnt, jedoch oftmals so ist, dass die militärisch stärkeren Staaten ihren Willen auch gegen das geltende Recht durchsetzen, zum Teil sogar ohne eine Strafe dafür fürchten zu müssen.

„Was unterscheidet solchen Pazifismus von klassischer Sicherheitspolitik?
Pazifismus lehnt die Konkurrenz nationaler Militärmächte ab, denn diese Konkurrenz ermöglicht überhaupt erst die zwischenstaatlich größeren Kriege,
Pazifismus fordert deshalb für militärische Einsätze als Mindestvoraussetzung, dass der Genehmigungsvorbehalt des Weltsicherheitsrats anerkannt wird, also auch das Erfordernis einer strikten Befolgung seiner Entschließungen - mit Ausnahme für das individuelle und kollektive Kriegsdienstverweigerungsrecht.
Pazifismus setzt sich dafür ein, dass es weltweit keinerlei Pflichtarmee gibt, allenfalls Freiwilligenarmeen mit jederzeitigem Befehlsverweigerungsrecht.

Der Pazifismus unterscheidet sich von klassischer Verteidigungspolitik nicht durch "Gewaltlosigkeit", sondern durch die Bindung der militärischen Gewalt an ein demokratisches Weltrecht und die daraus folgende Durchsetzung des globalen Gewaltmonopols.“[145]

Rechtspazifismus ist also eine normative Ethik, die im internationalen Staatensystem zur Gewaltlosigkeit anmahnt. Die Mechanismen, dies auch durchzusetzen sind quasi nicht zwingend vorhanden, da im Weltsicherheitsrat nicht alle Staaten vertreten sind, sondern eben weitestgehend nur die Atommächte. So lässt sich in dieser Form zwangsweise weder der Rechtspazifismus umsetzen, noch der logische Pazifismus, von dem ich spreche.

Wie Karl Marx und Friedrich Engels den Sozialismus von der Utopie zur Wissenschaft erheben wollten, so will ich daher den Versuch unternehmen, den Pazifismus von einer Utopie zur Wissenschaft zu befördern. Logischer Pazifismus heißt demnach, Handlungen zu unternehmen, die geeignet sind, einen Zustand von Gewaltlosigkeit weltweit herzustellen, und zwar nach einem Mechanismus, der unabhängig von nationalstaatlicher und selbst unabhängig von demokratischer Gewalt besteht.

Etwa US-amerikanische Alleingänge durch präemptive Militärschläge, militärische Drohungen, wie etwa durch Nordkorea oder den Iran, halte ich für den Ausdruck von bellizistischem Denken, das ich für reaktionär halte. Imperiale Ölkriege (etwa gegen den Irak), übertriebene Racheakte (etwa gegen Afghanistan), Kriege aus geostrategischen Interessen (etwa im Kosovo) oder etwa terroristische Akte, wie durch Al Kaida (11. September), Hamas oder Hisbollah (mit Stellvertreterkriegen gegen Israel) halte ich für falsch. Sie haben ihre Ursache in einer kranken religiösen Gesinnung, religiösem Fundamentalismus, imperialer Gesinnung oder der Gesinnung des Neoliberalismus. Neoliberalismus halte ich für die reaktionäre Ethik der westlichen Welt, die durch ihr Verhalten das Denken und Handeln der gesamte Weltbevölkerung bestimmt und für einen quasi-religiösen Kreationismus aus drei ideologischen Hauptbestandteilen: Kapitalismus, Demokratie und (christliche) Religion. Kapitalismus führt zu Imperialismus und Krieg, Demokratie ist eine illegitime Gewaltherrschaft Vieler zu Gunsten der Herrschenden und Religion ist der Katalysator, der der Erhaltung des status quo dient. Letztlich wird im Neoliberalismus ein affektuelles Handeln anerzogen, das nicht den biologischen Verhaltensweisen von Menschen entspricht.

145Definition: Pazifismus, in: pazifismus.info, online unter: http://pazifismus.info/ und http://www.unsere.de/markus-sebastian-rabanus.htm

Zieht man etwa die Triebtheorie heran, wonach zumindest der Selbsterhaltungstrieb eine ultimate Ursache für Verteidigungsmaßnahmen darstellt, so wäre etwa die Verteidigung der Türkei vor drohenden Angriffen durch Syrien glasklar ein logischer Schluss: legal, legitim und vernünftig.

Dahingegen war der Angriff gegen den Irak, wie der Angriff gegen Afghanistan, der Angriff gegen Jugoslawien und der drohende Angriff gegen den Iran nichts weiter als der Ausdruck neoliberaler Gesinnungsethik, forciert durch kriminelle Regierungen in den Vereinigten Staaten von Amerika.

Die imperiale Motivation für derartige Angriffskriege könnte man durch antiautoritäre Erziehung und humanistische Ethik eindämmen. Man könnte sie aufheben durch Logik, durch logischen Pazifismus. Doch hier besteht halt das „neoliberale Paradoxon" in der Demokratie. Man müsste das wollen. Und da eben in der US-amerikanischen Demokratie niemand antiautoritär und humanitär sein will und der Staat auf christliche Ethik durch ein Zweiparteiensystem gleichgeschaltet ist, besteht im Grunde auch keine Chance auf Veränderung. Das Gleiche gilt für Kapitalismus und den aus ihm resultierenden Imperialismus. Da alle bei christlicher Ethik bleiben und niemand aus dem System der Ausbeutung ausbrechen kann, wird durch die Art des Wirtschaftens und des Konsums bereits zwangsweise Gewalt gegen Andersdenkende ausgeübt und legitimiert. Das ist in den USA common sense.

Gleichzeitig bleiben dennoch bei einem neoliberalen Paradigma auch die Sekundärtriebe bestehen, wenn sie ultimate Ursache für menschliches Handeln sind. Etwa das Bedürfnis nach Anerkennung und Sicherheit ist bei den US-Amerikanern sehr ausgeprägt, wie bei allen religiösen Gesinnungsethikern. Die US-Amerikaner morden auf der ganzen Welt für Öl und Absatzmärkte und reklamieren dabei noch Anerkennung für sich. Während internationales Recht die Selbsterhaltung der gesamten Gattung „Mensch" im Blick hat und zu institutionalisieren versucht, ist der US-amerikanische Bellizismus ein imperialer Egoismus. Die US-Amerikaner glauben wirklich, dass sie mit Krieg und Imperialismus sinnvoll und richtig handeln, während sie das Internationale Recht aufs Gröbste verletzen und reklamieren genau dafür auch noch Anerkennung durch alle anderen Staaten. Die US-Amerikaner sind religiöse Ideologen, die durch ihre imperiale Politik den Weltfrieden gefährden.

Logischer Pazifismus will den eigenen Lebenstrieb, den Selbsterhaltungstrieb für sich und andere, für die gesamte Menschheit umsetzen. Rechtspazifisten setzen zur Umsetzung hauptsächlich des eigenen Friedens lediglich auf einen normativen Idealismus, der fast wie selbstverständlich durch die Supermächte untergraben wird. So wird die pax britannica durch die pax americana fortgesetzt.

Der derzeit institutionalisierte Rechtspazifismus ist mit nationalistischer Gesinnung verbunden und so bleibt er angesichts der durch die USA dominierten neoliberalen Weltordnung nur ein autoritärer Moralismus.

Liegt dem Pazifismus nicht nur die Theorie des Internationalismus, sondern der der Weltgesellschaft zugrunde, in der davon ausgegangen wird, dass es universelle Bedürfnisse nach Leben und Sicherheit für alle Menschen gibt, so wie es in der UN-Charta der Menschenrechte festgeschrieben ist, so würde ich von einem logischen Pazifismus immer dann sprechen, wenn eine militärische Handlung zuallererst dem Ziel dient, den Weltfrieden herzustellen und nicht einem egoistischen Eigeninteresse, wie in allen militärischen Operationen der USA.

Ich plädiere damit nicht für die prinzipielle Ablehnung des Militärischen als Mittel, solange es noch Bedrohungslagen gibt, sondern vielmehr dafür, zu überprüfen, ob militärische Handlungen dem Ziel dienen, der Weltgesellschaft, im Weltmaßstab allen Menschen gleiche Rechte und den Schutz des

Lebens zukommen zu lassen oder ob es sich nur um rein egoistische Ziele handelt, die letztlich neoliberal, nationalistisch, imperial, chauvinistisch oder faschistisch motiviert sind.

Ich komme daher zu folgendem Fazit: Es gibt eine Form des Pazifismus, die sich mit Logik begründen und beweisen lässt. Militärische Maßnahmen können dabei eine Möglichkeit zur Umsetzung dieses Zieles sein. Um logischen Pazifismus umzusetzen, ist es notwendig, wegzukommen vom rationalen Predigen und hin zu logischem Handeln. Dabei ist der US-Imperialismus ein Störfaktor. Um dieses Ziel zu erreichen, wären Veränderungen in der Zusammensetzung des Weltsicherheitsrats nötig und auch zuallererst die Abkehr von egoistischen Eigeninteressen der Nationalstaaten.

6. An der Außen-, Verteidigungs- und Sicherheitspolitik hängt die Regierungsfähigkeit der Linkspartei

In diesem Kapitel möchte ich zeigen, dass die Außen-, Verteidigungs- und Sicherheitspolitik entscheidend dafür ist, ob die Linkspartei als Regierungspartei tragbar und mit anderen Parteien koalitionsfähig ist. Ich möchte dabei nicht nur darstellen, warum die Linkspartei als Regierungspartei von regressiven Positionen zur Europäischen Einigung und ihrer Gutmenschenhaltung in der Außen-, Verteidigungs- und Sicherheitspolitik Abstand nehmen müsste, sondern auch, dass es unvorhergesehene Ereignisse geben kann, die eine Regierungspartei zu einem Handeln zwingen kann, das man selbst normativ nicht unterstützt und sogar mit Logik nicht begründen kann. Genauer: Selbst wenn ich, wie im vorangegangenen Kapitel dargestellt, für einen logischen Pazifismus plädiere, heißt das noch lange nicht, dass angesichts der realen Handlungsoptionen einer Deutschen Bundesregierung dieser auch umsetzbar wäre.

In der später so genannten „Elefantenrunde" nach der Bundestagswahl im Jahre 2005 zeigte sich, dass sowohl der ehemalige Bundeskanzler Gerhard Schröder, als auch der ehemalige Bundesaußenminister Joseph Fischer eine Koalition mit der Linkspartei ausgeschlossen hatten. Dies erklärt sich insbesondere durch die politischen Positionen zur NATO und zur Europäischen Union, die ich bereits in Kapitel 3 und Kapitel 4 dargestellt habe. Ich möchte hier drei Beispiele diskutieren, um meine These zu belegen und am Ende zu einem Fazit gelangen. Erstens das Verhalten der Grünen im Jugoslawien-Krieg. Zweitens die Europapolitik der rot-grünen Bundesregierung, insbesondere durch Joseph Fischer. Drittens der Zwang zum Afghanistan-Krieg und die Haltung der rot-grünen Bundesregierung im Irak-Krieg.

Ich beginne mit dem Jugoslawien-Krieg, insbesondere dem Kosovo-Einsatz. Hier denke ich, dass dieser Einsatz verfassungswidrig und völkerrechtswidrig war und die Art der Kriegsführung weder mit den Genfer Konventionen noch mit humanitären Maßstäben zum Schutz der Menschenrechte vereinbar war.

Wenn man sich aber einmal genauer die Rede von Joschka Fischer auf dem Bundesparteitag der Grünen anschaut, so hatte ich nicht den Eindruck, dass hier jemand sprach, der für eine offensive Kriegsführung um jeden Preis plädiert. Vielmehr schien es mir damals schon so, als ob hier ein naiver junger Bundesminister eine Position durchzusetzen versuchte, die im Sinne der staatlichen Sicherheit der Bundesrepublik Deutschland und angesichts der enormen politischen und militärischen Macht der USA alternativlos war, an die US-Amerikaner verraten von der konservativen Opposition und eingeengt von Gesinnungspazifisten innerhalb und außerhalb der eigenen Partei. Hier haben alle das einstige Großmaul Joseph Fischer gebrochen.

Sicher sind seine Ausführungen hier alles andere als sachlich korrekt, man merkt ihm die Angst um die eigene Sicherheit, die Sicherheit der deutschen BürgerInnen so richtig an und erwartet gleichzeitig auch eine mittel- und langfristige Lösung für die Dilemma-Situation, in die der US-Imperialismus die Deutsche Bundesregierung und die deutschen BürgerInnen brachte und bringt.

Ein wichtiger Satz ist die Antwort auf die vielen Zwischenrufer:

„hier spricht ein Kriegshetzer und Herrn Milosevic schlagt ihr demnächst für den

Friedensnobelpreis vor.“[146]

Auch das war nur Polemik, aber sie hat ihm die Mehrheit für eine neue Außen- und Europapolitik in den Folgejahren gesichert, die man ohne zu übertreiben als eine kopernikanische Wende in der deutschen und europäischen Politik bezeichnen kann.

Hätte die EU bereits zu diesem Zeitpunkt mit eigener und gemeinsamer Stimme gesprochen und eine eigene außen- und sicherheitspolitische Strategie für Jugoslawien, vor allem in Bezug auf die humanitäre Hilfe, verfolgen können, so wäre eine andere Vorgehensweise auch schon seit 1992 möglich gewesen. Ich gehe davon aus, das auch Joschka Fischer dann hier eine andere Position vertreten hätte. Man kann also sehen, dass auch die Grünen Realpolitiker durchaus als Rechtspazifisten angesehen werden können, nur dass sie sich eben den realen Machtverhältnissen nicht entziehen können, wenn sie in der Regierung sind.

„Ich weiß, als Bundesaußenminister muss ich mich zurückhalten, darf da zu bestimmten Dingen aus wohlerwogenen Gründen nichts sagen. Nicht so, wie mir wirklich das Maul am liebsten übergehen würde von dem, was ich in letzter Zeit gehört habe: Ja, "der Diplomatie eine Chance", ich kann das nur nachdrücklich unterstützen. Nur ich sage euch: Ich war bei Milosevic, ich habe mit ihm 2 1/2 Stunden diskutiert, ich habe ihn angefleht, drauf zu verzichten, dass die Gewalt eingesetzt wird im Kosovo. Jetzt ist Krieg, ja. Und ich hätte mir nie träumen lassen, das Rot/Grün mit im Krieg ist. Aber dieser Krieg geht nicht erst seit 51 Tagen, sondern seit 1992, liebe Freundinnen und Freunde, seit 1992!“[147]

Joschka Fischer wirkt hier wie eine gezwungene Person. Die US-Amerikaner wollten diesen Krieg, nicht aus humanitären Gründen, sondern aus geostrategischen Gründen, die ihre Ursache in der Blockkonfrontation und der imperialen Strategie des Pentagons hatten, den russischen Einflussbereich zu verringern um ungehindert Ölkriege führen zu können. Die US-Amerikaner haben die deutsche Politik zu diesem Verhalten gezwungen, weil die US-Regierung eben in der Lage war, in ihrem eigenen Interesse militärisch Tatsachen zu schaffen. Es spricht vieles dafür, dass die Deutsche Bundesregierung unter erheblichem Druck aus Washington stand. Etwa auch gezielt verbreitete Falschinformationen.

„Und ich sage euch, er hat mittlerweile Hunderttausenden das Leben gekostet und das ist der Punkt, wo Bündnis 90 / Die Grünen nicht mehr Protestpartei sind. Wir haben uns entschieden, in die Bundesregierung zu gehen, in einer Situation, als klar war, dass hier die endgültige Zuspitzung der jugoslawischen Erbfolgekriege stattfinden kann. Ich erinnere mich noch ... – Nein, ich höre nicht auf! Den Gefallen tue ich euch nicht ! – ... Ich kann mich noch erinnern: Die Bundestagswahlen waren gerade vorbei. Da sind Schröder und ich nach Washington geflogen. Wir waren noch in der Opposition, da war schon klar, dass wir ein Erbe mit bekommen, dass unter Umständen in eine blutige Konfrontation, in einen Krieg führen kann. Und ich kann euch an diesem Punkt nur sagen: schon damals, als wir die Koalition beschlossen haben, war uns klar, dass wir in einer schwierigen Situation antreten.“[148]

146Fischer, Joschka: Rede des Außenministers zum Natoeinsatz im Kosovo, Heinrich Böll Stiftung, Archiv Grünes Gedächtnis, Hannover 1999, online unter: http://www.mediaculture-online.de/fileadmin/bibliothek/fischerjoschka_kosovorede/fischer_kosovorede.html

147Fischer, Joschka: Rede des Außenministers zum Natoeinsatz im Kosovo, Heinrich Böll Stiftung, Archiv Grünes Gedächtnis, Hannover 1999, online unter: http://www.mediaculture-online.de/fileadmin/bibliothek/fischerjoschka_kosovorede/fischer_kosovorede.html

148Fischer, Joschka: Rede des Außenministers zum Natoeinsatz im Kosovo, Heinrich Böll Stiftung, Archiv Grünes Gedächtnis, Hannover 1999, online unter: http://www.mediaculture-online.de/fileadmin/bibliothek/fischerjoschka_kosovorede/fischer_kosovorede.html

Hier wird eine bewusste Falschinformationen deutlich. Es ist bekannt, dass durch Slobodan Milošević zwar annähernd eine Million Menschen deportiert und vertrieben wurden, es aber „nur" maximal 30.000 Todesopfer gab. Das ergibt sich auch aus der Anklageschrift gegen Slobodan Milošević[149] Insofern basierte die Begründung der Deutschen Bundesregierung für den Kosovo-Krieg auf einer glatten Lüge. Aber: Selbst das kann man dem Bundesaußenminister angesichts der US-amerikanischen Bedrohung für unser Land kaum vorwerfen.

Joschka Fischer liefert die „Rechtfertigung" dafür doch selbst: Gerhard Schröder und er wurden nach Washington zitert, damit sie sich die militärischen Weisungen für das NATO-Bündnis persönlich abholen sollen. Schon da war ihnen bewusst, dass man gegen die Allmacht des US-Imperialismus allein wenig ausrichten kann.

Der Bundeswehreinsatz im Kosovo ist ein hervorragendes Beispiel dafür, dass man unter gegenwärtigen Bedingungen als Regierungspartei noch Auslandseinsätze der Bundeswehr auch dann unterstützen muss, wenn sie weder der eigenen Ethik entsprechen, noch verfassungskonform sind, noch mit dem Internationalen Recht in Übereinstimmung zu bringen sind. So erklärt sich auch die demagogische Argumentation von Joschka Fischer, Jürgen Trittin, Ludger Volmer und anderen gegen den Gesinnungspazifismus, der letztlich real gewaltlosen Politikvorstellungen schadet. Wer nicht länger in die Situation gelangen will, dass er sein eigenes Militär entgegen der eigenen Wertevorstellungen einsetzen muss, wer nicht länger will, dass die Deutsche Bundeswehr eine Söldnertruppe für den US-Imperialismus ist, der muss politisch und militärisch Tatsachen schaffen, die dies ermöglichen. Da gibt es eben keinen Weg vorbei an der Europäischen Integration, den EU battle groups und dem Aufbau einer Europäischen Armee.

Die Außenpolitik von Joschka Fischer in den Folgejahren halte ich für im Rahmen des objektiv Machbaren für vorbildlich. Er hat die Europäische Einigung vorangebracht, um eine eigenständige humanistische, gewaltfreie und humanitäre Politik Deutschlands und Europas zu ermöglichen.

„Bundesaußenminister Joschka Fischer will nach den Worten seines engen Vertrauten Daniel Cohn-Bendit nach einem Sieg von Rot-Grün bei der nächsten Bundestagswahl EU-Außenminister werden.

"Joschka wechselt nach Brüssel, wenn wir die Bundestagswahl 2006 gewonnen haben", sagte der Europapolitiker Cohn-Bendit der Zeitung "Die Welt". "2007 oder 2008 ist es so weit." Die Grünen-Haushaltsexpertin Franziska Eichstädt-Bohlig sagte zu einer möglichen Zukunft Fischers in Brüssel im ZDF: "Das kann ja gut sein, dass er sich 2006 in neuer Form da engagiert, aber jetzt wird er erstmal hier in der Regierung gut und treu und engagiert seinen Job machen." Der Grünen-Vorsitzende Reinhard Bütikofer wollte sich nicht zu Fischers Zukunft äußern."[150]

Damit hat Joschka Fischer für die rot-grüne Bundesregierung die Debatte über eine europäisch koordinierte Außenpolitik überhaupt erst ausgelöst und hat insbesondere aus Frankreich dafür Unterstützung erhalten. Das ist schon ein historischer Verdienst, insbesondere zu einer Zeit, da der Kampf gegen den internationalen Terrorismus in der Hochphase war und viele europäische Länder gegen den Alleingang der US-Amerikaner im Irak opponierten, hat Joschka Fischer eine alternative Politik vertreten, die ein Novum war – eine europäische Außen- und Verteidigungspolitik.

149Siehe hierzu: Milošević, Slobodan (IT-02-54) "Kosovo, Croatia and Bosnia", in: United Nations – International Criminal Tribunal for the former Yugoslavia, in: icty.org, online unter: http://www.icty.org/case/slobodan_milosevic/

150Jobwechsel - Wird Joschka Fischer EU-Außenminister?, in: stern.de vom 28. November 2003, online unter: http://www.stern.de/politik/deutschland/jobwechsel-wird-joschka-fischer-eu-aussenminister-516376.html

„Frankreich unterstützt eine Kandidatur von Joschka Fischer als Außenminister der Europäischen Union. Sowohl sein französischer Amtskollege Dominique de Villepin als auch Europaministerin Noëlle Lenoir waren in verschiedenen Interviews voll des Lobes über den deutschen Politiker.

Fischer werde ein großartiger Außenminister für Europa sein, erklärte Frankreichs Außenminister Dominique de Villepin am Dienstag in einem Interview mit dem Fernsehsender RTL. Die französische Europaministerin Noëlle Lenoir sagte in einem Interview mit der Tageszeitung "Die Welt" (Mitttwochsausgabe): "Fischer ist ein hervorragender Außenminister Deutschlands."“[151]

Letztlich sind hiermit erstmals europäische Wertevorstellungen für eine Außen-, Sicherheits- und Verteidigungspolitik überhaupt artikuliert worden. Das bedeutete eine klare Absage an die völkerrechtswidrigen und inhumanen Militärschläge der US-Administration unter George W. Bush und eine neue Ära in der Europäischen Politik.

„Bundesaußenminister Joschka Fischer hat die Idee eines von den Vereinigten Staaten unabhängigen Fonds zum Wiederaufbau Iraks begrüßt. Er halte dies für einen „vernünftigen Vorschlag“, sagte Fischer bei einem Treffen der EU-Außenminister am Montag in Brüssel. Es komme dabei vor allem auf die EU an. Gefragt, ob Washington mit einem solchen Fonds einverstanden sein könnten, sagte Fischer: „Eine Lösung ist machbar, wenn alle Beteiligten das wollen.“

Auch die österreichische Außenministerin Benita Ferrero-Waldner nannte den Fonds eine „sehr gute Idee“. Daran könnten sich alle EU-Staaten beteiligen, sagte sie in Brüssel. EU-Außenkommissar Chris Patten hatte die Idee eines solchen Fonds, der unter Kontrolle der Weltbank und der Vereinten Nationen stehen soll, vergangene Woche in Washington vorgetragen. Aus Kreisen der EU-Kommission hieß es danach, die ersten Signale der amerikanischen Regierung seien positiv gewesen.“[152]

Insofern war die Europapolitik unter der rot-grünen Bundesregierung ein erheblicher Fortschritt. Diese historische Errungenschaft aus bornierter Ideologie und Naivität zu zerstören, wie es die Linkspartei mit ihrem törichten Anti-Europakurs unternimmt, ist eine extreme Dummheit. Solche Positionen sind für eine Regierungspartei untragbar. DIE LINKE. muss hier ihre Positionen schnellstens korrigieren.

Ich nehme als letztes Beispiel den Afghanistan-Einsatz. Ich war immer gegen diesen Einsatz, denn meines Erachtens macht er militärstrategisch keinen Sinn. Auch nicht aus der Sicht der USA. Außerdem war ich immer der Auffassung, dass man auch mit Hilfe von Geheimdiensten in der Lage gewesen wäre, Osama bin Laden zu fassen und ihn vor den Internationalen Strafgerichtshof in Den Haag zu stellen.

Auch hier konnte man aber bereits erkennen, dass es in der Ausrichtung des militärischen Auftrages einen extremen Unterschied zwischen der militärischen Vorgehensweise der USA und der militärischen Vorgehensweise Deutschlands, aber auch zwischen anderen Ländern und den USA gibt. Das ist auch das Ergebnis der Arbeit von Ludger Volmer und des ehemaligen Bundeskanzlers Gerhard Schröder gewesen, diese andere Ausrichtung des militärischen Auftrages gegen die

---

151Nachbarschaftshilfe: Frankreich unterstützt Fischer als EU-Außenminister, in: spiegel.de vom 13. Mai 2003, online unter: http://www.spiegel.de/politik/ausland/nachbarschaftshilfe-frankreich-unterstuetzt-fischer-als-eu-aussenminister-a-248524.html

152EU-Außenminister: Fischer begrüßt Idee eines internationalen Irak-Fonds, in: faz.net vom 21. Juli 2003, online unter: http://www.faz.net/aktuell/politik/eu-aussenminister-fischer-begruesst-idee-eines-internationalen-irak-fonds-1118038.html

Interessen der absoluten Supermacht USA durchzusetzen. Auch dies sollte man als Mitglied der Linkspartei nicht gering schätzen.

Letztlich ist doch zu konstatierten: Nachdem die Europäische Union weiter vorangebracht wurde – und daran hatte insbesondere auch Gerhard Schröder seinen Anteil, der mit Toni Blair im Gespräch auch neue europapolitische Ziele besprochen hatte – ist Deutschland vom Isolationismus, über eine außenpolitische Abhängigkeit von den USA hin zu einem Rechtspazifismus gelangt, der sich letztlich in der Ablehnung eines Militäreinsatzes gegen den Irak geäußert hat. Das ist eine Entwicklung, die zwar unerwünschte Nebeneffekte hatte, aber letztlich Deutschland und Europa mehr Unabhängigkeit von den USA gebracht hat.

Joschka Fischer, der einen europäischen Außenminister und weitere sicherheits- und verteidigungspolitische Maßnahmen immer gefordert hat, hat also maximal jede Gelegenheit genutzt eine Politik zu verfolgen, die mehr Unabhängigkeit von den USA ermöglicht. Diese Politik hielt auch ich immer für richtig, weil sie das Maximum des Machbaren bedeutete. Ich denke, dass den normativen Zielen der Linkspartei durch rot-grüne Politik durchaus Rechnung getragen wurde. Die SPD und die Grünen haben doch im Grunde die selben normativen Werte, den Humanismus, die Menschenwürde und die Humanität im Sinne. Das Problem der SPD sind nur noch die vielen reaktionären Christen in der Mitgliedschaft, die aus Ideologiegleichheit entweder den US-Amerikanern hinterherlaufen oder Linksfaschisten werden. Die Linkspartei muss nur aufhören naiv zu sein. Man mag alles kritisieren, aber sich auf Fundamentalkritik zurückzuziehen ist letztlich dumm, weil man letztlich dabei das Machbare aus den Augen verliert. Die Linke muss aufhören damit, so zu tun, als wäre sie die einzige Partei und die einzige Fraktion, die Frieden als Ziel hat. Sie muss aufhören provokativ gegen alle anderen Demokraten zu agieren und an verantwortlicher Stelle auch aufhören, unverhohlen die Wahrheit öffentlich zu sagen.

Als Regierungspartei gab es zu diesem Zeitpunkt keine Alternative dazu, dem Afghanistaneinsatz zuzustimmen, da die USA die Bündnistreue durch den Nordatlantikvertrag eingefordert hatten. Wenn man in Zukunft nicht zwangsläufig alle außenpolitischen Vorstellungen der USA übernehmen möchte, so muss man eben ganz eindeutig für die EU-Battle Groups sein und auch mittelfristig den Aufbau einer einsatzfähigen Europäischen Armee forcieren wollen. Zumindest sollte die Linkspartei aufhören, dieses zu verhindern.

Ich komme daher letztlich zu folgendem Fazit: Nicht nur, dass die Linkspartei ihren Gesinnungspazifismus überwinden muss, sondern sie muss auch beginnen zu verstehen, dass selbst der international bereits institutionalisierte Rechtspazifismus nicht immer durch Deutsches Regierungshandeln umsetzbar ist und schon gar nicht der logische Pazifismus, so wie ich ihn in Kapitel 5 beschrieben habe.

Insbesondere in diesem Wissen sind die politischen Positionen der Linkspartei zur Europäischen Union als eine so saudumme Torheit zu interpretieren, dass der Hass aller anderen demokratischen Parteien doch entsprechend hoch sein dürfte. Insbesondere bei der SPD und den Grünen. Hier müsste die Linkspartei in eigenem Interesse ihr Handeln und ihre Positionen korrigieren.

Die Fundamentalopposition zu NATO ist realpolitisch momentan nicht umsetzbar. Diese Position zu artikulieren lassen sich die US-Amerikaner gefallen, weil selbst sie wissen, dass es infantile Gesinnungsethiker sind, die sie vertreten. Wer die NATO überwinden will, muss eine starke EU und eine starke europäische Armee haben, um dies auch auf Augenhöhe mit der Supermacht durchsetzen zu können. Meiner Auffassung nach kann niemand in Russland, den USA oder in Europa ein Interesse daran haben, diese drei Militärblöcke zu trennen. Vielmehr gilt es, gemeinsam eine friedliche Außenpolitik zu vertreten, die den Menschen weltweit gegen Gewalt, Ausbeutung und Unterdrückung hilft.

Der Vorwurf der Militarisierung der Europäischen Union ist in diesem Lichte eine so unverfrorene Frechheit, dass man zumindest auf Seiten der anderen möglichen Koalitionspartner hierfür eine gewisse Entschuldigung erwarten darf.

Es gilt also für die Linkspartei, dass sie in der Bringschuld ist, zumindest zu erläutern, dass die Verbesserung der militärischen Fähigkeiten und die Vergemeinschaftung der Außen-, Verteidigungs- und Sicherheitspolitik durch die Europäische Union eine Tatsache und ein Vorhaben sind, das im Sinne ihrer eigenen Ziele anzusehen ist.

Außerdem muss die Linkspartei, wenn sie schon offensichtlich gegen die NATO ist, zumindest die Bündnistreue akzeptieren, solange dieses Bündnis besteht. Tragbar für eine Regierungspartei wäre DIE LINKE. nur dann, wenn sie die EU-Verträge und die Europäische Einigung nicht konterkariert, dass eigene Militär nicht diskreditiert, kompromissbereit mit den Regierungen in anderen europäischen Ländern und mit den Regierungen der NATO-Staaten ist und den Nordatlantikvertrag akzeptiert, solange er besteht.

7. Beispiele für inhumane Positionen der Linkspartei in der Außenpolitik

Ich möchte nun einige politische Positionen der Linkspartei als Beispiele anführen, die ich für inhumane Positionen halte, die meiner Meinung nach letztlich den normativen Zielen der Linkspartei, die ich in Kapitel 2 dargestellt habe, zuwiderlaufen. Dazu möchte ich zunächst meine Sicht über die Bundeswehr darstellen und danach die Auslandseinsätze der Bundeswehr darstellen und untersuchen, ob diese Kriegseinsätze sind oder ob diese nicht vielmehr einem humanitären Zweck dienen. Ich werde dazu die Einsätze und Aufträge darstellen und die Positionen der Linkspartei dazu kritisieren.

Im Parteiprogramm der Linkspartei heißt es:

„Für DIE LINKE ist Krieg kein Mittel der Politik. Wir fordern die Auflösung der NATO und ihre Ersetzung durch ein kollektives Sicherheitssystem unter Beteiligung Russlands, das Abrüstung als ein zentrales Ziel hat. Unabhängig von einer Entscheidung über den Verbleib Deutschlands in der NATO wird DIE LINKE in jeder politischen Konstellation dafür eintreten, dass Deutschland aus den militärischen Strukturen des Militärbündnisses austritt und die Bundeswehr dem Oberkommando der NATO entzogen wird. Wir fordern das sofortige Ende aller Kampfeinsätze der Bundeswehr. Dazu gehören auch deutsche Beteiligungen an UN-mandatierten Militäreinsätzen nach Kapitel VII der UN-Charta, zumal der Sicherheitsrat noch nie chartagemäß Beschlüsse gegen Aggressoren wie die NATO beim Jugoslawienkrieg oder die USA beim Irakkrieg gefasst hat. Um Akzeptanz für die Militarisierung der Außenpolitik zu erlangen, ist zunehmend von "zivilmilitärischer Kooperation" und von Konzepten zur "vernetzten Sicherheit" die Rede. DIE LINKE lehnt eine Verknüpfung von militärischen und zivilen Maßnahmen ab. Sie will nicht, dass zivile Hilfe für militärische Zwecke instrumentalisiert wird. Sie will, dass ein Rüstungsexportverbot im Grundgesetz verankert wird.“[153]

Hinter dieser Argumentation steckt doch einzig die Aussage: Alle Einsätze der Bundeswehr sind Kriegseinsätze. Das ist eben eine extremistische Interpretation, die ich nicht teile. Es wird behauptet, dass alle Auslandseinsätze der Bundeswehr Kriege sind, selbst dann wenn die Bundeswehr einen humanitären Auftrag hat, Zivilisten mit Waren versorgt, Gewalt unterbindet, Piraterie bekämpft, Terrorismus eindämmt oder bei der Militärausbildung nach europäischem Standard hilft. Soldaten wären blutrünstige nationalistische Mörder die einzig und allein für Geld gewalttätig sind. Sicher, dies mögen juristisch gesehen alles legale Positionen sein, ich halte dies aber für eine verkürzte Darstellung von Militär und Militäreinsätzen, die meines Erachtens infantil ist und von Dummheit zeugt.

Die Bundeswehr ist für mich eine demokratische Parlamentsarmee. Dies ist im Vergleich etwa zu den USA viel fortschrittlicher, weil dort erstens der Präsident viel mehr Machtbefugnisse über das Militär hat und das Parlament eine untergeordnete Rolle spielt und zweitens die Bundeswehr im Gegensatz zur US-Armee auch in ihrer inneren Struktur die Prinzipien etwa von Staatsbürger in Uniform, die Verwirklichung humanistischer Werte und vor allem das Prinzip umsetzt, dass es Grenzen von Befehl und Gehorsam gibt.

153Programm der Partei DIE LINKE., Beschluss des Parteitages der Partei DIE LINKE vom 21. bis 23. Oktober 2011 in Erfurt, bestätigt durch einen Mitgliederentscheid im Dezember 2011., S. 69, online unter: http://www.die-linke.de/fileadmin/download/dokumente/programm_der_partei_die_linke_erfurt2011.pdf

Derzeit gibt es in der Linkspartei bedauerlicherweise sehr sehr wenige Mitglieder, die sich überhaupt sachlich und verantwortungsbewusst mit den Themen Außen-, Sicherheits- und Verteidigungspolitik auseinandersetzen. Das ist aber etwa in der SPD auch nicht anders. Man könnte das Parteiprogramm der Linkspartei auch als radikalpazifistische Propaganda bezeichnen, die garniert wird mit zum Teil mit utopischen sozialpolitischen Forderungen. Die Parteielite und insbesondere die stalinistischen Schergen von Oskar Lafontaine haben sich eine eierlegenden Wollmilchsau beschließen lassen. Um die inhumane radikalpazifistische Positionierung zu untermauern, wurde das Parteiprogramm nicht nur auf dem Parteitag in Erfurt 2011 beschlossen, sondern auch noch per Mitgliederentscheid bestätigt, was einzig und allein dem Zweck dient, das freie Denken zu heiklen Themenkomplexen auszuschalten und alle Mitglieder auf Ideologie gleichzuschalten. Ganz in stalinistischer Manier, so wie sie Oskar Lafontaine wieder in der Partei etabliert hat.

Ich halte derartige Positionierungen für unrealistisch und auch für verantwortungslos. So heißt es etwa von Seiten der Linkspartei:

„DIE LINKE spricht sich nicht nur aus finanziellen Gründen gegen Militäreinsätze aus. Sie lehnt Auslandseinsätze der Bundeswehr auch aus zwei weiteren Gründen ab. Zum einen sind das völkerrechtliche Gründe. Das Friedensgebot der Charta der Vereinten Nationen muss strikt befolgt und in den Mittelpunkt von Konfliktlösungen gestellt werden muss. Zum anderen ist DIE LINKE auch aus politischen Gründen gegen Militäreinsätze. Der Einsatz von Militär löst keine Konflikte. In militärischen Kampfhandlungen leidet meist zuerst und vor allem die Zivilbevölkerung. Bestenfalls werden oberflächlich die unmittelbaren Kampfhandlungen eingedämmt. Militäreinsätze haben zudem oftmals zur Folge, dass den Menschen ein einseitiger Lösungsversuch aufgezwungen wird. Das Resultat war und ist häufig eine Art militärische Dauerbesatzung, um den Ausbruch neuer Gewalthandlungen zu verhindern. Gesellschaftliche und politische Perspektiven bleiben aus. Mit dieser Strategie schafft man keinen Frieden."[154]

Hier begründet DIE LINKE. zwar ihre Position, die Argumente lassen sich aber einfach widerlegen: Zunächst einmal kann der Einsatz von Militär unter bestimmten Voraussetzungen durchaus dazu beitragen, Konflikte zu lösen. Selbst wenn nur „oberflächlich die Kampfhandlungen eingedämmt" werden, so hat dies doch einen positiven Effekt. Ich nehme hier als Beispiel das UNIFIL-Mandat, das durchaus dazu beigetragen hat, dass die militärische Auseinandersetzung zwischen Israel und dem Libanon eingedämmt wurde. Insofern ist das Argument widerlegt, dass Militäreinsätze generell Konflikte nicht lösen können. Ein einseitiger Lösungsversuch ist zwar immer dann gegeben, wenn es sich um eine Entscheidung des UN-Sicherheitsrates handelt, aber ich halte das auch für legitim, denn hier wird prinzipiell eine Entscheidung im Sinne aller Staaten zu Gunsten des Weltfriedens viel eher gefällt, als durch einen unilateralen Alleingang. Insofern sehe ich eine internationale Friedensmission auch nicht als eine Besatzung an. Außerdem wird dies auch, zum Beispiel im Falle des UNIFIL-Mandates, flankiert mit zivilen Hilfsmaßnahmen für die dortige Bevölkerung. Insofern wird immer dann, wenn das Friedensgebot der UN-Charta nicht eingehalten wird, eine gesellschaftliche und politische Perspektive auch anvisiert. Man mag zwar die Zusammensetzung des UN-Sicherheitsrates und die Dominanz der Atommächte, insbesondere der USA, kritisieren, aber auch sie können nicht ohne jede öffentliche Debatte im Alleingang Resolutionen beschließen. Es besteht also zumindest ein Unterschied zwischen unilateralen Militärschlägen und friedenserhaltenden und friedenserzwingenden Maßnahmen durch die Vereinten Nationen. Diese generell ablehnende Demagogie der Linkspartei gegen die Maßnahmen der Vereinten Nationen ist nicht hinnehmbar. Man sollte sich zumindest mit jeweils dem Einzelfall befassen, wenn man schon

154DIE LINKE: Themen A-Z: Die Auslandseinsätze der Bundeswehr, in: die-linke.de, online unter: http://www.die-linke.de/politik/themen/ablage/themenaz/ad/auslandseinsaetzederbundeswehr/

kritisch sein will. Wer aber von Vornherein die Gesinnung hat, jeden Militäreinsatz abzulehnen, der muss sich auch den Vorwurf gefallen lassen, dass er tatenlos zusieht, wenn Menschen durch Kriege unterdrückt und ermordet werden, die man durch externe Hilfe durch die UN-Truppen verhindern könnte.

„DIE LINKE lehnt alle Auslandskriegseinsätze, auch mit UN-Mandat, ab und fordert den sofortigen Abzug der Bundeswehr aus Afghanistan. Militärberater dürfen nicht in autoritär regierte Staaten entsendet werden. Deutschland muss den Auftrag der Bundeswehr auf die Landesverteidigung beschränken. Die militärischen Potenziale Deutschlands – und der EU – sollen zurückgebaut und der Verteidigungsetat verkleinert werden.“[155]

Die Behauptung, alle Auslandseinsätze der Bundeswehr wären Kriegseinsätze, sehe ich etwa bereits durch die UNIFIL-Mission widerlegt. Bei den Militärberatern ist doch die Frage, welchen Auftrag sie genau haben. Auch das würde ich im Einzelfall prüfen, ohne das so pauschal zu sagen. Landesverteidigung ist der Auftrag der Bundeswehr. Das schließt aber auch die Verteidigung von Bündnispartnern im Falle eines drohenden Angriffes auf diese mit ein. So wird durch den Lissabon-Vertrag die Europäische Union eben auch zunehmend eine gemeinsame Verteidigungspolitik betreiben. Da auch die NATO ein bestehendes Bündnis durch Vertrag ist, das mit Hinblick auf die in Kapitel 3 genannten Argumente nicht so einfach „kündbar“ ist, gilt die Bündnistreue auch für alle NATO-Partner. Dies gilt zum Beispiel für den Einsatz der Bundeswehr mit den Patriot-Abwehrraketen in der Türkei. Das Ansinnen, den Verteidigungsetat zu minimieren, hielte ich für nicht falsch, aber angesichts der Bedrohungslage durch autoritäre Regime wie etwa den Iran, halte ich es auch für richtig, in neueste Militärtechnik zu investieren und die Verteidigungsfähigkeit durch gezielte Investitionen zu verbessern. Die Bundeswehr sollte sich dabei meiner Auffassung nach eingliedern in eine Europäische Armee, die die Kapazitäten aller nationalen Streitkräfte bündelt und dabei, wenn möglich, Kosten spart.

Im Parteiprogramm setzt sich DIE LINKE ein

„für Frieden und Abrüstung, gegen Imperialismus und Krieg, für eine Welt ohne Massenvernichtungswaffen, ein Verbot von Rüstungsexporten sowie die Umwandlung von Rüstungsindustrie in zivile Produktion, das heißt die Förderung von Rüstungskonversion. DIE LINKE wird niemals einer deutschen Beteiligung an einem Krieg zustimmen. Krieg löst kein Problem, er ist immer Teil des Problems. Die Bundeswehr muss aus allen Auslandseinsätzen zurückgeholt werden, ihr Einsatz im Inneren ist strikt zu untersagen, die Notstandsgesetze, die den Einsatz der Bundeswehr im Inneren vorsehen und ermöglichen, sind aufzuheben. DIE LINKE fordert die Achtung von Völkerrecht und Menschenrechten, eine Stärkung der zivilen Entwicklungsunterstützung, Konfliktprävention, friedliche Konfliktlösung und ein Ende der ökonomischen Ausbeutung der Dritten Welt.“[156]

Das ist ein Idealismus den ich teile, aber in der Frage wie man dies organisieren kann, sehe ich zum Teil große Unterschiede zu meiner Position und der Position vieler linker Abgeordneter. Im Bereich der Außen-, Sicherheits- und Verteidigungspolitik herrscht hier viel Unkenntnis in der Linkspartei. Ich halte viele linke Abgeordnete größtenteils für Gutmenschen, politische Extremisten und linksfaschistische Ideologen und damit für autoritäre Persönlichkeiten. Zum Teil sind es politische Positionen die nicht völlig abwegig sind, aber es werden falsche Schlüsse daraus gezogen. Zum Teil

155DIE LINKE: Themen A-Z: Die Auslandseinsätze der Bundeswehr, in: die-linke.de, online unter: http://www.die-linke.de/politik/themen/ablage/themenaz/ad/auslandseinsaetzederbundeswehr/

156Programm der Partei DIE LINKE., Beschluss des Parteitages der Partei DIE LINKE vom 21. bis 23. Oktober 2011 in Erfurt, bestätigt durch einen Mitgliederentscheid im Dezember 2011., S. 7f., online unter: http://www.die-linke.de/fileadmin/download/dokumente/programm_der_partei_die_linke_erfurt2011.pdf

sind es falsche Annahmen, die falsche Handlungen nach sich ziehen. Die meisten Aussagen sind bei der Linksfraktion hier nicht logisch begründet, daher auch nicht wissenschaftlich fundiert, sondern lediglich Ideologie. Es sind reaktionäre Gesinnungsethiker und Linksfaschisten, die bei Ideologie stehen bleiben, nur um normativ richtig zu sein. Damit wird eine Barriere gegen alle anderen Demokraten im Deutschen Bundestag und im Europäischen Parlament aufgebaut. Die Abgeordneten der Linkspartei versperren sich sogar friedlichen Konfliktlösungen.

Das sind Provokationen, die zum Teil gegen die Humanität und gegen die Demokratie als Ganzes stehen, gegen die Prinzipien der Aufklärung und der Solidarität aller Staatsbürger. Die Abgeordneten der Linkspartei verhalten sich wie politische Kinder, die letztlich die Sicherheit der Bürger in Deutschland und Europa gefährden. Außerdem macht es den Eindruck, als würde man trotz anderslautenden vollmundigen Bekundungen keinerlei Empathie aufbringen für die Bevölkerung in Krisen- und Konfliktregionen. Das ist Ausdruck von national-bolschewistischer Gesinnung, die reaktionär ist. Viele Mitglieder der Linkspartei sind nicht Willens, die geostrategischen Realitäten zur Kenntnis zu nehmen oder Entscheidungen zur Außen-, Sicherheits- und Verteidigungspolitik nach dem Prinzip des Machbaren zu fällen.

Ein gutes Beispiel, um dies zu belegen, ist der Einsatz von Patriot-Abwehrraketen in der Türkei. In einer Fachpublikation habe ich untersucht, dass Nichts gegen diesen Einsatz spricht.[157] In einer weiteren Publikation zu diesem Thema habe ich die Argumente der Kritiker dieses Einsatzes alle widerlegt.[158] Dieser Einsatz schützt unsere türkischen Verbündeten, syrische Zivilisten und Flüchtlinge vor der Gewalt des syrischen Regimes von Assad. Hier zeigt sich jedoch, dass bei weitem nicht nur die Linksfraktion hier reaktionäre Positionen vertreten hat, sondern auch ein nicht unbeträchtlicher Teil der SPD-Fraktion. Insofern zeigt sich, woher die ideologische Borniertheit, die die Linkspartei momentan an den Tag legt herkommt. Ich bleibe dabei, dass die meisten der autoritären Persönlichkeiten in der Linkspartei ehemalige Sozialdemokraten sind, die Positionen in den Diskurs der gemeinsamen Linkspartei gebracht haben, die innerhalb der SPD nie mehrheitsfähig waren. In der PDS gab es zur Außen-, Sicherheits- und Verteidigungspolitik bereits eine andere Mehrheit und eine andere Beschlusslage.

157Siehe hierzu: Frank, Michael: Patriot-Raketen für die Türkei sind notwendig für die Sicherheit der Europäischen Union!, in: michael-frank.eu vom 14. Dezember 2012, online unter: http://www.michael-frank.eu/Fachartikel/2012-12-24-Zum-Abstimmungsverhalten-des-Bundestags-Patriot-Tuerkei.pdf

158Siehe hierzu: Frank, Michael: Zum Abstimmungsverhalten des Bundestags über den Einsatz von Patriot-Abwehrraketen in der Türkei, in: michael-frank.eu vom 24. Dezember 2012, online unter: http://www.michael-frank.eu/Fachartikel/2012-12-24-Zum-Abstimmungsverhalten-des-Bundestags-Patriot-Tuerkei.pdf

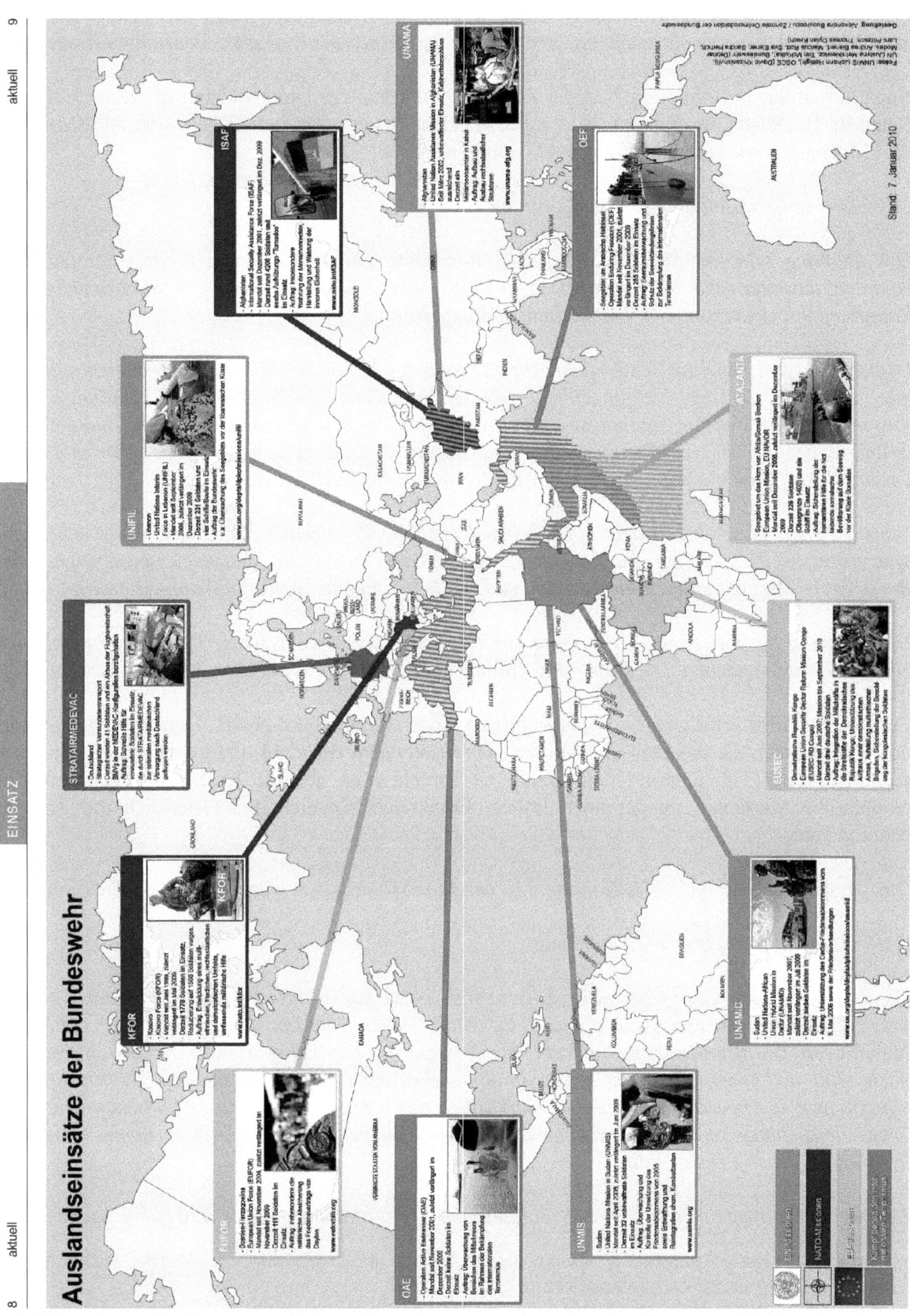

Abbildung 7: Auslandseinsätze der Bundeswehr, in: Bundeswehr aktuell, Januar 2010, online unter: http://farm5.static.flickr.com/4008/4266867334_5a91cf8b52_o.jpg

Die Abbildung 7 zeigt die Bundeswehreinsätze im Ausland nach dem Stand vom Januar 2010. Ich möchte nun all diese Einsätze untersuchen und die Positionen der Linkspartei dazu hinterfragen.

Nicht aufgeführt in Abbildung 7 ist der Bundeswehreinsatz zur Unterstützung in Mali, für die der Deutsche Bundestag im Februar 2013 zwei Mandate beschlossen hat: EUTM und AFISMA. Die EUTM-Mission wird folgende Aufgaben verfolgen:

„EUTM: Pionierausbildung und medizinische Versorgung

Das Training wird im Süden des Landes stattfinden. Die insgesamt rund 450 europäischen Soldaten, darunter rund 200 Ausbilder sowie Stabs- und Sicherungspersonal, werden zunächst vier Bataillone mit zusammen 2.600 malischen Soldaten ausbilden.

Deutschland soll dabei im Schwerpunkt die Aufgabe der Pionierausbildung übernehmen und kann hier auf der in der Vergangenheit bereits geleisteten militärischen Ausbildungs- und Ausrüstungsunterstützung aufbauen. Ziel ist es, malischen Pionieren wieder hinreichende Grundfähigkeiten zu vermitteln, sodass sie taktische Aufgaben im Verbund der malischen Streitkräfte erfüllen können. Dazu ist ein Anteil von rund 80 Soldaten vorgesehen.

Daneben stellt Deutschland auch die sanitätsdienstliche Versorgung der EUTM Mali sicher und unterstützt im Bereich der Sanitätsausbildung. Hierfür wird der Zentrale Sanitätsdienst der Bundeswehr ein Luftlanderettungszentrum und rund 40 Soldaten nach Koulikoro entsenden.

Hinzu kommt die logistische Versorgung vor Ort. Insgesamt sollen bis zu 180 deutsche Soldaten entsendet werden können. Die Dauer des Einsatzes soll bis zum 28. Februar 2014 befristet sein.“[159]

Etwa 60 Soldaten erledigen die Logistik für die Ärzte des Sanitätsdienstes. Daneben 80 Ausbilder und Unterstützer, die das malische Militär nach westlichem Standard und humanitären Prinzipien ausbilden. Hier von einem Kriegseinsatz zu sprechen ist absurd! Es handelt sich um eine europäische Mission,[160] an der auch Italien, Frankreich, Spanien und Österreich mit Truppen beteiligt sind.

Dazu gehört auch die AFISMA-Mission. Mit der AFISMA-Mission werden folgende Ziele verfolgt:

„AFISMA: Lufttransport- und Betankung

Das Kabinett hat weiterhin die Entsendung deutscher Soldaten zur Unterstützung der Internationalen Unterstützungsmission in Mali unter afrikanischer Führung (AFISMA) beschlossen. Die Bereitstellung von Lufttransportkapazität für Transporte aus den Anrainerstaaten nach Mali und innerhalb Malis sowie durch Lufttransport und Luftbetankung für französische Operationen in Unterstützung von AFISMA sollen die bereits im Senegal befindlichen deutschen Transallmaschinen sowie ein Tankflugzeug des Typs Airbus A310 MRTT übernehmen. Stützpunkt der Flugzeuge wird Dakar sein.

Hierfür sollen insgesamt bis zu 150 Soldatinnen und Soldaten eingesetzt werden können. Der

159Bötel, Frank/Lehmann, Robert: Zwei Mandate für Mali-Einsätze, in: bundeswehr.de vom 01. März 2013, online unter: http://www.bundeswehr.de/portal/a/bwde/!ut/p/c4/04_SB8K8xLLM9MSSzPy8xBz9CP3I5EyrpHK9pPKUVL3UzLzixNSSqlS93MziYqCK1Dy93MScTCCRl5JYkqpfkO2oCACrGRqc/

160Siehe hierzu: http://www.consilium.europa.eu/eeas/security-defence/eu-operations/eutm-mali?lang=de und http://www.eutmmali.eu/

Einsatz ist ebenfalls bis zum 28. Februar 2014 befristet.

Die afrikanisch geführte internationale Unterstützungsmission in Mali soll neben dem bereits laufenden Kampfeinsatz Frankreichs die malische Armee im Kampf gegen die Rebellen unterstützen. Insgesamt plant die federführende afrikanische Wirtschaftsgemeinschaft ECOWAS, eine bis zu 7.700 Mann starke Kampftruppe aufzustellen. "[161]

Bei diesem Einsatz, der dem Ziel dient, die islamistischen Rebellen in Mali zu bekämpfen, lässt sich die Deutsche Bundeswehr sogar von der ECOWAS, also den Afrikanern selbst befehligen, um einen Bürgerkrieg und mehr Blutvergießen zu verhindern. Das ist zwar ein Einsatz, bei dem es auch zu Kampfhandlungen kommen kann, diese dienen aber der Friedenssicherung und dem Schutz der malischen Zivilbevölkerung.

Von Seiten der Linksfraktion heißt es hierzu jedoch durch Christine Buchholz:

„"Die Bundeswehr hat in Mali nichts zu suchen. Weder als kämpfende Truppe, noch als Truppensteller für eine Ausbildungsmission", erklärt Christine Buchholz, friedenspolitische Sprecherin der Fraktion DIE LINKE, angesichts der Unterstützung für die französische Intervention durch Verteidigungsminister Thomas de Maizière. Buchholz weiter:
„Die Bundesregierung hat wie die malische Regierung, die EU und die Vereinten Nationen die Möglichkeit zu Verhandlungen nicht genutzt, sondern von Anfang an auf die militärische Karte gesetzt. Ein Krieg wird weder die tiefen sozialen noch die politischen Probleme im Norden Malis beseitigen. Im Gegenteil: Es wird zu einem weiteren Anwachsen von Flüchtlingsströmen kommen. Die geplante Ausbildungsmission dient dem Zweck, die militärische Rückeroberung des Nordens abzusichern und ist daher abzulehnen. Die Regierung sollte sich nicht mit Bündnisverpflichtungen herausreden, sondern klar Nein zum Krieg in Mali sagen. " "[162]

Die Regierung sagt doch klar Nein zum Krieg in Mail damit. Zum Einen wird die Gewalt der islamistischen Rebellen eingedämmt und zum Anderen wird die malische Armee dabei unterstützt, die territoriale Integrität des Staates in Zukunft selbst aufrechtzuerhalten. Wer hier behauptet, die Bundesregierung würde durch diesen Einsatz einen Krieg führen, scheint offenbar auf der Seite der islamistischen Rebellen zu stehen, die Gewalt gegen die malische Bevölkerung ausüben und dabei auch vor Mord nicht zurückschrecken. Durch eine stabilere Lage in Mali wäre es auch wieder möglich, dass die malische Wirtschaft sich verbessert.

Aber Christine Buchholz behauptet dennoch weiter:

„Die Bundesregierung will morgen im Bundestag einen Bundeswehreinsatz in Mali legitimieren lassen, der längst begonnen hat. DIE LINKE wird diesen Einsatz ablehnen. Denn wie schon in Afghanistan droht nun in Westafrika ein langwieriger Krieg mit unabsehbaren menschlichen Opfern. Er wird die soziale und wirtschaftliche Entwicklung der verarmten Region weiter zurückwerfen.

Bereits in den ersten Wochen hat der Krieg der französischen Armee die ethnischen Spannungen in Mali massiv verschärft. Fast die gesamte arabische Bevölkerung und die Mehrheit der Tuareg sind

161Bötel, Frank/Lehmann, Robert: Zwei Mandate für Mali-Einsätze, in: bundeswehr.de vom 01. März 2013, online unter: http://www.bundeswehr.de/portal/a/bwde/!ut/p/c4/04_SB8K8xLLM9MSSzPy8xBz9CP3I5EyrpHK9pPKUVL3UzLzixNSSqlS93MziYqCK1Dy93MScTCCRl5JYkqpfkO2oCACrGRqc/

162Buchholz, Christine: Pressemitteilung: Keine Beteiligung am Krieg in Mail, in: die-linke.de vom 14. Januar 2013, online unter: http://www.linksfraktion.de/pressemitteilungen/keine-beteiligung-krieg-mali/

aus Timbuktu aus Angst vor Übergriffen geflohen. Im Rücken der französischen Armee hat die malische Armee zahlreiche Menschen hingerichtet, die sie der Kollaboration mit den Islamisten verdächtigte."[163]

Das ist alles nur Demagogie. Es werden keinerlei Fakten dafür angeführt, dass jetzt ein langwieriger Krieg droht. Die ethnischen Spannungen wurden doch zunächst von den islamistischen Rebellen geschürt, die einen Bürgerkrieg anzetteln wollten, um ihre ideologischen Vorstellungen für den gesamten Staat durchzusetzen. Es ist zwar offenbar wahr, dass es auch Hinrichtungen durch die malische Armee gab,[164] mindestens siebzehn Menschen sollen dabei ums Leben gekommen sein. Aber offenbar wurde diese Vorgehensweise sofort durch die afrikanische und europäische Seite geächtet und ist hoffentlich nun beendet. Die Soldaten der Bundeswehr hätten gesetzlich die Pflicht, derartige extralegale Tötungen aufzuklären und auch sie zu verhindern, denn sie sind sowohl auf das Grundgesetz, als auch auf die UN-Charta der Menschenrechte verpflichtet, ebenso wie auf den Vertrag von Lissabon.

„Deutsche Soldaten dürfen nicht Teil eines solchen Konfliktes werden - nicht als kämpfende Truppe und nicht als Ausbilder. Stattdessen muss mehr zivile Hilfe für die notleidende Bevölkerung in allen Landesteilen Malis geleistet werden. Denn laut UN-Angaben sind von den benötigten 285 Millionen Euro für Nothilfemaßnahmen erst 13 Millionen Euro eingetroffen.

Dies verdeutlicht die Prioritäten der kriegführenden Staaten. Anstatt Truppen aus Nachbarstaaten nach Mali in den Krieg zu bringen, sollte Deutschland den Kriegsflüchtlingen helfen. DIE LINKE unterstützt die Teile der malischen Zivilbevölkerung, die sich gegen die Logik des Krieges stellen. Die einzige Lösung für Mali besteht in einer zivilen Demokratiebewegung, die alle Ethnien umfasst."[165]

Ich bin mir ziemlich sicher, dass die Soldaten der Deutschen Bundeswehr eine militärische Ausbildung in Mali leisten werden, die letztlich dazu führt, dass es zu keinen weiteren Menschenrechtsverletzungen kommt. Außerdem ist die EUTM-Mission doch insbesondere darauf angelegt, zivile Hilfe, insbesondere medizinische Versorgung, zu leisten. Durch diesen Militäreinsatz wird zivile Hilfe für die malische Bevölkerung überhaupt erst ermöglicht. Es besteht außerdem kein Zweifel, dass Deutschland auch Kriegsflüchtlinge aufnehmen sollte und auch müsste. Natürlich sollte man alle friedlichen Kräfte in der malischen Zivilbevölkerung unterstützen. Aber es gab doch eine friedliche Demokratie in Mali, bevor die islamistischen Rebellen 2012 den Putsch gegen die Demokratie angezettelt haben, um den Staat zu spalten und ein autoritäres Regime zu errichten.[166] Welche ethnischen Spannungen sollen denn hier durch die Deutsche Bundeswehr also angeblich verschärft werden? Der Konflikt verlief und verläuft doch zwischen den Rebellen und der friedlichen malischen Zivilbevölkerung. Diese außenpolitische Position der Linkspartei zum Konflikt in Mali ist doch untragbar!

Auch das ATALANTA-Mandat ist ein Militäreinsatz zur humanitären Hilfe im Rahmen einer

163Buchholz, Christine: Mali: Militäreinsatz verschärft ethnische Spannungen, in: die-linke.de vom 27. Februar 2013, online unter: http://www.die-linke.de/nc/dielinke/nachrichten/detail/artikel/mali-militaereinsatz-verschaerft-ethnische-spannungen/

164Siehe hierzu: Menschenrechte: Malische Armee soll Tuareg hingerichtet haben, in: welt.de vom 24. Januar 2013, online unter: http://www.welt.de/politik/ausland/article113101409/Malische-Armee-soll-Tuareg-hingerichtet-haben.html

165Buchholz, Christine: Mali: Militäreinsatz verschärft ethnische Spannungen, in: die-linke.de vom 27. Februar 2013, online unter: http://www.die-linke.de/nc/dielinke/nachrichten/detail/artikel/mali-militaereinsatz-verschaerft-ethnische-spannungen/

166Chaos in Mali: Tuareg-Rebellen rufen eigenen Staat aus, in: spiegel.de vom 06. April 2012, online unter: http://www.spiegel.de/politik/ausland/tuareq-in-mali-rufen-eigenen-staat-azawad-aus-a-826165.html

europäischen Strategie,[167] den ich für unterstützenswert halte.

„Seit 2008 engagiert sich die Bundeswehr vor der Küste Somalias. Im Auftrag des Parlaments bekämpft die Deutsche Marine die Piraterie am Horn von Afrika und schützt internationale See- und Handelsrouten.

Am 19.Dezember 2008 hat der Deutsche Bundestag beschlossen, an der EU-geführten Operation Atalanta zur Bekämpfung der Piraterie vor der Küste Somalias und zum Schutz der Schiffe des Welternährungsprogramms teilzunehmen. Die Mandatsobergrenze liegt bei 1.400 Soldatinnen und Soldaten."[168]

Ich kann nicht erkennen, warum es falsch sein sollte, internationale See- und Handelsrouten vor Piraterie zu schützen. Durch das ATALANTA-Mandat wird gewährleistet, dass das so dringend notwendige Welternährungsprogramm störfrei umgesetzt werden kann. Hier setzen deutsche und europäische Soldaten nach Maßgabe des Völkerrechtes den Wert der Humanität durch.

„Der Rat der Europäischen Union hat 2008 zur Bekämpfung der Piraterie in somalischen Hoheitsgewässern die Operation Atalanta ins Leben gerufen.

Die Bundeswehr beteiligt sich seit Beginn an Atalanta und verfolgt im Rahmen der durch die EU festgelegten Einsatzregeln und nach Maßgabe des Völkerrechts folgende Aufgaben:

- *Gewährung von Schutz für die Schiffe des Welternährungsprogramms unter anderem durch die Präsenz von bewaffneten Kräften an Bord dieser Schiffe*
- *im Einzelfall und bei Bedarf Schutz von zivilen Schiffen im Operationsgebiet*
- *Überwachung des Seegebiets vor der Küste Somalias*
- *Abschreckung, Verhütung und Beendigung von seeräuberischen Handlungen oder bewaffneten Raubüberfällen, auch mit Hilfe des Einsatzes von Gewalt*

Die Deutsche Marine erfüllt diese Aufgaben durch den Einsatz einer Fregatte mit zwei Bordhubschraubern sowie einem Boardingteam."[169]

Piraterie wird also bekämpft und gleichzeitig das Seegebiet überwacht, um Terrorismus zu verhindern. Daran kann ich nichts Kritikwürdiges finden, denn das hilft uns Europäern und der Zivilbevölkerung in Somalia.

Doch Christine Buchholz erklärt für DIE LINKE. Folgendes:

„Die somalische Bevölkerung wird die Bundeswehr - wie alle anderen ausländischen Truppen - als Agressor wahrnehmen. Die Mandatserweiterung ist eine Kriegserklärung an die somalische Zivilbevölkerung. Und tatsächlich nimmt die Bundesregierung mit dem neuen Mandat bewusst in Kauf, dass Menschen getötet werden.

167Siehe hierzu: http://eunavfor.eu/

168Nakszynski, Stephan: Die Anti-Piraterie-Mission Atalanta, in: bundeswehr.de vom 01. Februar 2013, online unter: http://www.bundeswehr.de/portal/a/bwde/!ut/p/c4/HcxBCoAwDAXRE9ns3XkKrbtvDRowsbRBwdNbZbaPoZlahks2uJyGgyaKSfrlDsu9cmCxCvaHg0qtTbAFmEuWAuci_AN_aPxGuWBTULSzS0g7U1YdXjR5pSQ!/

169Nakszynski, Stephan: Die Anti-Piraterie-Mission Atalanta, in: bundeswehr.de vom 01. Februar 2013, online unter: http://www.bundeswehr.de/portal/a/bwde/!ut/p/c4/HcxBCoAwDAXRE9ns3XkKrbtvDRowsbRBwdNbZbaPoZlahks2uJyGgyaKSfrlDsu9cmCxCvaHg0qtTbAFmEuWAuci_AN_aPxGuWBTULSzS0g7U1YdXjR5pSQ!/

Wir wissen aus anderen Militäreinsätzen, dass es keine Garantie gibt, dass Zivilisten nicht getroffen werden. Außerdem soll nicht nur Piraterie-Logistik zerstört, sondern auch die Bewegungsfreiheit der Piraten eingeschränkt werden. Die Schwelle zur gezielten Tötung ist schnell überschritten.

Diese Eskalation war im ursprünglichen Mandat vorgezeichnet, das einer rein militärischen Logik folgt. Gegen die Ursachen der Piraterie, wie die illegale Raubfischerei großer Schiffe aus Europa, unternimmt die Bundeswehr hingegen nichts."[170]

Tatsächlich aber gibt es keinerlei Hinweise darauf, dass die Bundeswehr hier von der somalischen Bevölkerung als Aggressor wahrgenommen wird. Eher trifft die Piraterie die Zivilisten. Es mag sein, dass die Schwelle zur gezielten Tötung schnell überschritten ist, aber dennoch ist jeder Soldat an das geltende Recht gebunden. Insofern wäre eine Tötung ohnehin nur dann zulässig, wenn ein Angriff auf das eigene Leben droht.

„*Deshalb ist das Nein von Grünen und SPD zur Mandatserweiterung auch an sich unglaubwürdig. Die Ausweitung ist das logische Ergebnis des bisherigen gescheiterten Mandats, das SPD und Grüne unterstützt haben. Piraterie lässt sich nicht mit Krieg bekämpfen. Auch dann nicht, wenn er auf einen Marineeinsatz beschränkt bliebe.*"[171]

Stimmt. Das ist unglaubwürdig, weil es falsch ist, gegen diesen Einsatz zu stimmen und weil SPD und Grüne dem selben Mandat bereits ein paar Monate vorher zugestimmt haben. Die Ablehnung dieses Mandates ist der Scheiß, den die national-bolschewistische SPD-Linke und grüne Sektierer hier vertreten und mit ihren Gammlern ins Parlament bringen. Es ist schlicht verlogen, dieses Mandat jetzt abzulehnen.[172]

So erkennt man etwa in der Rede von Rolf Mützenich die Gesinnung der übriggebliebenen national-bolschewistischen Linksruck-Kader in der SPD.

„*Trotz zahlreicher Bedenken auch in Ihren Reihen – diese wurden in Ihrer Rede deutlich – hatten Sie nicht den Mut, den Strategiewechsel zu verhindern. Versäumnisse und Fehler haben Ihnen die Souveränität und die Bewegungsfreiheit genommen. Sie haben den Kompromiss einer berechenbaren und angemessenen Außen- und Sicherheitspolitik leichtfertig über Bord geworfen.*

Mit dieser Situation werden Sie leben müssen, wenn in der nächsten Sitzungswoche über die Verlängerung des Mandats abgestimmt wird."[173]

Hier wird lediglich Wahlkampfpropaganda betrieben.

Auch in einem Interview mit Rainer Arnold wird deutlich, dass die SPD aus Wahlkampftaktik

---

170Buchholz, Christine: Neues ATALANTA-Mandat ist Kriegserklärung an Zivilisten, in: die-linke.de vom 25. April 2012, online unter: http://www.die-linke.de/nc/presse/presseerklaerungen/detail/archiv/2012/april/zurueck/presseerklaerungen/artikel/neues-atalanta-mandat-ist-kriegserklaerung-an-zivilisten/

171Buchholz, Christine: Neues ATALANTA-Mandat ist Kriegserklärung an Zivilisten, in: die-linke.de vom 25. April 2012, online unter: http://www.die-linke.de/nc/presse/presseerklaerungen/detail/archiv/2012/april/zurueck/presseerklaerungen/artikel/neues-atalanta-mandat-ist-kriegserklaerung-an-zivilisten/

172Siehe hierzu: Anti-Piraten-Mission: Opposition lehnt neues Atalanta-Mandat ab, in: spiegel.de vom 25. April 2012, online unter: http://www.spiegel.de/politik/deutschland/anti-piraten-einsatz-opposition-lehnt-neues-atalanta-mandat-ab-a-830028.html

173Mützenich, Rolf: Keine Ausweitung des ATALANTA-Mandates, in: rolfmuetzenich.de vom 26. April 2012, online unter: http://www.rolfmuetzenich.de/texte_und_reden/reden/index_2010.php?oid=2526

Polemik und Demagogie betreibt.

„Wir würden diesem Mandat ja zustimmen, wenn wir wirklich einen Nutzen sehen würden, aber es gibt für mich nur zwei Varianten, wie das mit diesem erweiterten Mandat laufen wird. Die Piraten werden sich innerhalb von wenigen Wochen darauf einstellen, Menschen in ihre Lager setzen, und dann ist die internationale Staatengemeinschaft nach diesem Plan, nämlich von den Hubschraubern aus mit Maschinengewehren Lager am Boden zu zerstören, nicht mehr einsatzfähig, weil keine Menschen getötet werden dürfen, was ja auch richtig ist.
Die zweite Variante ist: Es passiert was Tragisches, weil aus der Luft ein Fischercamp eben nicht so ohne Weiteres von einem Piratencamp zu unterscheiden ist. Insofern reden wir über eine Mandatsausweitung, die überhaupt keinen Nutzen hat. Wenn, dann vielleicht nur wenige Tage. Die Piraten sind wirklich lernfähig, die haben sich immer wieder auf neue Szenarien eingestellt.“[174]

All dieser Popanz wird hier nur aufgebaut, damit man Bundesaußenminister Westerwelle ein falsches Vorgehen im Konflikt in Libyen vorwerfen kann:

„Guido Westerwelle und die Bundesregierung hat beim richtigen, auch beim ethisch gebotenen Einsatz bei Libyen die Staatengemeinschaft, die NATO und Europa wirklich im Stich gelassen und als Mitglied im Sicherheitsrat sich enthalten. Und weil sie dort den großen Fehler gemacht haben, sind sie jetzt sicherlich bei der falschen Frage, nämlich die Atalanta-Mission auszuweiten, ganz besonders unter Druck. Dieses Problem können wir aber nicht auflösen, diesen Fehler hat Guido Westerwelle und die Regierung nun wirklich selbst gemacht.“[175]

Hier wird jetzt nur links geblinkt. Letztlich um zu vertuschen und vergessen zu machen, dass die SPD und die Grünen es waren, die uns die verfassungswidrigen und völkerrechtswidrigen Militäreinsätze in Jugoslawien und Afghanistan beschlossen haben, aufgrund der außenpolitischen Abhängigkeit vom US-Imperialismus beschließen mussten.

Jan van Aken von der Linksfraktion versucht sogar, einen Zusammenhang mit Afghanistan herzustellen, der aber hier völlig unangebracht ist.

„Herr de Maizière, erinnern Sie sich an Kunduz? Spätestens seit Kunduz wissen wir alle in Deutschland, dass Sie in dem Moment, in dem Sie aus der Luft Ziele an Land bombardieren, immer auch die Zivilbevölkerung gefährden.

Genau das wird natürlich auch in Somalia passieren, wenn jetzt deutsche Soldaten aus deutschen Hubschraubern Ziele an Land beschießen dürfen.

Natürlich können sie von oben nicht erkennen, ob Menschen in der Nähe sind und wo sie sich vielleicht befinden. Sie können nicht erkennen, ob die Boote dort unten vielleicht Fischerboote von harmlosen Fischern sind.
Das kann man nicht ausschließen.“[176]

Das ist doch ein stark konstruiertes und hypothetisches Beispiel, das nicht überzeugend wirkt.

174Peter Kapern interviewt Rainer Arnold: Arnold: Ausweitung des Atalanta-Mandats hat überhaupt keinen Nutzen, in: dradio.de vom 23. März 2012, online unter: http://www.dradio.de/dlf/sendungen/interview_dlf/1711494/

175Peter Kapern interviewt Rainer Arnold: Arnold: Ausweitung des Atalanta-Mandats hat überhaupt keinen Nutzen, in: dradio.de vom 23. März 2012, online unter: http://www.dradio.de/dlf/sendungen/interview_dlf/1711494/

176Van Aken, Jan: ATALANTA ist eine Kriegserklärung an die somalische Bevölkerung, Rede im Deutschen Bundestag, in: linksfraktion.de vom 26. April 2012, online unter: http://www.linksfraktion.de/reden/atalanta-kriegserklaerung-somalische-bevoelkerung/

Außerdem kann man mit den heutigen technischen Hilfsmitteln schon durchaus zwischen Zivilisten, und Piraten und Terroristen unterscheiden. Diese Polemik ist letztlich nur ein Vorwand, um den folgenden Vorwurf anzubringen:

„Ich finde, das, was Sie mit dem neuen Mandat vorhaben, ist nichts anderes als eine Kriegserklärung an die somalische Küstenbevölkerung.“[177]

Das Gegenteil ist doch offensichtlich der Fall. Piraterie und Terrorismus zu unterbinden, hilft der gesamten somalischen Bevölkerung.

„Ich darf noch einen vierten Fehler berichtigen, der von allen Seiten gemacht wurde, auch vonseiten der SPD:
Die Operation Atalanta, diese militärische Bekämpfung von Piraterie, war überhaupt nicht erfolgreich. Sie alle kennen die Zahlen des Internationalen Maritimen Büros.
Anhand dieser Zahlen sehen Sie, dass die Zahl der Angriffe der Piraten Jahr für Jahr, seit diese Operation läuft, kontinuierlich zugenommen hat.

Das heißt, Ihre militärische Bekämpfung ist durchweg gescheitert, und Sie wissen das.“[178]

Das entbehrt doch jeder Logik! Dass es mehr Angriffe von Piraten gibt, ist doch eher ein Grund, weiterhin die Piraterie zu bekämpfen. Die Zunahme der Piraterie kann man doch nicht dem ATALANTA-Mandat anlasten, dass die Piraterie bekämpft. Mithin wäre das doch eine zulängliche Begründung, um das Mandat auszuweiten. Es ist ein reiner Unfug, den Jan van Aken hier vorträgt.

„Zur Erinnerung: Piraterie ist organisierte Kriminalität. Sie muss bekämpft werden, aber militärisch können Sie Kriminalität nicht bekämpfen. Das wissen wir alle aus den Erfahrungen der letzten vier Jahre.

(Ingo Gädechens (CDU/CSU): Wie können wir sie denn bekämpfen?)

Die Ursache der Piraterie ist uns allen bekannt. Sie liegt natürlich in dem 20-jährigen Bürgerkrieg in Somalia, in Rechtlosigkeit, in Armut und in Hunger. Herr Stinner, sie liegt auch darin, dass europäische Fischfangflotten jahrelang vor Ort die Fischgründe leergefischt und viele Menschen in die Arme der Piraten getrieben haben.

(Philipp Mißfelder (CDU/CSU): Das hat der Herr Stinner doch entkräftet!)

Weil die Situation so ist, lässt sie sich doch nur politisch lösen.“[179]

In Verbindung mit Terrorismus hat Piraterie schon eine andere Qualität als herkömmliche organisierte Kriminalität. Gegen diese Kriminellen wird man wohl nicht allein mit polizeilichen Mitteln angehen können, weil es sich um permanente Angriffe handelt. Außerdem sind Piraten und

177Van Aken, Jan: ATALANTA ist eine Kriegserklärung an die somalische Bevölkerung, Rede im Deutschen Bundestag, in: linksfraktion.de vom 26. April 2012, online unter: http://www.linksfraktion.de/reden/atalanta-kriegserklaerung-somalische-bevoelkerung/

178Van Aken, Jan: ATALANTA ist eine Kriegserklärung an die somalische Bevölkerung, Rede im Deutschen Bundestag, in: linksfraktion.de vom 26. April 2012, online unter: http://www.linksfraktion.de/reden/atalanta-kriegserklaerung-somalische-bevoelkerung/

179Van Aken, Jan: ATALANTA ist eine Kriegserklärung an die somalische Bevölkerung, Rede im Deutschen Bundestag, in: linksfraktion.de vom 26. April 2012, online unter: http://www.linksfraktion.de/reden/atalanta-kriegserklaerung-somalische-bevoelkerung/

Terroristen doch wohl kaum ein politischer Verhandlungspartner. Wie sollte denn also eine politische Lösung hier aussehen?

Letztlich ist die Position der Linkspartei auch hier, ebenso wie die der SPD und Grünen logisch nicht nachvollziehbarer Populismus. Aus Wahlkampfgründen wird der somalischen Bevölkerung die Hilfe versagt,[180] und das, obwohl SPD und Grüne ein paar Monate zuvor noch dem selben Mandat zugestimmt haben.[181]

Genau das selbe Bild zeigt sich bei der UNIFIL-Mission:

„Seit 2006 ist die Mission UNIFIL vor der Küste des Libanons damit beauftragt, den Waffenschmuggel zu unterbinden und die Seewege zu kontrollieren. Am Einsatz beteiligen sich auch deutsche Marinesoldaten und -einheiten.

Nach dem Krieg zwischen Israel und dem Libanon im Sommer 2006 stellte der Sicherheitsrat der Vereinten Nationen fest, dass die Situation vor Ort eine Gefährdung der internationalen Sicherheit darstellt. Daraufhin wurde das UNIFIL-Mandat von 1978, welches ursprünglich nur den Einsatz von Landstreitkräften vorsah, erweitert und die Truppenstärke auf insgesamt 15.000 Soldaten erhöht.

Neben der Kontrolle der Seewege beteiligt sich Deutschland auch an der Ausbildung der libanesischen Marine. Ziel ist es, die libanesischen Streitkräfte zu befähigen, die Seewege eigenständig zu kontrollieren.

Der Deutsche Bundestag beschloss am 13. September 2006 das UNIFIL-Mandat. Daraufhin verlegten mehrere Marineeinheiten ins Einsatzgebiet.“[182]

Die Lage im Konflikt zwischen Libanon und Israel hat sich doch seit der Erweiterung des UNIFIL-Mandates erheblich verbessert. Die Seewege zu kontrollieren, um Waffenschmuggel, insbesondere an die Terrororganisation Hisbollah zu verhindern, ist doch kein Kriegseinsatz. Außerdem ist es doch so, dass offenbar davon auszugehen ist, dass die Regierung im Libanon die terroristischen Aktivitäten der Hisbollah nicht unterstützt. Das zeigt die Tatsache, dass man auch die libanesischen Streitkräfte ausbildet doch eindeutig.

An dieser Stelle möchte ich auch die Position von Stefan Liebich in einer Rede zur UNIFIL-Mission zum Teil kritisieren. Er sagte:

„Trotzdem gibt es bezogen auf dieses Mandat Probleme. Erstens. Wenn man einerseits Waffenlieferungen an die Hisbollah unterbinden muss und andererseits eine Rüstungskooperation mit Israel betreibt, dann hat man nicht die notwendige Neutralität, die eine deutsche Beteiligung an

180Siehe hierzu: Mandatsverlängerung der Piraten-Bekämpfung vor Somalia, in: bundestag.de vom 10. Mai 2012, online unter: http://www.bundestag.de/bundestag/plenum/abstimmung/grafik/index.jsp?id=30&url=/na/na/fraktion.form&controller=fraktion

181Siehe hierzu: Namentliche Abstimmungen, in: bundestag.de vom 01. Dezember 2011, online unter: http://www.bundestag.de/bundestag/plenum/abstimmung/grafik/index.jsp?id=184&url=/na/na/fraktion.form&controller=fraktion

182Lehmann, Robert: United Nations Interim Force in Lebanon (UNIFIL), in: bundeswehr.de vom 04. Februar 2013, online unter: http://www.bundeswehr.de/portal/a/bwde/!ut/p/c4/04_SB8K8xLLM9MSSzPy8xBz9CP3I5EyrpHK9pPKUVL3UzLzixNSSqlS93MziYqCK1Dwgq6QkNSc3NbVIrzQvMy0zR78g21ERAOos-GU!/

solch einem Einsatz rechtfertigen würde. Deshalb wird die Linksfraktion dieses Mandat ablehnen.“[183]

Es ist zwar richtig, dass dies formal nicht ganz neutral aussieht. Auf der anderen Seite stehen die Waffenlieferungen an Israel aber doch eher im Zusammenhang mit der enormen militärischen Bedrohung Israels durch den Iran und nicht in erster Linie aufgrund einer Bedrohung durch den Libanon. Es gab doch einen Konflikt im Zweiten Libanonkrieg 2006 nicht zwischen der libanesischen Regierung und Israel, sondern in erster Linie zwischen der Terrororganisation Hisbollah und der israelischen Armee. Und die Hisbollah ist eine Terrororganisation, die durch den Iran mitfinanziert wird. Im Grunde wird der Libanon durch die Hisbollah genauso bedroht, wie Israel.

„Seine Grenzen zu schützen und Waffenlieferungen an die Hisbollah zu unterbinden, muss Libanon bald selbst leisten. Deshalb begrüßen wir die Anstrengungen von Ministerpräsident Hariri mit dem Ziel des Aufbaus eigener Kapazitäten. Es ist an der Zeit, ein Ende dieser in wichtigen Teilen erfolgreichen UNIFIL-Mission zu planen. Das war - Kollege Mützenich hat darauf Bezug genommen - vor sechs Monaten, als wir das letzte Mal hier darüber gesprochen haben, die Begründung des Außenministers dafür, nur ein sechsmonatiges Mandat zu beantragen. Nun wird erneut eine Mandatsverlängerung beantragt.“[184]

Es ist ja eben das Ziel des UNIFIL-Mandates, dass der Libanon seine Grenzen selbst sichern kann und Waffenschmuggel selbstständig unterbindet. In diesem Sinne ist die Verlängerung des Mandates doch nicht falsch. Letztlich dient dieser Einsatz doch, neben der Sicherheit Israels, auch der Sicherheit des Libanons.

Deshalb offenbar auch die Auswertung des Mandates durch die Bundesregierung:

„Die Bundeswehr kann sich ein weiteres Jahr an der Uno-Seemission vor der libanesischen Küste beteiligen. (...) Derzeit beteiligt sich die Deutsche Marine mit 219 Soldaten, einem Versorgungsschiff und zwei Schnellbooten an Unifil. Das bis Juni 2013 verlängerte Mandat sieht nun einen weiteren Einsatz von bis zu 300 Bundeswehrsoldaten vor. Die Kosten dafür werden auf 31,3 Millionen Euro beziffert.

Für die schwarz-gelbe Koalition sind die wachsenden Spannungen in Syrien ein wichtiger Grund für die Weiterführung des Einsatzes, der eigentlich langsam auslaufen sollte. Doch gerade in Zeiten des Aufruhrs in der arabischen Welt könne Unifil "einen Beitrag zu Stabilisierung in der Region leisten", betonte der CSU-Wehrexperte Florian Hahn. Unifil sei zum Symbol für Vertrauensbildung und Völkerverständigung geworden. Ähnlich äußerte sich FDP-Fraktionsvize Birgit Homburger. Der CDU-Abgeordnete Ingo Gädechens nannte die Uno-Mission einen "Stabilitätsanker".“[185]

Die Stabilisierung der Region auch angesichts der Gefahr für die Türkei und auch für den Libanon und Israel aus Syrien ist doch ein sehr starkes Argument für diesen Militäreinsatz.

183Liebich, Stefan: Deutschland hat nicht die notwendige Neutralität für eine Beteiligung an UNIFIL, Rede im Deutschen Bundestag, in: linksfraktion.de vom 10. Juni 2010, online unter: http://www.linksfraktion.de/reden/deutschland-nicht-notwendige-neutralitaet-beteiligung-unifil/

184Liebich, Stefan: Deutschland hat nicht die notwendige Neutralität für eine Beteiligung an UNIFIL, Rede im Deutschen Bundestag, in: linksfraktion.de vom 10. Juni 2010, online unter: http://www.linksfraktion.de/reden/deutschland-nicht-notwendige-neutralitaet-beteiligung-unifil/

185Bundeswehreinsatz vor libanesischer Küste: Bundestag verlängert Unifil-Mandat bis Juni 2013, in: abendblatt.de vom 28. Juni 2012, online unter: http://www.abendblatt.de/politik/ausland/article2322255/Bundestag-verlaengert-Unifil-Mandat-bis-Juni-2013.html

Für die Linksfaschisten in der Linksfraktion spricht Inge Höger ihren Unsinn:

„Die Lage im Libanon hat sich im letzten halben Jahr nicht wesentlich verändert. Trotzdem erleben wir gerade eine erstaunliche Kehrtwende bei der FDP. Nachdem die FDP diesen ersten Einsatz der Bundeswehr im Nahen Osten bisher immer abgelehnt hat, ist sie nun dafür. Woher dieses Umdenken kommt, bleibt offen. Die immer wieder bemühte Evaluation durch die Vereinten Nationen kann es nicht gewesen sein. Sie hat nichts wirklich Neues ans Tageslicht gebracht. Die UN haben darauf hingewiesen, dass es Hunderte von Zwischenfällen gab und gibt, in denen die israelische Armee die Souveränität des Libanons verletzt hat. Gleichzeitig findet, so wird vermutet, Waffenschmuggel an die Hisbollah statt, allerdings auf dem Landweg und nicht auf hoher See. Daraus lässt sich weder ein Erfolg noch ein militärischer Sinn deutscher Präsenz ableiten."[186]

Der Sinn der Mission lässt sich doch schon allein daraus ableiten, dass es Waffenschmuggel gibt. Die Linkspartei ist doch gegen den Waffenexport in ihrer Programmatik. Warum will man diesen dann nicht unterbinden? Außerdem ist der Einsatz auf See doch nur die Erweiterung des UNIFIL-Mandates. Es sind doch noch weiterhin Blauhelme im Libanon stationiert. Dass es Hunderte Zwischenfälle gab zeigt doch, wie notwendig diese Mission ist, um den Frieden zu sichern. Insofern kann man doch nicht sagen dass die Mission erfolglos ist. Das Gegenteil ist doch der Fall. Durch die Blauhelme können doch überhaupt erst Berichte über die Lage und über die Verbreitung von terroristischen Aktivitäten angefertigt werden, die dabei helfen, die Sicherheitslage stabil zu halten.

„Meine Kolleginnen und Kollegen von den anderen Fraktionen, Sie haben es bis jetzt versäumt, auch nur annähernd stichhaltige Argumente für die deutsche Beteiligung an dieser Kapitel-VII-Mission vorzubringen. Sie sprechen von internationaler Präsenz mit dem Ziel, eine Eskalation zu vermeiden. Doch warum braucht man dafür Militär? Für diese Aufgabe würden internationale Beobachter mit einem starken politischen Mandat ausreichen.

(Beifall bei der LINKEN Peter Beyer (CDU/CSU): Die beobachten dann die Waffenlieferung!)

Selbst wenn Sie davon ausgehen, dass nur Militär durch seine Präsenz die Aktionen anderer Militäreinheiten überwachen kann: Warum braucht diese Mission dann eine Lizenz zum Schießen? Warum soll eine robuste Kapitel-VII-Mission zur Stabilisierung beitragen? So wird vielmehr der weiteren Konflikteskalation Tür und Tor geöffnet,

(Beifall bei der LINKEN Günter Gloser (SPD): Beispiele!)

und zwar spätestens dann, wenn es tatsächlich zu militärischen Auseinandersetzungen zwischen der UNIFIL-Truppe und einer der Konfliktparteien kommt.
Sie alle reden hier von der neuen Qualität des Einsatzes. Sie erwähnen die Ausbildung für den libanesischen Küstenschutz sowie die Einrichtung und Optimierung von Küstenradarstationen. Seit wann gehört es zu den Aufgaben der deutschen Marine, sich um die Ausbildung von Sicherheitskräften und Ingenieuren zu kümmern?

(Beifall bei der LINKEN Ingo Gädechens (CDU/CSU): Wir tun halt, was wir können!)"[187]

Die stichhaltigen Argumente, die für diese Mission sprechen, habe ich ja gerade kurz skizziert. Das

---

186Höger, Inge: Keine deutsche Beteiligung an UNIFIL!, Rede im Deutschen Bundestag, in: linksfraktion.de vom 18. Juni 2010, online unter: http://www.linksfraktion.de/reden/keine-deutsche-beteiligung-unifil-2010-06-18/

187Höger, Inge: Keine deutsche Beteiligung an UNIFIL!, Rede im Deutschen Bundestag, in: linksfraktion.de vom 18. Juni 2010, online unter: http://www.linksfraktion.de/reden/keine-deutsche-beteiligung-unifil-2010-06-18/

robuste Mandat ergibt sich doch nicht für den Fall gegen libanesische oder israelische Truppen vorzugehen, sondern eben gegen die Hisbollah vorzugehen, sollte sie terroristische Anschläge durchführen. Ansonsten sind die Blauhelme doch ein relativ ziviler Einsatz. Außerdem besteht doch die Gefahr eines Angriffes auch auf See auf die UNIFIL-Truppen. Insofern ist dies auch angemessen. Es zeigt sich hier bereits auch ein antisemitisches Ressentiment, denn in keiner Weise dürfte eine israelische Regierung ein Interesse daran haben, die UNIFIL-Truppe anzugreifen, die sie vor terroristischen Anschlägen schützt. Was spricht dagegen, dass die deutsche Marine Sicherheitskräfte und Ingenieure ausbildet, wenn sie die Fähigkeit dazu hat? Durch das robuste Mandat kann dies auch viel besser geschehen, als durch zivile Kräfte, da diese in Anbetracht der zu befürchtenden terroristischen Aktivitäten der Hisbollah doch ohne Schutz durch Waffen in eine zu starke Gefahr geraten würden.

Doch Inge Höger führt bar jeder Logik ihre Demagogie fort:

„Ich gehe auf jeden Fall davon aus, dass Sie keine libanesische Kriegsmarine aufbauen wollen, sondern faktisch eine Art Küstenwache.

(Kerstin Müller (Köln) (BÜNDNIS 90/DIE GRÜNEN): Ja, genau! Grenzschutz!)

Wenn das jedoch die Absicht ist: Wozu brauchen Sie dann Soldaten? Wäre eine solche Ausbildung nicht deutlich besser in zivilen Händen aufgehoben?

(Beifall bei der LINKEN Manfred Grund (CDU/CSU): Bei der Heilsarmee vielleicht!)

Herr Minister zu Guttenberg hat in der letzten Woche erklärt:
Die auf Konfrontation ausgerichtete Anhäufung von Waffenarsenalen dient nicht dem friedlichen Interessenausgleich.
Ja, dem kann ich nur zustimmen. Was aber für die vermuteten Waffenlieferungen an die Hisbollah gilt, muss doch genauso für die in wesentlich größerem Umfang stattfindenden Waffenlieferungen nach Israel gelten.

(Beifall bei der LINKEN)

Friedlicher Ausgleich von Interessen bei gleichzeitiger Aufrüstung das funktioniert schlicht nicht. Gerade in den letzten Wochen war Israel mit deutschen U-Booten, die atomar bewaffnet werden können, im Persischen Golf unterwegs. Das zeigt doch, wie gefährlich die deutsche Exportpolitik für die gesamte Region des Nahen und Mittleren Ostens ist.“[188]

Der Libanon soll seine Außengrenzen vor Waffenschmuggel schützen können. Das ist der Auftrag des Mandates und nichts Anderes. Wer hier fordert, Zivilisten sollen ohne Schutz den Waffenschmuggel von organisierten Kriminellen und Terroristen unterbinden, ist doch nicht mehr zurechnungsfähig! Auch weiter ist die Argumentation von Inge Höger antisemitisch, denn die kriminellen Aktivitäten der Terrororganisation Hisbollah werden gleichgesetzt mit dem demokratischen Staat Israel, der sein legitimes Recht auf Selbstverteidigung nach Art. 51 der UN-Charta wahrnimmt.

Inge Höger ist eine Protagonistin der Antisemiten-Fraktion in der Linkspartei. Diese politische Position ist für eine Regierungspartei untragbar.

188Höger, Inge: Keine deutsche Beteiligung an UNIFIL!, Rede im Deutschen Bundestag, in: linksfraktion.de vom 18. Juni 2010, online unter: http://www.linksfraktion.de/reden/keine-deutsche-beteiligung-unifil-2010-06-18/

Das gleiche Problem mit der Linkspartei gibt es mit der Operation Active Endeavor.

„Seit 2001 unterstützen Einheiten der Deutschen Marine im Rahmen der Operation Active Endeavour (OAE) im Mittelmeer die Seeraumüberwachung und die Terrorismusbekämpfung.

Nach den Terroranschlägen vom 11. September 2001 stellte der NATO-Rat erstmals den Bündnisfall fest. Am 16. November beschloss der Deutsche Bundestag die Entsendung von Soldaten in das Einsatzgebiet.

Die Mission ist mit dem Begleitschutz für Handelsschiffe, der Kontrolle von verdächtigen Schiffen und der Seeraumüberwachung des gesamten Mittelmeers beauftragt.“[189]

Die Operation Active Endeavor schützt die Europäische Union vor Terroranschlägen. Dazu ist die Seeraumüberwachung ein geeignetes Mittel. In keiner Weise ist es hier ein Ziel des Mandats, irgendjemanden militärisch zu attackieren. Aber angesichts der Terroranschläge in London,[190] Madrid[191] und auch in Istanbul,[192] ist es doch durchaus sinnvoll weiterhin wachsam zu sein und alles Erdenkliche zu unternehmen, um die Sicherheit der europäischen Bürger zu gewährleisten.

„Der Bundeswehreinsatz im Mittelmeer im Rahmen der NATO-Operation „Active Endeavor“ kann bis Ende 2011 weiterlaufen. Allerdings stimmten am Donnerstagabend im Bundestag lediglich die Fraktionen von CDU/CSU und FDP für den Antrag der Bundesregierung, dafür bis zu 700 Soldaten bereitzustellen. Die Opposition verweigerte komplett die Zustimmung.

Während Union und FDP mit anhaltender Bündnisverpflichtungen Deutschlands argumentierten, beklagen SPD und Grüne eine mangelnde völkerrechtliche Grundlage des Mandats. Neun Jahre nach den Terroranschlägen auf die USA sei die Grundlage des Einsatzes „rechtlich fragwürdig“, sagte SPD-Außenexperte Rolf Mützenich. Nach den Worten des Grünen-Wehrexperten Omid Nouripour gibt es nicht nur keine Begründung mehr, auch „vermurkst die Koalition komplett die Mission“. Der Linke-Abgeordnete Stefan Liebich wandte sich im Namen seiner Fraktion generell gegen solche Militäreinsätze.“[193]

Ich halte es für mehr als dumm von SPD und Grünen, den Teil der Anti-Terrorismus-Strategie nicht zu unterstützen, die uns Europäern hilft, unsere Sicherheit vor Terrorismus zu gewährleisten. Auf der anderen Seite wird aber weiterhin das ISAF-Mandat und das OEF-Mandat unterstützt. Ich gehe davon aus, dass sowohl das ISAF-Mandat, als auch das OEF-Mandat eine Gefahr für die Sicherheitsinteressen der Länder der Europäischen Union und auch für die Europäischen Union als Ganzes sind. Das begründe ich damit, dass diese Mandate nicht dem Gedanken der Humanität galten und auch nicht mit dem Völkerrecht in Einklang zu bringen sind. Der Militäreinsatz gegen Afghanistan war immer ein gezielt forcierter Ölkrieg der US-Amerikaner. Insofern scheint mir eine

189Lawrenz, Sascha: Active Endeavour, in: bundeswehr.de vom 04. Februar 2013, online unter: http://www.bundeswehr.de/portal/a/bwde/!ut/p/c4/DcoxDoAgDEbhs3gBurt5C3Ur8Mc0QjFQIfH0krd8w6OTZspdLjYpyol2OoKsfjg_IhxEG8M-uCytzQM6ZYaUgeo4mHRAI7iXt9Jzb8sPI1a-yA!!/

190Siehe hierzu: Wikipedia: Terroranschläge am 7. Juli 2005 in London, online unter: http://de.wikipedia.org/wiki/Terroranschläge_am_7._Juli_2005_in_London

191Siehe hierzu: Wikipedia: Madrider Zuganschläge, online unter: https://de.wikipedia.org/wiki/Madrider_Zuganschläge

192Siehe hierzu: Steinvorth, Daniel/Trenkamp, Oliver: Terror in Istanbul: Angriff auf das Herz der Türkei, in: spiegel.de vom 31. Oktober 2010, online unter: http://www.spiegel.de/politik/ausland/terror-in-istanbul-angriff-auf-das-herz-der-tuerkei-a-726358.html

193„Active Endeavor“: Bundeswehreinsatz geht weiter, in: focus.de vom 02. Dezember 2010, online unter: http://www.focus.de/politik/weitere-meldungen/active-endeavour-bundeswehreinsatz-geht-weiter_aid_578136.html

Beteiligung der Länder der Europäischen Union daran unsere Sicherheit zu gefährden, weil diese militärischen Handlungen in keiner Weise mit den humanitären und friedlichen Wertevorstellungen der Europäischen Union, so wie sie im Lissabon-Vertrag festgeschrieben wurden, in Einklang zu bringen sind. Ich erkenne hier antideutsche und antieuropäischen Einstellungen von Linkspartei, über die Grünen bis in die SPD-Bundestagsfraktion hinein und halte dies für eine Gefahr. Es scheint mir, als würde man sich hier bald eher dem vermeintlichen Schutz der Vereinigten Staaten von Amerika verpflichtet fühlen, als den Sicherheitsinteressen der eigenen BürgerInnen in der Europäischen Union.

Das sind Zusammenhänge, die ich gerne auch von der Linkspartei vertreten sehen würde. Stattdessen liefert etwa Paul Schäfer, ein weiterer Protagonist der Linksfaschisten im Bundestag das nächste Trauerspiel ab:

„Alle Jahre wieder: Zehn Jahre nach den Terroranschlägen von New York und Washington sollen für die Antiterrormission Active Endeavour 700 Soldatinnen und Soldaten der Bundeswehr im Mittelmeer eingesetzt werden können.
Der Einsatz von Gewalt ist gestattet – wozu, bleibt mehr als unklar. Ursprünglich sollten Al-Qaida-Terroristen Rückzugsmöglichkeiten versperrt werden und sollten Terroranschläge auf strategisch wichtige Transportschiffe unterbunden werden. Ernsthafte Belege, dass man mit dieser Mission tatsächliche Bedrohungen und Gefahren abgewendet hat oder abwenden könnte, gibt es keine. (Beifall bei der LINKEN sowie bei Abgeordneten der SPD und des BÜNDNISSES 90/DIE GRÜNEN)“[194]

Der Einsatz von Gewalt ist gestattet, wenn etwa ein Schnellboot mit Terroristen aufgespürt wird, das mit Gewalt gegen die EU droht oder ein Handelsschiff gekapert werden soll. Das ist doch eindeutig und klar. Es ist doch im Grunde nichts daran auszusetzen, dass Terroranschläge auf Transportschiffe verhindert werden sollen. Das liegt im Interesse der Europäischen Union und ist auch nach Art. 51 der UN-Charta legal, weil es eben auch in Europa terroristische Anschläge gegeben hat. Dass es keine auffälligen Bedrohungen gab, würde ich als Erfolg der Mission ansehen. Offenbar war die Anwesenheit von Militärtruppen bereits Prävention genug.

„Der Terrorangriff von New York dauere quasi bis heute an, da es ja immer wieder Anschläge gegeben habe. Entschuldigung, aber wie man mit den Marineeinheiten im Mittelmeer die Anschläge in London, Madrid oder Detroit hätte vereiteln können, das bleibt wirklich das exklusive Geheimnis dieser Bundesregierung. (Beifall bei der LINKEN sowie bei Abgeordneten des BÜNDNISSES 90/DIE GRÜNEN)

Noch einmal: Es gibt keine militärische Bedrohung, gegen die sich der Marineeinsatz richten könnte. Die NATO sagt doch selbst, dass es bei Active Endeavour im Kern um etwas anderes geht: Ihr primäres Interesse gilt der Etablierung eines umfassenden Systems der Seeraumüberwachung. (Beifall bei der LINKEN)

Staatsminister Hoyer hat schon im letzten Jahr von einem innovativen Zentrum und einem Sicherheitsnetzwerk gesprochen. Das klingt harmlos, ist aber alles andere als harmlos. Es geht um eine machtpolitische Demonstration, um Machtausübung und um eine Anmaßung: Ohne Mandat der UNO, ohne Zustimmung der Anrainerstaaten will die NATO im gesamten Mittelmeerraum quasi dauerhaft polizeiliche Aufsichts- und Kontrollfunktionen ausüben. Man verspricht sich davon

194Schäfer, Paul: Active Endeavour: Unspezifisches Mandat, unklare Risiken, Rede im Deutschen Bundestag, in: linksfraktion.de vom 23. November 2011, online unter: http://www.linksfraktion.de/reden/active-endeavour-unspezifisches-mandat-unklare-risiken/

Vorteile wie die umfassende Kontrolle des Seehandels.“[195]

Sehr wohl kann die Anwesenheit von Militär im Mittelmeer auch dazu beitragen, Anschläge auf europäische Metropolen zu verhindern, denn es kann so überwacht und unterbunden werden, dass Terroristen Waffen nach Europa bringen, um hier ihre Gewalt noch extremer umzusetzen. Insofern ist der Gedanke, für den Mittelmeerraum ein umfassendes System zur Seeraumüberwachung zu etablieren auch sehr sinnvoll. Das ist keine machtpolitische Demonstration, sondern schützt die BürgerInnen der Europäischen Union vor Gewalt und Terror und die Handelstreibenden vor Piraterie. Letztlich kann durch die Etablierung eines umfassenden System zur Seeraumüberwachung im Mittelmeer ein höherer Schutz vor den islamistischen Regimen, etwa im Iran und Syrien gewährleistet werden. Dabei spricht auch nichts dagegen, etwa in Zukunft mit den Russen, den Georgiern, den Ukrainern, den Rumänen, Bulgarien und der Türkei enger zusammenzuarbeiten, um ein umfassendes Sicherheitssystem vom Mittelmeer bis zum Schwarzen Meer zu etablieren, dass Europa und Russland vor terroristischen Anschlägen schützt.

„Genau das passiert hier. Dass damit de facto Kontroll- und Mitentscheidungsrechte des Parlaments ad absurdum geführt werden, ist Ihnen offensichtlich entgangen. (Philipp Mißfelder [CDU/CSU]: Was machen wir denn hier? Wir beraten doch!) Die Perspektive wird nicht deutlich, sondern diffus formuliert. Man wird über die Bedrohung, gegen die sich der Einsatz richtet, im Unklaren gelassen. Das Ziel des Marineeinsatzes ist so umfassend und unspezifisch, dass alles und jedes einbezogen werden kann. Die Risiken, sich in andere Einsätze zu verstricken, deuten Sie nur an; Sie benennen sie aber nicht klar. Daher ist die Notwendigkeit einer deutschen Beteiligung an einer solchen Militärmission mitnichten gegeben. Wir können zu diesem Militäreinsatz nur Nein sagen.“[196]

Der Einwand von Philipp Mißfelder ist doch hier völlig berechtigt. Es wird doch im Bundestag zu dieser Thematik beraten. Paul Schäfer hat offenbar bereits Wahrnehmungsstörungen! Nur weil er im Bundestag keine Mehrheit für seinen Unsinn hat, werden doch noch lange keine Kontroll- und Mitentscheidungsrechte des Parlamentes verletzt. Es gibt immer Risiken für die Sicherheit. Insofern ist auch die Operation Active Endeavor sinnvoll und sollte auch durch die Linkspartei unterstützt werden.

Ebenfalls ablehnend gegenüber steht die Linkspartei der EUTM-Mission für Somalia, die die somalischen Sicherheitskräfte ausbilden soll, um die Sicherheit in Somalia zu erhöhen:

„EUTM: Trainingsmission für Somalia

Deutschland unterstützt die Bemühungen der internationalen Gemeinschaft, Somalia zu stabilisieren. Bis zu 20 Soldatinnen und Soldaten der Bundeswehr bilden somalische Sicherheitskräfte aus. Während der EUTM Somalia (EU Training Mission for Somalia) sollen insgesamt etwa 100 Ausbilder und 40 Personen, die dem Unterstützungspersonal angehören, somalische Rekruten trainieren. Ausbildungsinhalte sind Minen- und Explosivkörperabwehr, Kampf in bebautem Gelände sowie Sanitäts- und Fernmeldewesen. Die Mission findet in Uganda statt.“[197]

Die Ausbildung zur Abwehr von Minen- und Explosivkörpern ist doch kein Kriegseinsatz. Dies

195Schäfer, Paul: Active Endeavour: Unspezifisches Mandat, unklare Risiken, Rede im Deutschen Bundestag, in: linksfraktion.de vom 23. November 2011, online unter: http://www.linksfraktion.de/reden/active-endeavour-unspezifisches-mandat-unklare-risiken/

196Schäfer, Paul: Active Endeavour: Unspezifisches Mandat, unklare Risiken, Rede im Deutschen Bundestag, in: linksfraktion.de vom 23. November 2011, online unter: http://www.linksfraktion.de/reden/active-endeavour-unspezifisches-mandat-unklare-risiken/

dient doch einem zivilen Ziel. So kann die somalische Armee zukünftig Landminen selbst beseitigen. Dass dies das Militär übernehmen soll, ist doch verständlich, denn hier sind doch die Experten zu finden für solche Aufgaben. Außerdem kann man Zivilisten eine solche Aufgabe nicht anvertrauen. Gerade die Deutsche Bundeswehr hat in diesem Bereich sehr viel Know-How, das weltweit geschätzt wird. Außerdem sind die Ausbildung im Sanitätsdienst und im Fernmeldewesen auch Bereiche, die man als Entwicklungshilfe ansehen könnte.

Dennoch positioniert Sevim Dagdelen sich im Namen der Linksfraktion gegen diesen Einsatz und schiebt die Verantwortung für den Bürgerkrieg in Somalia auf die Deutsche Bundesregierung:

„Das ist der Hintergrund, vor dem Bundesregierung und EU vor einem Jahr, am 15.2.2010, beschlossen haben, 2.000 Soldaten für die somalische Übergangsregierung auszubilden – mit einer eigens hierfür aufgestellten militärischen Mission der Gemeinsamen Sicherheits- und Verteidigungspolitik (GSVP), EU Training Mission for Somalia (EUTM). Die Ausbildung findet in Uganda statt. Und Uganda ist wohlweislich Konfliktpartei im somalischen Bürgerkrieg. So wurde der ugandische Truppenübungsplatz mit EU-Geldern massiv ausgebaut. Parallel hierzu bilden im selben Feldlager auch die ugandischen Streitkräfte somalische Rekruten aus, die anschließend ebenfalls im Rahmen von EUTM fortgebildet werden sollen.“[198]

Dass die Ausbildung in Uganda stattfindet, hat einzig den Grund, dass ansonsten die Gefahr durch Angriffe auf die Soldaten durch Rebellen in Somalia zu groß wäre. Uganda ist auch nicht Konfliktpartei im somalischen Bürgerkrieg, sondern schützt zusammen mit Truppen aus Äthiopien und Burundi die Übergangsregierung.

„Die Bundeswehr ist mit bis zu 20 Soldaten vor Ort an der Ausbildung beteiligt, die u.a. den Kampf in bebautem Gelände umfasst. Auf Videos ist zu sehen, wie somalische Rekruten unter Anleitung europäischer Soldaten Häuser stürmen und das Schießen lernen. Bis heute konnte die Bundesregierung letztlich nicht ausschließen, dass dabei auch Minderjährige zu Soldaten gemacht werden. Erst vor zwei Wochen hat Staatsminister Hoyer hier eingeräumt, dass bezüglich des Alters „immer eine gewisse Restunsicherheit“ bliebe und „man Fragen dieser Art [bisweilen] nach Augenschein entscheiden“ müsse. Die Verantwortung für die Auswahl der Rekruten wird von der Bundesregierung auf die USA abgeschoben, welche die jungen Somalier nach Uganda fliegen und auf die AMISOM und die Übergangsregierung, welche für die Auswahl zuständig ist.

Das sind die Fakten der EUTM Somalia.“[199]

Zur Soldatenausbildung gehört nun einmal der Umgang mit der Schusswaffe. Wer als Soldat erkennbar die Bevölkerung schützen soll, der muss sich auch selbst vor Angreifern schützen können. Ich gehe davon aus, dass nicht jeder junge Rekrut einen Personalausweis hat, der sein Geburtsdatum ausweist, insofern erklärt sich das „augenscheinlich“. Außerdem scheint mir in Somalia die soziale Lage so zu sein, dass es selbst für Minderjährige Rekruten immer noch besser

197Bötel, Frank: Sonstige Einsätze – Einsätze, die in der Öffentlichkeit weitgehend unbekannt sind. Sie konzentrieren sich auf Länder in Afrika und auf Afghanistan, in: bundewehr.de vom 16. April 2013, online unter: http://www.bundeswehr.de/portal/a/bwde/!ut/p/c4/04_SB8K8xLLM9MSSzPy8xBz9CP3I5EyrpHK9pPKUVL3UzLzixNSSqlS93MziYqCK1Dy94vy84pLM9FT9gmxHRQBzPwDC/

198Dagdelen, Sevim: Militärausbildung beenden - Eine politische Lösung in Somalia ermöglichen, Rede im Deutschen Bundestag, in: linksfraktion.de vom 10. Februar 2011, online unter: http://www.linksfraktion.de/reden/eutm-somalia-unverzueglich-beenden-rechtstaatlichkeit-sozialstaatlichkeit/

199Dagdelen, Sevim: Militärausbildung beenden - Eine politische Lösung in Somalia ermöglichen, Rede im Deutschen Bundestag, in: linksfraktion.de vom 10. Februar 2011, online unter: http://www.linksfraktion.de/reden/eutm-somalia-unverzueglich-beenden-rechtstaatlichkeit-sozialstaatlichkeit/

ist, von den Soldaten der Deutschen Bundeswehr versorgt und ausgebildet zu werden, anstatt im Busch ohne Nahrung zu verrecken. Allerdings würde ich an dieser Stelle die Kritik akzeptieren, da es nicht so sein sollte, dass die ausgebildeten Rekruten unter 18 Jahre alt sind, wenn sie die Übergangsregierung später auch selbstständig schützen sollen.

„Diese Vorgänge sind so bodenlos, so empörend, dass sie kaum in Worte zu fassen sind. Die Bundeswehr steckt mittendrin im schmutzigen Bürgerkrieg in Somalia. Man müsse die „Realitäten 'on the ground'“ zur Kenntnis nehmen, wurde dem Bundestag hier vor zwei Wochen von Staatsminister Hoyer vorgehalten und gemeint war damit, sich diesen anpassen. Er hatte dies gesagt, nachdem er eingestehen musste, dass die Bundesregierung auch in Äthiopien die Ausbildung Minderjähriger zu Soldaten finanziert hat und dass diese nun irgendwo im somalisch-äthiopischen Grenzgebiet ohne Sold aber mit Waffen unterwegs sind.“[200]

Die Bundeswehr steckt eben nicht im Bürgerkrieg in Somalia, sondern versucht im Gegenteil den Bürgerkrieg zu beenden, damit die Zivilbevölkerung wieder in stabilen politischen Verhältnissen leben kann. Die Realitäten in Somalia sind auch ohne die Bundeswehr so grausam, wie sie sind. Insofern ist das kein Argument gegen diesen Militäreinsatz. Es ist bedauerlich, dass es Soldaten gibt, die keinen Sold erhalten. Aber die Linksfraktion könnte doch einen Änderungsantrag einbringen, um diesen Umstand zu beenden. Man könnte doch durch Finanzhilfen und auch durch weitere Versorgungssoldaten der Bundeswehr die Unterstützung dieser äthiopischen und somalischen Truppen gewährleisten. Warum bringt die Linksfraktion also keinen Änderungsantrag ein, wenn sie dies doch zurecht als Problem ansieht. Durch Moralismus in der Rede von Sevim Dagdelen im Deutschen Bundestag, wird den betroffenen Soldaten doch auch nicht geholfen und sie haben dennoch keinen Sold.

„Die deutsche Außenpolitik muss sich an Rechtstaatlichkeit, Sozialstaatlichkeit und Völkerrecht orientieren. Deshalb muss die EUTM Somalia unverzüglich beendet werden.“[201]

Die EUTM-Mission in Somalia, bei dem die Deutsche Bundeswehr ebenfalls mit den afrikanischen Soldaten der AMISOM zusammenarbeitet, ist ein Militäreinsatz auf dem Boden des Völkerrechts, der auch eine soziale Komponente hat, denn durch diesen Einsatz wird auch die Lieferung von Nahrungsmitteln gewährleistet, die nur dann stattfinden kann, wenn zivile Hilfe sicher genug geschehen kann. Insofern ist das in jedem Falle auch rechtsstaatlich unbedenklich. Man mag im Einzelfall also durchaus Korrekturen anmahnen, im Grunde kann aber aus meiner Sicht nichts gegen diesen Einsatz sprechen.

Nun komme ich bei meiner Untersuchung zum EUSEC-Einsatz im Kongo:

„EUSEC: Sicherheit im Kongo

Unter der Bezeichnung EUSEC führt die Europäische Union im Rahmen der Reform des Sicherheitssektors in der Demokratischen Republik Kongo eine Beratungs- und Unterstützungsmission durch. Im Vordergrund stehen die politische Integration der verschiedenen regionalen Gruppierungen sowie die Unterstützung bei Umstrukturierung und Wiederaufbau der

---

200Dagdelen, Sevim: Militärausbildung beenden - Eine politische Lösung in Somalia ermöglichen, Rede im Deutschen Bundestag, in: linksfraktion.de vom 10. Februar 2011, online unter: http://www.linksfraktion.de/reden/eutm-somalia-unverzueglich-beenden-rechtstaatlichkeit-sozialstaatlichkeit/

201Dagdelen, Sevim: Militärausbildung beenden - Eine politische Lösung in Somalia ermöglichen, Rede im Deutschen Bundestag, in: linksfraktion.de vom 10. Februar 2011, online unter: http://www.linksfraktion.de/reden/eutm-somalia-unverzueglich-beenden-rechtstaatlichkeit-sozialstaatlichkeit/

kongolesischen Armee. "[202]

Der Auftrag der Deutschen Bundeswehr ist also, den Sicherheitssektor, sprich Polizei und Militär zu beraten. Dabei gilt für die Soldaten in jedem Fall das Grundgesetz und auch der Lissabon-Vertrag. Insofern gehe ich davon aus, dass die Mission dem Ziel dient, dass der Sicherheitssektor im Kongo zukünftig den Werten der Humanität und der Umsetzung der Menschenrechte verpflichtet ist.
Doch Sevim Dagdelen fällt bar jeder Logik ein vernichtendes Werturteil gegen diesen Einsatz:

„Die Bundesregierung muss die Unterstützung für die Militärdiktatur im Kongo beenden und ihre Zustimmung zurückziehen. In ihrer Antwort auf die Kleine Anfrage weist die Bundesregierung jede Verantwortung für die anhaltende Präsenz von Kriegsverbrechern in der Kommandoebene der kongolesischen Armee zurück, obwohl sie über die EU-Mission EUSEC DRC an deren Restrukturierung, Ausbildung und Ausrüstung beteiligt ist. Zugleich räumte sie ein, über die Mission EUPOL DRC an der Ausrüstung von Spezialeinheiten der kongolesischen Polizei beteiligt zu sein, die zuvor an schweren Massakern und summarischen Hinrichtungen von mutmaßlichen Oppositionellen beteiligt war. "[203]

Der Kongo ist nach der Verfassung formal eine Demokratie und auch ein Rechtsstaat. Allerdings ist die Menschenrechtslage dort als enorm schlecht zu beurteilen[204] und im Demokratieindex steht das Land auf Platz 155 von 167 Ländern.[205] Dennoch kann man der Bundesregierung nicht durch die Hilfsmaßnahmen durch EUSEC eine Mitschuld daran attestieren. Die Beteiligung an der Ausbildung und Ausrüstung der kongolesischen Polizei und des kongolesischen Militärs dient doch dem Ziel, die Menschenrechtslage zu verbessern und rechtsstaatliche Strukturen zu etablieren. Insofern ist die Unterstellung an die Bundesregierung als dreiste Frechheit zu beurteilen.

„Die Europäische Kommission und die Bundesregierung haben diejenigen kongolesischen Polizeieinheiten mit Waffen und Ausbildung unterstützt, die später Massaker an Opposition und Zivilbevölkerung begangen haben. Geliefert wurden unter anderem Maschinenpistolen, Tränengas und Polizeiknüppel. Die Regierung Kabila in der Demokratischen Republik Kongo entpuppt sich immer mehr als Militärdiktatur. Menschenrechtsaktivisten, die schwere Vorwürfe gegen Polizei und Militär, insbesondere gegen den wegen der Rekrutierung von Kindersoldaten mit einem Haftbefehl des Internationalen Strafgerichtshofes gesuchten General Bosco Ntaganda, erhoben hatten, wurden gefoltert und getötet. "[206]

Es scheint eher so zu sein, dass unter den Angehörigen der kongolesischen Polizei und der kongolesischen Armee zu viele Antidemokraten zu finden sind, die nicht auf der Grundlage des Internationalen Rechts und der kongolesischen Verfassung agieren. Dies hat sicher sehr viele

---

202Bötel, Frank: Sonstige Einsätze – Einsätze, die in der Öffentlichkeit weitgehend unbekannt sind. Sie konzentrieren sich auf Länder in Afrika und auf Afghanistan, in: bundewehr.de vom 16. April 2013, online unter: http://www.bundeswehr.de/portal/a/bwde/!ut/p/c4/04_SB8K8xLLM9MSSzPy8xBz9CP3I5EyrpHK9pPKUVL3UzLzixNSSqlS93MziYqCK1Dy94vy84pLM9FT9gmxHRQBzPwDC/

203Dagdelen, Sevim: Pressemitteilung: Keine Unterstützung für Militärdiktatur im Kongo, in: linksfraktion.de vom 23. September 2010, online unter: http://www.linksfraktion.de/pressemitteilungen/keine-unterstuetzung-militaerdiktatur-kongo/

204Siehe hierzu: Amnesty International: Amnesty Report 2012: Kongo (Demokratische Republik), in: amnesty.de, 2012, online unter: http://www.amnesty.de/jahresbericht/2012/kongo-demokratische-republik

205Siehe hierzu: The Economist: Democracy Index 2010. Democracy in retreat, in: eiu.com, online unter: http://graphics.eiu.com/PDF/Democracy_Index_2010_web.pdf

206Dagdelen, Sevim: Pressemitteilung: Keine Unterstützung für Militärdiktatur im Kongo, in: linksfraktion.de vom 23. September 2010, online unter: http://www.linksfraktion.de/pressemitteilungen/keine-unterstuetzung-militaerdiktatur-kongo/

Ursachen, aber den EUSEC-Einsatz der Deutschen Bundeswehr würde ich nicht als eine der Ursachen dafür ansehen. Dafür liefert Sevim Dagdelen auch keinen Beleg an. Insofern ist der kongolesische Präsident ebenso wie die Regierung scheinbar machtlos gegen den eigenen Sicherheitssektor und die barbarischen Gepflogenheiten dort. Insofern scheint mir dieser Militäreinsatz als notwendig und sinnvoll, um diese Umstände zu verbessern.

Doch Sevim Dagdelen empfiehlt das Gegenteil und überlässt Kongo sich mit diesen Problemen selbt, was meines Erachtens zwangsläufig zu noch schlimmeren Verhältnissen führen wird.

„EU und Bundesregierung müssen ihre Unterstützung für das Folterregime in Kinshasa unverzüglich einstellen. Die Bundesregierung muss sich dafür einsetzen, dass beide EU-Missionen im Kongo, EUPOL DRC und EUSEC DRC, unverzüglich beendet werden. Das von der Bundesregierung geforderte zivile Kommando ist völlig unzureichend."[207]

In keiner Weise unterstützen EU und Bundesregierung die Menschenrechtsverletzungen im Kongo. Das Gegenteil ist ganz offensichtlich der Fall. Letztlich wäre es meines Erachtens fataler für die Menschenrechtslage, wenn die EUSEC-Mission beendet werden würde, als wenn man sie fortführt und eventuell sogar verbessert und ausweitet.

Für problematisch halte ich auch insbesondere die politischen Positionen der Linkspartei zur UNAMA-Mission. Diese Mission garantiert im Schatten der Kampfeinsätze in Afghanistan den Wiederaufbau des Landes und fördert die Umsetzung der Menschenrechte und der Rechtsstaatlichkeit.

„UNAMA: Im Schatten von ISAF

Die United Nations Assitance Mission in Afghanistan (UNAMA) wurde am 28. März 2002 vom Sicherheitsrat der Vereinten Nationen mit der Resolution 1401 gegründet. Ihre Aufgabe ist es, afghanische Institutionen bei der Umsetzung der Bonner Beschlüsse zu unterstützen – beispielsweise auf den Gebieten Menschenrechte, Rechtsstaatlichkeit und Gleichberechtigung. Ziel ist es, die Stellung der inländischen Einrichtungen zu stärken: UNAMA will sich selbst langfristig überflüssig machen."[208]

Grundlage dafür sind also die Bonner Beschlüsse, die den Wiederaufbau Afghanistans und den politischen Aussöhnungsprozess anstreben.

„Mit dieser Mission unterstützen die Vereinten Nationen die Regierung Afghanistans beim Auf- und Ausbau rechtsstaatlicher Strukturen und fördert die nationale Versöhnung. Die Basis hierfür bildet das sogenannte Bonner Abkommen.

Derzeit sind 19 UN-Agenturen in Afghanistan tätig, die gemeinsam mit den staatlichen Stellen Afghanistans und verschiedenen Nichtregierungsorganisationen (NGO) die Entwicklung des Landes fördern.

207Dagdelen, Sevim: Pressemitteilung: Keine Unterstützung für Militärdiktatur im Kongo, in: linksfraktion.de vom 23. September 2010, online unter: http://www.linksfraktion.de/pressemitteilungen/keine-unterstuetzung-militaerdiktatur-kongo/

208Bötel, Frank: Sonstige Einsätze – Einsätze, die in der Öffentlichkeit weitgehend unbekannt sind. Sie konzentrieren sich auf Länder in Afrika und auf Afghanistan, in: bundewehr.de vom 16. April 2013, online unter: http://www.bundeswehr.de/portal/a/bwde/!ut/p/c4/04_SB8K8xLLM9MSSzPy8xBz9CP3I5EyrpHK9pPKUVL3UzLzixNSSqlS93MziYqCK1Dy94vy84pLM9FT9gmxHRQBzPwDC/

UNAMA wird vom Sondergesandten des Generalsekretärs für Afghanistan (Special Representative of the Secretary-General for Afghanistan: SRSG) geführt. Dieser zeichnet sich verantwortlich für alle UN-Aktivitäten in Afghanistan.

Die Bundeswehr unterstützt die Mission personell mit einem Soldaten als militärischer Berater in Kabul. "[209]

Die UNAMA-Mission ist also eine Schaltzentrale zwischen der afghanischen Regierung, den UN-Institutionen und den NGOs.

Doch die Bundestagsabgeordnete Heike Hänsel übt weiterhin Fundamentalkritik im Namen der Linksfraktion:

„*Wir ziehen heute gleichzeitig über fast 2 Jahre Mitgliedschaft im UN-Sicherheitsrat. Und da zeigt sich, dass es die Bundesregierung in vielerlei Hinsicht verpasst hat, Friedensinitiativen zu befördern. Trotz Vorsitz in der Afghanistan-Arbeitsgruppe für das UNAMA-Mandat, hat die Bundesregierung keine umfassende Friedensinitiative in der Region entwickelt, die Afghanistan-Konferenz im Dezember 2011 war ein Mißerfolg, Pakistan nahm nicht daran teil und die Zivilgesellschaft war nur symbolisch einbezogen. Sie verlässt sich stattdessen lieber weiterhin auf ihre bewährte Zusammenarbeit mit afghanischen Warlords und der korrupten Karsai-Regierung.* "[210]

Die Bundesregierung stützt doch die UNAMA-Mission und hat mit der Beteiligung durch einen Soldaten eine Initiative begonnen. Außerdem kann man doch behaupten, dass es sinnvoll ist, dass Pakistan nicht an der Afganistan-Konferenz beteiligt war, da es dort ebenfalls um die Menschenrechtslage sehr schlecht bestellt ist. Zum Anderen wäre das auch schwierig gewesen, da die USA im Rahmen des „Kriegs gegen den Terrorismus" in Pakistan unilateral Drohnenangriffe durchführen und es dadurch vermutlich nicht möglich war, mit Pakistan zu verhandeln.

Auch Paul Schäfer trägt nur eine Halbwahrheit vor:

„*Meine Damen und Herren, es ist Zeit für eine klare Zäsur, für einen zivil geprägten Aufbauplan, den die Afghaninnen und Afghanen verantworten und bei dem die Vereinten Nationen endlich an die erste Stelle gerückt werden. Ja, Selbstbestimmung der Afghaninnen und Afghanen statt Fremdbestimmung, das ist ein zentraler Punkt.*
Nun kann man einwenden, gerade die Linke kritisiere doch besonders scharf die inneren Verhältnisse in Afghanistan. Wie passt das zusammen? Richtig: Der jüngste UNAMA-Bericht zeichnet ein düsteres Bild von der Lage der Gefangenen in Afghanistan. Viele werden misshandelt, ja gefoltert. Vorsichtig verallgemeinert: Es steht in Afghanistan nicht allzu gut um die Menschenrechte, auch nicht um die Frauenrechte. "[211]

Ist es denn unter den gegebenen Voraussetzungen wirklich bereits möglich, dass Afghaninnen und

---

209Die Unterstützungsmission in Afghanistan (UNAMA), in: bundeswehr.de vom 21. März 2013, online unter: http://www.einsatz.bundeswehr.de/portal/a/einsatzbw/!ut/p/c4/04_SB8K8xLLM9MSSzPy8xBz9CP3I5EyrpHK9pPKU1PjUzLzixJIqIDcxu6Q0NScHKpRaUpWqV5qXmJuol5mXlq9fkO2oCADtmKEY/

210Hänsel, Heike: Deutschland verpasst in der UNO die Chancen für friedliche Lösungen – Bilanz zwei Jahre Deutschland im UN-Sicherheitsrat, Rede im Deutschen Bundestag, in: linksfraktion.de vom 29. November 2012, online unter: http://www.linksfraktion.de/reden/deutschland-verpasst-uno-chance-frieden-nahen-osten/

211Schäfer, Paul: Afghanistan: Der Fluch der bösen Tat, Rede im Deutschen Bundestag, in: linksfraktion.de vom 31. Januar 2013, online unter: http://www.linksfraktion.de/reden/afghanistan-fluch-boesen-tat/

Afghanen selbstbestimmt agieren oder ist es nicht vielmehr so, dass Taliban in Afghanistan wieder an die Macht kämen, wenn man Hals über Kopf das Militär abzieht? Wäre es nicht vielmehr so, dass man die rudimentären Verbesserungen der Menschenrechtslage jetzt völlig zunichte macht, wenn man die Afghaninnen und Afghanen sich selbst überlässt? Ich denke schon! Und ich denke, zu dieser objektiven Einschätzung kann man selbst dann gelangen, wenn man politisch gegen ISAF und OEF war und auch dagegen votiert hat.

Außerdem ist UNAMA doch schon allein deshalb sinnvoll, weil man dadurch überhaupt erst valide Informationen über die Menschenrechtslage gewinnen kann, auf die man sich, wie hier Paul Schäfer das tut, im Bundestag und anderswo politisch berufen kann.

Die Bundestagsabgeordnete der Linkspartei Inge Höger schießt gleich ganz den Vogel ab mit ihrer Frage im Bundestag:

„Frage von Inge Höger (DIE LINKE), Drucksache 17/7311, Frage 38:
Welche Konsequenzen zieht die Bundesregierung aus dem UNAMA-Bericht vom 10. Oktober 2011, aus dem hervorgeht, dass die afghanische Polizei und der afghanische Geheimdienst systematisch Gefangene foltern, für ihr Engagement in Afghanistan?“[212]

Diese Frage an sich finde ich mehr als berechtigt. Es ist gut, dass hier kritisch gefragt wird. Die Antwort von Staatsministerin Cornelia Pieper (FDP) von liefert in der Tat sinnvolle Informationen für die politische Debatte:

„Die im Bericht differenziert beschriebenen Missstände erfüllen die Bundesregierung mit Sorge. Die Bundesregierung nimmt den Inhalt des Berichtes sehr ernst. Wir weisen jedoch darauf hin, dass von einem systemischen Problem in allen afghanischen Haftanstalten ausdrücklich nicht die Rede ist.
Die Bundesregierung begrüßt ausdrücklich die konstruktive Haltung der afghanischen Regierung. Diese zeigt sich insbesondere in dem produktiven Dialog, der zwischen der Unterstützungsmission der Vereinten Nationen in Afghanistan, UNAMA, und der Regierung im Vorfeld der Veröffentlichung geführt wurde. Auch hat die afghanische Seite bei der Erstellung des Berichts sehr eng und konstruktiv mit UNAMA zusammengearbeitet. Die afghanische Regierung muss jetzt die identifizierten Missstände beseitigen. Erste Maßnahmen werden im Bericht bereits angekündigt. So soll im afghanischen Geheimdienst NDS eine Menschenrechtsüberwachungsstelle eingerichtet und Zugang zu Gefängnissen gewährt werden. Die Vertreter der internationalen Gemeinschaft in Kabul und damit auch die Bundesregierung werden die afghanische Regierung dabei unterstützen und die Entwicklungen aktiv weiterverfolgen.
Die Bundesregierung wird in diesem Zusammenhang auch die Bemühungen der unabhängigen Afghanischen Menschenrechtskommission, AIHRC, weiter unterstützen, die Menschenrechtssituation in Afghanistan zu verbessern.“[213]

Die Bundesregierung will also die Bemühungen, die Menschenrechtslage in Afghanistan insbesondere durch das UNAMA-Mandat zu verbessern, intensivieren. Dennoch stellt Inge Höger diese Anfrage mit Antwort unter der Überschrift „BRD bildet afghanische Folter-Polizei aus“ auf ihre Webseite. Das macht schon den Eindruck, als würde man hier das UNAMA-Mandat für die

212Höger, Inge: BRD bildet afghanische Folter-Polizei aus, in: inge-hoeger.de vom 20. Oktober 2011, online unter: http://www.inge-hoeger.de/im_bundestag/parlamentarische_initiativen/detail/browse/4/zurueck/parlamentarische-initiativen-1/artikel/brd-bildet-afghanische-folter-polizei-aus/

213Höger, Inge: BRD bildet afghanische Folter-Polizei aus, in: inge-hoeger.de vom 20. Oktober 2011, online unter: http://www.inge-hoeger.de/im_bundestag/parlamentarische_initiativen/detail/browse/4/zurueck/parlamentarische-initiativen-1/artikel/brd-bildet-afghanische-folter-polizei-aus/

Menschenrechtsverletzungen verantwortlich machen. Es ist schon krank und perfide, wie Inge Höger aus der einzigen humanitären Mission in Bezug auf Afghanistan eine Ausbildung zur Folter macht.

Inge Höger tut so, als wäre sie es, die benötigt wird, um die Missstände in der Menschenrechtslage in Afghanistan aufzudecken, obwohl sie politisch gegen das UNAMA-Mandat agitiert, das eben gerade das Ziel hat, diese Probleme zu bewältigen. Erbärmlich! So isoliert man sich politisch und verhindert konstruktive Lösungen.

Julia Wiedemann liefert einen interessanten, eher deskriptiven und sachlichen Artikel über die Lage in Afghanistan und erläutert am Ende die politischen Forderungen der Linken:

„DIE LINKE steht weiterhin zu ihrer Forderung nach einem sofortigen Abzug der Bundeswehr aus Afghanistan, nicht erst bis 2014. Nur durch den Abzug der NATO wird der Weg für Frieden frei gemacht. Eine Lösung darf der afghanischen Bevölkerung nicht von außen aufgedrängt werden. Daher muss Deutschland zivile selbstbestimmte Strukturen unterstützen und ausreichend finanzielle Hilfen für den Wiederaufbau bereit stellen. Die Bevölkerung in Afghanistan braucht vom Militär unabhängige humanitäre Hilfe. Der Abschluss eines Waffenstillstandsabkommens kann Auftakt für einen nationalen Friedens- und Aussöhnungsprozess sein. Der Aufbau regionaler Sicherheitsstrukturen muss international, auch in Zusammenarbeit mit Afghanistans Nachbarn, abgesichert werden."[214]

Wenn man also zivile Strukturen unterstützen will, so sollte man meines Erachtens das UNAMA-Mandat unterstützen und bewerben, weil dadurch ein Mehr an ziviler Hilfe sinnvoll koordiniert werden kann. Sicher braucht es vom Militär unabhängige Hilfe, aber die Lage sieht mir im Moment immer noch nicht so aus, als ob dies möglich wäre, denn vermutlich würden dann Warlords und Taliban die Macht vollständig übernehmen und wiederum einen islamistischen Gottesstaat errichten. Das stelle ich nüchtern fest, obwohl ich nie politisch für eine militärische Intervention in Afghanistan Position ergriffen habe. Außerdem denke ich, wird es eine unilaterale Lösung für den Abzug der deutschen Truppen nicht geben können. Es muss eine gemeinsame Abzugsstrategie mit den anderen an ISAF und OEF beteiligten Staaten, aber insbesondere mit den USA gefunden werden.

Auch André Brie äußerte sich wesentlich sachlicher zu Afghanistan:

„Die UNO hat kürzlich konstatiert, dass die zunehmende Unsicherheit ernste Auswirkungen auf die Wahlen hat. Die Hilfsmission in Afghanistan (UNAMA) und die afghanische unabhängige Menschenrechtskommission sehen durch die zunehmende Gewalt die Bewegungs- und Redefreiheit von Kandidaten und ihrer Unterstützer stark begrenzt. Nicht zuletzt würden gerade Frauen eingeschüchtert, um keinen Gebrauch von ihrem Wahlrecht zu machen. Dazu passt die Warnung des neuen Kommandeurs der internationalen Truppen in Afghanistan, Stanley McChrystal. Die Extremisten würden sich immer mehr aus ihren Hochburgen im Süden wagen und bislang vergleichsweise ruhige Regionen im Norden und im Westen des Landes bedrohen, erklärte der US-General jetzt. Und: »Derzeit haben die Taliban die Oberhand.«"[215]

Insofern sehe ich mich bestätigt, dass ein Ende der militärischen Präsenz offenbar nicht so ohne

214 Wiedemann, Julia: Der Abzug wäre der erste Schritt – Der Krieg in Afghanistan: Bundeswehr raus!, in: DISPUT vom September 2010, die-linke.de, online unter: http://www.die-linke.de/index.php?id=181&tx_ttnews%5Btt_news%5D=13092&tx_ttnews%5BbackPid%5D=154&no_cache=1

215 Brie, André: Wahlprognosen, in: DISPUT vom August 2009, die-linke.de, online unter: http://www.die-linke.de/index.php?id=181&tx_ttnews[tt_news]=7910&tx_ttnews[backPid]=154&no_cache=1

Weiteres geben kann. Daher würde ich in jedem Falle empfehlen, die UNAMA-Mission auszuweiten und mit wesentlich mehr finanziellen Mitteln für den Wiederaufbau zu flankieren. Selbst wenn man politisch gegen die militärische Intervention in Afghanistan war, ist es für eine Regierungspartei untragbar, die Tatsachen, die die demokratische Mehrheit geschaffen hat, nicht zur Kenntnis zu nehmen und in seine politischen Forderungen miteinzubeziehen. Außerdem müsste die Linkspartei in Regierungsverantwortung auch vermutlich weiterhin das ISAF-Mandat und das OEF-Mandat mit unterstützen, zumindest solange, bis mit den anderen daran beteiligten Nationen, insbesondere den USA, eine gemeinsame Abzugsstrategie ausgearbeitet wurde.

Ebenfalls zu kritisieren ist meiner Auffassung nach die Haltung der Linkspartei zur UNAMID-Mission. Auch bei dieser Friedensmission wird eng mit der Afrikanischen Union zusammengearbeitet, um den Sudan zu stabilisieren und für politischen und wirtschaftlichen Wiederaufbau zu sorgen:

„UNAMID: Waffenstillstand im Sudan

Die Bundeswehr unterstützt die Friedensmission UNAMID (African Union/United Nations Hybrid Operation in Darfur) mit bis zu 50 Soldaten, vor allem Militärbeobachtern. Der Einsatz dient der Überwachung des Waffenstillstandes und dem Schutz der Bevölkerung in der Krisenregion des afrikanischen Landes Sudan. Eine Ausweitung der Friedensmission war notwendig geworden, da keine Verbesserung der humanitären Situation und Sicherheitslage erzielt wurde.

Die Bundeswehr leistet dabei einen dauerhaften Beitrag bei der Schaffung von Sicherheit für den wirtschaftlichen und politischen Wiederaufbau. Der Sicherheitsrat der Vereinten Nationen und der Friedens- und Sicherheitsrat der Afrikanischen Union trafen die Entscheidung für UNAMID im Einklang mit der sudanesischen Regierung. Der Bundestag stimmte der Beteiligung an UNAMID erstmals im November 2007 zu.“[216]

Insbesondere diese Mission ist dringlich, da es in Darfur zu schweren bewaffneten Konflikten mit mehr als 200.000 Toten kam.[217] Durch diesen Einsatz wird sichergestellt, dass die Hilfsgelder auch sicher bei den betroffenen Menschen im Sudan ankommen. Insofern halte ich die Ablehnung der Linksfraktion für diesen Einsatz für eine Schande.

Doch Christine Buchholz schwafelt ihren unerträglichen inhumanen Blödsinn im Parlament:

216Bötel, Frank: Sonstige Einsätze – Einsätze, die in der Öffentlichkeit weitgehend unbekannt sind. Sie konzentrieren sich auf Länder in Afrika und auf Afghanistan, in: bundewehr.de vom 16. April 2013, online unter: http://www.bundeswehr.de/portal/a/bwde/!ut/p/c4/04_SB8K8xLLM9MSSzPy8xBz9CP3I5EyrpHK9pPKUVL3UzLzixNSSqlS93MziYqCK1Dy94vy84pLM9FT9gmxHRQBzPwDC/

217U.N.: 100,000 more dead in Darfur than reported, in: cnn.de vom 22. April 2008, online unter: http://edition.cnn.com/2008/WORLD/africa/04/22/darfur.holmes/index.html?_s=PM:WORLD

„UNAMID ist der größte und teuerste UN-Einsatz in der Geschichte. Er kostet jährlich 1,8 Milliarden Dollar. Mittlerweile sind 23 000 Polizisten und Soldaten in Darfur stationiert. Bei meinem Besuch im Sudan im letzten November hat mir der Mitarbeiter einer Hilfsorganisation gesagt, was er von der Darfur-Mission UNAMID hält. Ich zitiere:
„UNAMID ist eine große Geldfressmaschine ohne Auswirkung."

(Patrick Kurth [Kyffhäuser] [FDP]: Das sagt ein Mitarbeiter!)"[218]

Ein Einsatz, der weitere hunderttausende Menschen vor dem sicheren Tod bewahrt und bei frühzeitigerem Einschreiten möglicherweise bewahrt hätte kann nicht nach den Kosten beurteilt werden, nur weil Linksfaschisten es so für die Aufrechterhaltung ihrer Ideologie brauchen. Außerdem ist der Einwand von Patrick Kurth doch berechtigt. Dieses Zitat ist offensichtlich aus dem Zusammenhang gerissen, denn wenn ein Mitarbeiter einer Hilfsorganisation dies kritisiert, um diesen humanitären Einsatz effizienter zu machen und zu verbessern, steht das in einem ganz anderen Begründungszusammenhang. Schäbig, dass man für Initiativen zur Verbesserung eines humanitären Einsatzes auch noch von inhumanen Rassisten und Linksfaschisten instrumentalisiert wird.

„Der Einsatz wird den Problemen in Darfur nicht gerecht. Das will ich begründen. Erstens. Dorthin, wo die Gefährdung von Zivilisten stattfindet, kommt UNAMID gar nicht: weder ins Grenzgebiet zum Tschad noch ins Grenzgebiet zum Südsudan und nirgendwohin, wo Gefechte stattfinden. Von der Bevölkerung wird UNAMID deswegen auch zunehmend als verlängerter Arm der Zentralregierung wahrgenommen.

(Hartwig Fischer [Göttingen] [CDU/CSU]: Das ist absolut falsch, was Sie da sagen!)

Zweitens. Weil UNAMID nicht als neutral angesehen wird, empfinden viele Hilfsorganisationen die Präsenz nicht als Schutz, sondern als Hindernis für ihre Arbeit.

(Dr. Wolfgang Götzer [CDU/CSU]: Nennen Sie Namen!)"[219]

Wenn man an diesem Einsatz kritisiert, dass er nicht zielgerichtet genug die Gefährdung der Zivilisten gewährleisten kann, so wäre doch die logische Konsequenz daraus, dass man das Mandat erweitert und mehr Soldaten hinschickt. Ansonsten hieße diese Kritik doch nur: Wenn man mit wenigen Soldaten ohnehin nicht alle Zivilisten schützen kann, dann kann man sie auch gleich alle verrecken lassen. Das ist inhuman, wenn man doch mehr tun kann, um Menschenleben zu retten. Insofern ist der Zwischenruf von Hartwig Fischer auch berechtigt. Außerdem ist es ganz offensichtlich eine glatte Lüge, dass die Hilfsorganisationen die Militärpräsenz nicht als Schutz ansehen, wo doch Christine Buchholz selbst zuerst sagt, dass die Gefährdung für die Zivilbevölkerung bereits enorm hoch ist. Insofern ist das Ganze schon erbärmlich.

„Solange die Menschen dort keine wirtschaftliche und soziale Perspektive haben, wird es keinen Frieden geben. Dazu enthält Ihr Antrag gar nichts; Sie schreiben nur, dass Sie mit dem Nordsudan keine Entwicklungszusammenarbeit machen wollen. Das ist angesichts der Probleme ein

---

218Buchholz, Christine: Warum DIE LINKE Nein zur Dafur-Mission UNAMID sagt, Rede im Deutschen Bundestag, in: linksfraktion.de vom 01. Juli 2011, online unter: http://www.linksfraktion.de/reden/warum-linke-nein-dafur-mission-unamid-sagt/

219Buchholz, Christine: Warum DIE LINKE Nein zur Dafur-Mission UNAMID sagt, Rede im Deutschen Bundestag, in: linksfraktion.de vom 01. Juli 2011, online unter: http://www.linksfraktion.de/reden/warum-linke-nein-dafur-mission-unamid-sagt/

Armutszeugnis. (Beifall bei der LINKEN)"[220]

Durch das UNAMID-Mandat wird doch die Grundlage für die wirtschaftliche und soziale Perspektive überhaupt erst geschaffen. Ich gehe davon aus, dass ohne die militärische Präsenz der UN-Truppen die Lage noch gefährlicher für die Zivilbevölkerung wäre.

Doch auch die Bundestagsabgeordnete der Linken Kathrin Vogler bezieht Stellung gegen den Einsatz:

„Ich sage Ihnen: UNAMID kann keine friedenssichernde Rolle spielen, weil es schlicht keinen Frieden in Darfur gibt, den man sichern könnte.

(Beifall bei der LINKEN)

Das Bomben und das Schießen geht weiter.
Das neue Abkommen birgt sogar die Gefahr neuer Eskalation und neuer Konfliktlinien, weil es die Gründung zweier neuer Bundesstaaten vorsieht, die die Spaltung entlang der ethnischen Grenzen vertiefen. Ein afrikanisches Sprichwort sagt: Das Gegenteil von gut gemacht ist gut gemeint. Das trifft leider auch auf UNAMID zu: bestenfalls gut gemeint, aber ganz sicher nicht hilfreich für den komplizierten Friedensprozess im Sudan und zwischen den beiden sudanesischen Staaten. Deswegen sagen wir als Linke ganz klar Nein zu dieser Mandatsverlängerung."[221]

Es gibt keinen Frieden in Darfur. OK. Aber man kann den Frieden auch mit militärischen Maßnahmen erzwingen. Wenn UNAMID nach Ansicht der Linkspartei noch nicht hilfreich ist, warum dann die Ablehnung? Man könnte das Mandat doch anders ausrichten. Die Linksfraktion könnte doch Änderungsvorschläge einbringen. Dies geschieht aber nicht. Offenbar, weil man zum Einen nicht an konkreten Verbesserungsvorschlägen interessiert ist und mit inhumaner Ideologie Wahlkampf machen will und zum Anderen ganz offensichtlich die Sachunkenntnis so groß ist, dass man dazu auch nicht mal ansatzweise in der Lage ist. In diesem Lichte würde ich die reflexartige Ablehnung auch beurteilen.

„UNAMID ist eine der größten und teuersten UN-Militärmissionen. Sie zeitigt trotzdem keine wirklichen Erfolge. Warum? Es ist eine Mission Impossible; denn UNAMID soll ein Friedensabkommen umsetzen, das selbst von der Bundesregierung unumwunden als gescheitert bezeichnet wird. UNAMID soll Zivilisten schützen. Doch die Zahl der Toten, der Verletzten und der Vertriebenen steigt gerade jetzt, wo wir debattieren, wieder an. Tatsächlich verteilt UNAMID Hilfsgüter. Aber das ist definitiv keine militärische Aufgabe. Verteilen darf UNAMID übrigens nur dort, wo es die sudanesische Regierung erlaubt. Mit dem Grundsatz, dass humanitäre Hilfe neutral und unabhängig sein muss, dass sie nach Bedürftigkeit und nicht nach Wohlverhalten gewährt wird, hat das nichts, aber auch gar nichts zu tun."[222]

Es ist doch ein Erfolg, wenn zumindest ein Teil der Zivilisten geschützt wird, wenn auch nicht alle. Es ist doch ein Erfolg, wenn dank der militärischen Präsenz Hilfsgüter verteilt werden können. Ohne die Anwesenheit von UNAMID-Truppen wäre die Verteilung doch gar nicht möglich. Um die

220Buchholz, Christine: Warum DIE LINKE Nein zur Dafur-Mission UNAMID sagt, Rede im Deutschen Bundestag, in: linksfraktion.de vom 01. Juli 2011, online unter: http://www.linksfraktion.de/reden/warum-linke-nein-dafur-mission-unamid-sagt/

221Vogler, Kathrin: UNAMID ist Mission Impossible, Rede im Deutschen Bundestag, in: linksfraktion.de vom 08. November 2012, online unter: http://www.linksfraktion.de/reden/unamid-mission-impossible/

222Vogler, Kathrin: UNAMID ist Mission Impossible, Rede im Deutschen Bundestag, in: linksfraktion.de vom 08. November 2012, online unter: http://www.linksfraktion.de/reden/unamid-mission-impossible/

neutrale Verteilung zu erreichen, könnte die Linksfraktion doch Vorschläge unterbreiten. Doch nichts davon. Das ist verantwortungslos!

„Dadurch macht sich die Mission zum Spielball der Konfliktparteien, die die Bevölkerung für ihre militärischen Ziele in Geiselhaft nehmen. UNAMID ist noch nicht einmal in der Lage, zu verhindern, dass unablässig neue Waffen nach Darfur strömen. UNAMID ist einfach ein gescheiterter Einsatz. Anstatt ihn zu verlängern, sollten Sie die deutsche Beteiligung hier und heute beenden.

(Beifall bei der LINKEN)

Sie werden jetzt sagen: Aber man muss doch etwas tun. Ja, da haben Sie völlig recht. Man muss auch etwas tun. Aber irgendetwas tun heißt nicht, das Richtige zu tun.

(Edelgard Bulmahn (SPD): Was?)

Richtig wäre, alles zu tun, damit die Regierungen des Sudans, des Südsudans und des Tschads an einen Tisch kommen und vereinbaren, dauerhaft keine Milizen in den Nachbarländern mehr zu unterstützen."[223]

Aber was wäre die Alternative, um die Tatsache zu beenden, dass die Konfliktparteien die Bevölkerung für ihre militärischen Ziele in Geiselhaft nehmen? Ich sehe keine realistische Alternative, außer die Anwesenheit von UNAMID-Truppen.

Auf der einen Seite sagte Kathrin Vogler, dass die Konfliktparteien die Bevölkerung militärisch in Geiselhaft nehmen, zuvor dass es keinen Frieden gibt. Wie groß sind also die Chancen realistisch, dass man sich beim Tee zu Friedensverhandlungen trifft? Ich denke diese Wahrscheinlichkeit ist gleich Null. Kathrin Vogler emfiehlt uns also, dem Morden zuzusehen, ohne internationale Soldaten und damit letztlich auch ohne Hilfslieferungen für die Zivilbevölkerung. Das ist barbarisch! Die Ablehnung von UNAMID ist das Widerlichste, dass sich die Linksfraktion in dieser Legislaturperiode geleistet hat.

Genauso verhält es sich auch mit der UNMISS-Mission für Südsudan, die dazu eingerichtet wurde, um die wirtschaftliche und soziale Infrastruktur aufzubauen.

„UNMISS: Frieden für Südsudan

Der Südsudan hat am 9. Juli 2011 seine Unabhängigkeit erklärt. Die staatliche Verwaltung und die wirtschaftliche und soziale Infrastruktur in Südsudan sind bisher nicht in ausreichendem Maße vorhanden. Ihr Aufbau bedarf intensiver Unterstützung durch die internationale Gemeinschaft.

223Vogler, Kathrin: UNAMID ist Mission Impossible, Rede im Deutschen Bundestag, in: linksfraktion.de vom 08. November 2012, online unter: http://www.linksfraktion.de/reden/unamid-mission-impossible/

Kernauftrag der von den Vereinten Nationen geführten Friedensmission in Südsudan ist die Unterstützung beim Staats- und Institutionsaufbau, bei der weiteren friedlichen Entwicklung in Südsudan und beim Schutz von Zivilisten. Die Bundeswehrmandat des Deutschen Bundestages umfasst bis zu 50 Soldaten. Der vorherige UNMISS-Mission wurde beendet. "[224]

Die Mission verfolgt also friedliche Zwecke und hilft letztlich dem Südsudan, die staatliche Integrität zu gewährleisten. Das ist sinnvoll und nicht zu beanstanden.

Doch Niema Movassat agitiert im Bundestag gegen diese Mission.

„Alle hier, außer der Fraktion DIE LINKE, haben die Beteiligung der Bundeswehr am Militäreinsatz im Südsudan befürwortet. Dabei müssten Sie, werte Kolleginnen und Kollegen, selbst nach Ihrer Logik gegen diesen Einsatz sein.
(Beifall bei der LINKEN)

Ihr Argument für den Einsatz ist, dass die Zivilbevölkerung im Südsudan geschützt werden muss. Fakt ist, dass 275 000 Frauen, Männer und Kinder aufgrund von Kämpfen auf der Flucht sind und seit Januar über 3 000 Menschen getötet wurden. 2011 ist das verlustreichste Jahr seit dem Ende des Bürgerkriegs im Jahr 2005.

Diese Entwicklungen sind dramatisch. Die Lage ist aber trotz der Stationierung von UN-Soldaten im Rahmen von UNMISS nicht besser geworden; die Gewalt geht weiter. Das zeigt, dass Militär auch im Südsudan keinen Frieden schafft und sein Einsatz deshalb der falsche Weg ist.

(Beifall bei der LINKEN)

Die UN-Truppen sind schon deshalb unfähig, die Zivilbevölkerung zu schützen, weil sie an der Seite der südsudanesischen Armee SPLA agieren. Dabei ist diese selbst Konfliktauslöser. Dies haben mir Entwicklungshelfer sowie Vertreter von Nichtregierungsorganisationen und der UN, mit denen ich im November vor Ort gesprochen habe, bestätigt; dies geht sogar aus dem UN-Mandat hervor. "[225]

Zunächst einmal führt Movassat doch kein Argument dafür an, dass man gegen diesen Einsatz sein muss. Es handelt sich bei seinen Ausführungen also nur um regressive Polemik, die nicht weiter hilft. Der Südsudan gewährleistet doch Hilfe für Flüchtlinge in Zusammenarbeit mit UNMISS. Außerdem scheint die staatliche Ordnung im Südsudan tatsächlich stabiler zu sein, als im Sudan. Insofern hilft die Stationierung von UN-Soldaten doch dabei, Gewalt einzudämmen.

Die Rolle der SPLA ist zwar tatsächlich problematisch, aber letztlich könnte UNMISS auch hier helfen, diese Organisation in ihrer Form zu verändern, so dass alle militärischen Truppen in den Südsudan abziehen und dort in die reguläre Armee integriert werden. Mit Geschwafel von Niema Movassat wird das nicht geschehen, mit UNMISS schon eher.

„Richtig wäre es gewesen, unseren Vorschlägen, die wir hier im Juli eingebracht haben, zu folgen.
Vier davon möchte ich nennen:
Erstens muss die Zivilgesellschaft gestärkt und Dialogprozesse zwischen den gegnerischen

224Bötel, Frank: Sonstige Einsätze – Einsätze, die in der Öffentlichkeit weitgehend unbekannt sind. Sie konzentrieren sich auf Länder in Afrika und auf Afghanistan, in: bundewehr.de vom 16. April 2013, online unter: http://www.bundeswehr.de/portal/a/bwde/!ut/p/c4/04_SB8K8xLLM9MSSzPy8xBz9CP3I5EyrpHK9pPKUVL3UzLzixNSSqlS93MziYqCK1Dy94vy84pLM9FT9gmxHRQBzPwDC/

225Movassat, Niema: UNMISS ist gescheitert - Südsudan braucht zivile Aufbauhilfe!, Rede im Deutschen Bundestag, in: linksfraktion.de vom 21. September 2011, online unter: http://www.linksfraktion.de/reden/militaer-schafft-auch-suedsudan-keinen-frieden/

Gruppen im Südsudan geschaffen werden. Ein Staat kann nur unter Beteiligung der Zivilbevölkerung aufgebaut werden und nicht von oben nach unten, wie dies jetzt mit Hilfe von UNMISS geschieht.

(Beifall bei der LINKEN)

Zweitens müssen sich die staatlichen Strukturen an den sozialen und wirtschaftlichen Interessen der Bevölkerung orientieren. Es ist doch paradox, dass es heute bereits 30 Ministerien im Südsudan gibt, teils ohne Aufgabenbereich. Da geht es wohl mehr darum, Pöstchen zu schaffen.

Drittens muss der ländliche Raum entwickelt werden. Im Südsudan, einem Land so groß wie Frankreich, gibt es keine hundert Kilometer asphaltierte Straßen.

Viertens - das ist wirklich entscheidend - muss das Land entmilitarisiert werden."[226]

Diese Vorschläge sind doch als Ulk abzutun und nicht ernstzunehmen. Die Zivilgesellschaft kann man nur dann stärken, wenn es keine Kampfhandlungen mehr gibt. Das müsste Niema Movassat eigentlich zuerst erkennen, anstatt der Bundesregierung zum Vorwurf zu machen, dass sie an der militärischen Lage im Südsudan Schuld sei. Dialog scheint nun mal derzeit nicht realistisch.

Man sollte doch der Zivilgesellschaft selbst überlassen, wie sie das Gemeinwesen organisieren will, wenn es also 30 Ministerien sein sollen, warum will Niema Movassat dies denn kritisieren, wo er doch zuerst sagt, man solle die Zivilgesellschaft stärken? Das ist eben dann der Willen der Zivilgesellschaft. Den ländlichen Raum zu entwickeln ist ja schön und gut. Das kann die Zivilgesellschaft dann mit der internationalen Hilfe auch tun, die durch das UNMISS-Mandat gewährleistet wird. Und Militär zum Selbstschutz halte ich für legitim für jeden Staat. Das ist auch durch das Völkerrecht gedeckt. Außerdem wäre das Gegenteil doch auch naiv, angesichts der gefährlichen militärischen Lage, die doch vorher selbst erwähnt wurde.

Auch Jan van Aken bietet uns nur reaktionäre Demagogie an:

„UNMISS war von vornherein ein Konstrukt mit völliger Schieflage. Wir hatten es mit Interessen der UNO und Interessen der Regierung des Südsudans zu tun. Das ließ sich nicht vereinbaren: Die UNO wollte zum Beispiel die Armee reformieren, vor allem reduzieren. Die Regierung Südsudans wollte vor allem die eigene Machtposition ausbauen. Dann gab es einen Kompromiss, der extrem problematisch ist. UNMISS steht an der Seite der Regierung Südsudans. Die Regierung ist es, die darüber bestimmt, wo und wann UNMISS eingreifen darf. Das große Problem hier ist, dass die Regierung Südsudans manchmal überhaupt kein Interesse daran hat, dass UNMISS zuschaut: wenn nämlich die Regierung selbst oder ihre Armee, die SPLA, Verbrechen an der Zivilbevölkerung begeht.
Sie wissen ganz genau Frau Schuster hat es dankenswerterweise erwähnt , dass die Regierung Südsudans die Arbeit von UNMISS massiv behindert. Vor kurzem hat sie eine UNMISS-Mitarbeiterin ausgewiesen. Daher ist es relativ hilflos, Frau Schuster, sich hierhinzustellen und zu sagen: Das kritisieren wir; die Regierung Südsudans sollte es anders machen.

(Marina Schuster (FDP): Ja, sollen wir denn schweigen, oder wie?)

Trotzdem wollen Sie hier darüber entscheiden, dass Bundeswehrsoldaten an die Seite einer menschenrechtsverletzenden Regierung gestellt werden. Das finde ich nicht akzeptabel.

226Movassat, Niema: UNMISS ist gescheitert - Südsudan braucht zivile Aufbauhilfe!, Rede im Deutschen Bundestag, in: linksfraktion.de vom 21. September 2011, online unter: http://www.linksfraktion.de/reden/militaer-schafft-auch-suedsudan-keinen-frieden/

(Beifall bei der LINKEN)

Ich möchte hier ein einziges Mal von Ihnen ein Argument dazu hören, wie Sie es verantworten können, Bundeswehrsoldaten an die Seite einer Regierung zu stellen, die die eigene Zivilbevölkerung bedroht. Das geht nicht.

(Beifall bei der LINKEN) "[227]

Das ist alles blanker Unsinn. Es ist nicht die Regierung Südsudans, die bestimmt, wo UNMISS eingreift, sondern die Vereinten Nationen setzen durch UNMISS Soldaten ein, um die Zivilbevölkerung zu schützen. Selbst wenn es Probleme mit der SPLA gibt und es Behinderungen durch die südsudanesische Regierung gäbe, muss die Weltgemeinschaft sich doch nicht davon abhalten lassen, die Zivilbevölkerung zu schützen. Die Bundesregierung artikuliert doch die Probleme mit der südsudanesischen Regierung. Warum also sollte man UNMISS jetzt beenden, wo doch offensichtlich die Sicherheitslage noch alles andere als stabil ist? Das macht doch keinen Sinn.

„Sie wissen genauso wie ich Herr Hochbaum, eigentlich müssten auch Sie es wissen , dass die Regierung gerade dabei ist, einen Einparteienstaat zu etablieren mit Korruption, mit Vetternwirtschaft, mit Unterdrückung der eigenen Bevölkerung, mit Vernachlässigung der Bevölkerung in der Peripherie und auf dem Lande, um nur einige Punkte zu nennen. Und dafür hat sie jahrelang Unterstützung bekommen? Ist das der Staatsaufbau, den Sie wollen, den die UNO wollte?
Sie sollten eigentlich eingestehen, dass die bisherigen Bemühungen gescheitert sind. Jetzt ist es unsere Aufgabe, zu schauen: Wo ist der Fehler? Was können wir anders machen? Da möchte ich Sie, Herr Hochbaum, einmal beim Wort nehmen. Sie haben die Frage gestellt: Sollen wir einfach zuschauen? Meine Antwort ist: Nein. Wir wollen helfen.

(Beifall bei der LINKEN) "[228]

Nichts spricht dafür, dass die Regierung in Südsudan einen Einparteienstaat errichten will. Im Gegenteil soll die SPLA, die sich auch als Partei organisieren will, daran nur gehindert werden, weil sie eben noch an Kampfhandlungen beteiligt ist. Das hat Jan van Aken doch selbst kritisiert. Die folgenden Suggestionsfragen sind doch reine Demagogie. Niemand in der UNO will im Südsudan ein autoritäres Regime errichten. Scheitern würde die Herstellung des Friedens nur dann, wenn die UNMISS-Truppen jetzt ohne Not abgezogen werden würden. Für die Hilfe gibt es von der Linksfraktion keinerlei Vorschläge, aber dennoch geht man mit Demagogie gegen die Bundesregierung vor. Es mag sein, dass man in der Opposition auch das Recht dazu hat, um Wahlkampf zu machen für eine andere Politik, aber es gibt auch Grenzen! Es kann nicht sein, dass die Linksfraktion sich in solch wichtigen außenpolitischen Weichenstellungen um eigene Vorschläge herum laviert und die Bundesregierung für einen humanitären Friedenseinsatz angreift, der hunderttausenden Menschen das Leben garantiert!

„Ich möchte nur einen einzigen Vorschlag nennen. Da es um den Schutz der Zivilbevölkerung, auch vor der südsudanesischen Regierung, geht, brauchen wir ein Frühwarnsystem.

227Van Aken, Jan: UNMISS - kein Schutz für die Zivilbevölkerung im Südsudan, Rede im Deutschen Bundestag, in: linksfraktion.de vom 08. November 2012, online unter: http://www.linksfraktion.de/reden/unmiss-kein-schutz-zivilbevoelkerung-suedsudan/

228Van Aken, Jan: UNMISS - kein Schutz für die Zivilbevölkerung im Südsudan, Rede im Deutschen Bundestag, in: linksfraktion.de vom 08. November 2012, online unter: http://www.linksfraktion.de/reden/unmiss-kein-schutz-zivilbevoelkerung-suedsudan/

(Dr. Reinhard Brandl (CDU/CSU): Das macht doch UNMISS!)

Ich war im Südsudan und habe mir angeschaut, wie funktionierende Frühwarnsysteme aussehen können. Das Ganze funktioniert nicht mit internationalem Militär. Dazu braucht man Menschen vor Ort. Die Menschen, die in den Dörfern leben, die lokalen Autoritäten, die anerkannt sind, muss man einbinden. Dann braucht man neutrale Vermittler. So kann man einen Konflikt vermeiden.
Was Sie machen, ist: Sie gucken in Jonglei zu, bis 800 Leute tot sind,

(Marina Schuster (FDP): Das stimmt doch gar nicht!)

und dann schicken Sie einen Hubschrauber hin, um frühzuwarnen. Das reicht nicht. Wenn Sie den Menschen helfen wollen, dann machen Sie es zivil! Mit dem Militär funktioniert es nicht.

(Beifall bei der LINKEN)

Ich finde es ganz zynisch damit komme ich zum Schluss , dass Herr Westerwelle vor zwei Wochen an dieser Stelle gesagt hat, seit der Unabhängigkeit habe der Südsudan eine eigene stabile Staatlichkeit.

(Hartwig Fischer (Göttingen) (CDU/CSU): Sie blenden doch vollkommen aus, was vorher passiert ist!)

Das ist ein Schlag ins Gesicht der Menschen im Südsudan, die immer noch hungern, die immer noch an behandelbaren Krankheiten sterben, die ohne Anklage im Gefängnis sitzen, die gefoltert werden. An die Seite eines solchen Regimes darf man keine Bundeswehrsoldaten schicken. Deswegen werden wir dem UNMISS-Mandat nicht zustimmen.

(Beifall bei der LINKEN - Zuruf von der CDU/CSU: Unmöglich!)"[229]

Die UNMISS-Mission ist doch ein Frühwarnsystem. Hier hat Reinhard Brandl doch völlig Recht mit seinem Zwischenruf. Durch die Anwesenheit der Truppen kann einerseits die humanitäre Hilfe koordiniert werden und andererseits die Bevölkerung geschützt und die territoriale Integrität in Südsudan gesichert werden. Wie sollte es denn sonst gehen, wenn nicht mit internationalem Militär? Es gibt keine andere Lösung. Natürlich sollte man die lokalen Autoritäten einbinden, aber es ist doch für die Freiheit der Zivilbevölkerung in Südsudan besser, wenn die internationalen Truppen nur für den Schutz und die Hilfslieferungen sorgen und die Zivilgesellschaft ihre Angelegenheiten selbst entscheidet. Es ist doch wahr, was Herr Westerwelle da gesagt hat. Dieser Staat ist stabiler und bringt der Bevölkerung mehr Sicherheit, als der Bürgerkrieg vorher. Natürlich ist die humanitäre Lage schlecht. Aber es ist doch naiv zu glauben, dass diese besser werden würde ohne die internationale Hilfe. Und dafür braucht es eben das Militär dort noch vor Ort. Und es ist eine schäbige Unterstellung, dass die Bundeswehr an der Seite eines autoritären Regimes steht. Jan van Aken will mit seiner Rede einzig und allein die Deutsche Bundeswehr, die Vereinten Nationen und alle diejenigen, die realistische Lösungskonzepte in den Diskurs bringen diskreditieren. Das geschieht letztlich auf Kosten der Zivilbevölkerung im Südsudan. Erbärmlich!

Auch die europäische Mission EUCap Nestor dient einem humanitären Ziel:

229Van Aken, Jan: UNMISS - kein Schutz für die Zivilbevölkerung im Südsudan, Rede im Deutschen Bundestag, in: linksfraktion.de vom 08. November 2012, online unter: http://www.linksfraktion.de/reden/unmiss-kein-schutz-zivilbevoelkerung-suedsudan/

„EUCap Nestor

EUCap Nestor ist eine zivil EU-geführte Mission, die einen zusätzlichen Beitrag im Kampf gegen Piraterie leisten soll. Sie dient dem Aufbau von Kapazitäten der Staaten am Horn von Afrika und im westlichen Indischen Ozean im Bereich der maritimen Sicherheit. Der Rat der Europäischen Union hat diese nicht exekutive Mission am 16. Juli 2012 beschlossen, um sowohl Somalia bei der Kontrolle seines Küstengebietes, als auch die Nachbarstaaten Somalias bei der Schaffung leistungsfähiger Institutionen zur eigenständigen Kontrolle des jeweiligen Seegebietes zu unterstützen. Hinzu kommt die Beratung bei rechtlichen Fragen im Bereich der maritimen Sicherheit. Die Mission konzentriert sich zunächst auf Djibouti, Kenia, die Seychellen und Somalia."[230]

Der Kampf gegen Piraterie, die Hilfe für Somalia beim Schutz und der Kontrolle des eigenen Seegebiets und die Beratung kann letztlich aus meiner Sicht nicht kritisiert werden. In jedem Falle macht diese Mission Sinn für die Stabilität in Somalia, Djibouti, Kenia und den Sychellen.

Hier gibt es von Seiten der Linkspartei einzig eine mündliche Anfrage von Sevim Dagdelen, in der diese Thematik überhaupt aufgegriffen wird. Hier wird gefragt:

„Wie viele Angehörige der Bundeswehr und der Polizeien des Bundes und der Länder haben sich seit Anfang des Jahres 2013 – etwa im Rahmen der EU-Missionen Atalanta und EUCAP Nestor oder der bilateralen Ausbildungs- und Ausstattungshilfe für die lokalen Sicherheitskräfte (bitte mit Angabe, wo und für welchen Zeitraum) in Dschibuti aufgehalten –, und von welcher Gefährdungslage für diese geht die Bundesregierung angesichts der Unruhen infolge umstrittener Wahlen im Februar 2013 und der vom Auswärtigen Amt durch die "exponierte Lage Dschibutis am Horn von Afrika, die Entsendung eines dschibutischen Kontingents zu den Kräften der Afrikanischen Union in Somalia (AMISOM) und die starke westliche Truppenpräsenz in Dschibuti selbst" (Reise- und Sicherheitshinweise des Auswärtigen Amts) begründeten Möglichkeit terroristischer Anschläge aus?"[231]

Diese Frage ist letztlich durchaus sinnvoll und liefert gezielte Informationen durch die Bundesregierung vertreten von Staatsministerin Cornelia Pieper:

„Im Jahr 2013 haben sich im Rahmen der EU-Missionen Atalanta und EUCAP NESTOR und des bilateralen Ausstattungshilfeprogramms der Bundesregierung für ausländische Streitkräfte bislang insgesamt 545 Angehörige der Bundeswehr – ohne Berücksichtigung der Personalrotation innerhalb des Kontingents – sowie zwei Angehörige der Bundespolizei und ein Bundespolizist in Dschibuti-Stadt aufgehalten. Mit Stand vom 19. April 2013 halten sich 309 Angehörige der Bundeswehr – inklusive 219 Soldaten der derzeit in Dschibuti liegenden Fregatte „Augsburg" – sowie drei Angehörige der deutschen Polizei in Dschibuti auf.

230Bötel, Frank: Sonstige Einsätze – Einsätze, die in der Öffentlichkeit weitgehend unbekannt sind. Sie konzentrieren sich auf Länder in Afrika und auf Afghanistan, in: bundewehr.de vom 16. April 2013, online unter: http://www.bundeswehr.de/portal/a/bwde/!ut/p/c4/04_SB8K8xLLM9MSSzPy8xBz9CP3I5EyrpHK9pPKUVL3UzLzixNSSqlS93MziYqCK1Dy94vy84pLM9FT9gmxHRQBzPwDC/

231Dagdelen, Sevim: Mündliche Frage PlPr 17/236: Aufenthalt von Bundeswehr- und Polizeiangehörigen in Dschibuti seit Anfang 2013 im Rahmen der EU-Missionen Atalanta und EUCAP NESTOR sowie der bilateralen Ausbildungs- und Ausstattungshilfe für Sicherheitskräfte, in: sevimdagdelen.de vom 24. April 2013, online unter: http://www.sevimdagdelen.de/de/article/3097.muendliche_frage_plpr_17_236_aufenthalt_von_bundeswehr_und_polizeiangehoerigen_in_dschibuti_seit_anfang_2013_im_rahmen_der_eu_missionen_atalanta_und_eucap_nestor_sowie_der_bilateralen_ausbildungs_und_ausstattungshilfe_fuer_sicherheitskraefte.html

Infolge der in Ihrer Frage bereits aufgeführten Faktoren besteht in Dschibuti eine abstrakte terroristische Gefährdungslage für diese Angehörigen von Bundeswehr und Bundespolizei ebenso wie für alle in Dschibuti befindlichen ausländischen Sicherheitskräfte. Nach Einschätzung der Bundesregierung hat sich diese Gefährdungslage durch die Parlamentswahlen in Dschibuti, deren Ergebnisse von der dschibutischen Opposition bestritten werden, nicht verändert."[232]

Dass es eine erhöhte Bedrohungslage gibt zeigt doch: Die EU-Mission EUCap Nestor ist notwendig und sinnvoll. Letztlich ist die Anzahl an beteiligten deutschen Soldaten auch nicht sehr hoch.

Ich habe also zweierlei dargestellt: Erstens sind eine Reihe von Einsätzen der Deutschen Bundeswehr humanitäre Friedensmissionen, die ich unterstützen kann, weil sie dem Ziel dienen Frieden zu sichern oder zu erzwingen, die Zivilbevölkerung vor dem Tod bewahren, Menschen vor Hunger schützen und humanitäre Hilfslieferungen an die Bevölkerungen ermöglichen. Weiterhin gibt es Militäreinsätze, die als reine Schutzmaßnahmen anzusehen sind, die Seewege kontrollieren, den Waffenschmuggel unterbinden, Piraterie bekämpfen und gegen den internationalen Terrorismus vorgehen. Das trifft auf die Missionen EUTM Mali, AFISMA, ATALANTA, UNIFIL, Operation Active Endeavor, EUTM Somalia, EUSEC, UNAMA, UNAMID, UNMISS und EUCap Nestor eben zu. Auch die Stationierung von Patriot-Raketen in der Türkei schützt die Menschen in der Europäischen Union und ihre Bündnispartner.

Auf der anderen Seite bleibt Zweitens meine Kritik an den Militärinterventionen in Jugoslawien und Afghanistan weiterhin bestehen. Sie entsprechen nicht meiner Vorstellung von Humanität und sind Ausdruck des US-amerikanischen Bellizismus und der imperialen Strategie des Pentagons. Bei der Intervention in Jugoslawien wurden humanitäre Gründe nur als Vorwand benutzt, um geostrategische Interessen des US-Imperialismus durchzusetzen. Das Ziel war, die Vorherrschaft der Russen in Ost- und Südost-Europa zu beenden und damit einen besseren Zugang zu den Ländern zu haben, in denen sich die letzten Ölquellen auf der Welt befinden. Im Afghanistan-Krieg wurden die Terroranschläge vom 11. September 2001 genutzt, um einen imperialen Ölkrieg anzuzetteln, der einzig dem Ziel dient, neue Rohstoffquellen zu erbeuten. Zwar gibt es auch humanitäre Hilfe für Afghanistan, aber letztlich ist das für die US-Amerikaner nur ein schmückendes Beiwerk für ihren imperialen Raubzug. Im Irak war es gar ausreichend, ein autoritäres Staatssystem auszumachen, um einen Raubzug für die irakischen Ölquellen anzuzetteln. Ich bin ein Gegner von unilateralen Militärschlägen. Zu dem Zeitpunkt, als die Entscheidungen über die Militäreinsätze in Jugoslawien und Afghanistan anstanden, gab es aber für die Entscheidungsträger in der deutschen Politik keine Möglichkeit, anders zu handeln.

Durch die schrittweise Vergemeinschaftung der Außenpolitik in Europa konnte beim Krieg gegen den Irak bereits eine andere politische Linie vertreten werden. Im Irak-Krieg konnte die rot-grüne Regierung bereits der europäischen Ethik des Humanismus folgen.

Selbst wenn man den Militäreinsatz in Afghanistan nicht befürwortet hat und weiter für falsch hält, was auch sehr viele SPD-Mitglieder heute sehen und auch schon lange gesehen haben, muss man doch zur Kenntnis nehmen, dass die US-Amerikaner Tatsachen geschaffen haben, die man durch die deutsche und sogar durch die europäische Politik nicht beeinflussen konnte. Das können die USA genauso wie die Russen eben jederzeit unilateral entscheiden.

232Dagdelen, Sevim: Mündliche Frage PlPr 17/236: Aufenthalt von Bundeswehr- und Polizeiangehörigen in Dschibuti seit Anfang 2013 im Rahmen der EU-Missionen Atalanta und EUCAP NESTOR sowie der bilateralen Ausbildungs- und Ausstattungshilfe für Sicherheitskräfte, in: sevimdagdelen.de vom 24. April 2013, online unter: http://www.sevimdagdelen.de/de/article/3097.muendliche_frage_plpr_17_236_aufenthalt_von_bundeswehr_und_polizeiangehoerigen_in_dschibuti_seit_anfang_2013_im_rahmen_der_eu_missionen_atalanta_und_eucap_nestor_sowie_der_bilateralen_ausbildungs_und_ausstattungshilfe_fuer_sicherheitskraefte.html

So halte ich es auch für inhuman, die UNAMA-Mission abzulehnen, die letztlich die zivile Perspektive für Afghanistan darstellt. Sicher, man mag für den Abzug der Truppen aus Afghanistan sein, aber solange es noch eine fragile, eine instabile Sicherheitslage gibt, wäre es unter den jetzigen Verhältnissen doch mehr als schwierig, dies zum Einen durchzusetzen und zu Anderen zu verantworten. Die US-amerikanischen Truppen bleiben ohnehin dort.

Der ehemalige Bundeskanzler Gerhard Schröder hat doch die uneingeschränkte Solidarität ausgesprochen und Angela Merkel führt diese Politik fort. Es ist einfach nicht möglich und auch nicht wirklich richtig eine solche Zusage einseitig zu brechen, weil damit die diplomatischen Beziehungen zu den US-Amerikanern schwer gefährdet werden würden. Dies hätte möglicherweise gravierende Konsequenzen.

Bezieht man dazu die Tatsache mit ein, dass britische und US-amerikanische Truppen immer noch als Besatzungsmacht in Deutschland stationiert sind, bis vor Kurzem sogar mit Atomwaffen in Rammstein und damit auch einen politischen Druck ausüben, der nicht ignorierbar ist, so kann man doch behaupten, dass die Handlungsspielräume für die Bundesregierung doch sehr eingeschränkt sind. Deshalb denke ich, dass es einfach nicht möglich ist, dass Deutschland unilateral handelt beim Abzug aus Afghanistan.

Als Regierungspartei müsste die Linkspartei die Verantwortung auch für Afghanistan mit übernehmen. Im Moment wird hier nur auf Kosten der Menschen in Afghanistan eine politische Luftblase aufgebaut, die letztlich der Verantwortung, die eine Fraktion im Deutschen Bundestag hat nicht gerecht wird.

Es ist verantwortungslos nur bei Ideologie zu bleiben, anstatt die Situation rational zu beurteilen. Es wäre doch richtig, dass man jetzt, selbst wenn man das OEF und ISAF-Mandat immer schon für falsch gehalten hat, wenigstens den zivilen Wiederaufbau und das UNAMA-Mandat mit unterstützt, weil das die Bringschuld ist, die man als Regierungspartei liefern muss. Und die Mandate OEF und ISAF müsste die Linkspartei auch mittragen, solange es keine gemeinsame Abzugsstrategie mit den US-Amerikanern und den anderen NATO-Staaten gibt. Selbst wenn, man immer gegen diese Einsätze politisch agitiert hat.

Bei den internationalen Friedensmissionen vertritt die Linkspartei bisher eine reaktionäre, inhumane, sektiererische, bisweilen sogar verbrecherische Außenpolitik, die ich nicht unterstützen kann. Das hat sich durch das Gesindel, das Oskar Lafontaine aus der SPD mitgeschleppt hat noch verschlimmert.

Das sind keine linken Positionen, das ist alles nicht vereinbar mit den normativen Zielen des Parteiprogramms der Linkspartei, das geht gegen die Menschenwürde und lässt die Zivilbevölkerung in Kriegssituationen im Stich. Diese humanitären Friedensmissionen sollte man zumindest unterstützen.

Überall vertritt die Linkspartei eine Kleinkind-Verweigerungshaltung, die untragbar ist und die alles andere als pazifistisch ist, sondern im Gegenteil jedem massenmörderischen, terroristischen Treiben zuschaut und den Betroffenen Gesinnung empfiehlt.

Woher diese Ideologie kommt, die menschenverachtend ist, werde ich im nächsten Kapitel untersuchen. Ich denke, dass der reaktionäre Teil der Linkspartei die alten außenpolitischen Leitlinien des Sowjetblocks weiter predigt. Das hilft letztlich den Feinden der Humanität, den Feinden der Freiheit, den Feinden der Demokratie und gibt rassistischen und faschistischen

Politikern in instabilen Ländern die Macht, die die Menschenrechte mit Füßen treten.

Diese außenpolitischen Positionen sind untragbar für eine linke, eine demokratische Partei. Letztlich ist das unerträglich für aufgeklärte WählerInnen und kostet die Linkspartei Wählerstimmen. Und das inhumane Verhalten von Sektierern und Spinnern kostet DIE LINKE. die Regierungsfähigkeit. Es kostet die Wähler, insbesondere die von Hartz4 betroffenen, die Betroffenen von sozialer Ausgrenzung ihr Geld. So erklärt sich auch der Rückgang der Zustimmung für die Linkspartei. Alle, die ihre Hoffnung auf die Sozialpolitik der Linkspartei setzen, werden vor den Kopf gestoßen, nur weil einige Störtruppen ihre Ideologie vertreten wollen, auf Kosten der Sicherheit der deutschen und europäischen Bevölkerung, gegen die Werte der Humanität und der Aufklärung.

8. Die reaktionäre Ideologie der linken Außenpolitik ist die Ideologie des Sowjetblocks

In diesem Kapitel möchte ich darstellen und belegen, warum ich die außenpolitischen Positionen der Linkspartei für gewalttätige Ideologie halte. Ich möchte belegen, warum ich diese als Versatzstücke der Ideologie des Sowjetblocks ansehe. Meine These ist also: Die außenpolitischen Positionen der Linkspartei folgen den außenpolitischen Leitlinien der Komintern, der außenpolitischen Doktrin des alten Sowjetblocks und des Warschauer Paktes. Unter dem Vorwand einer friedlichen Außenpolitik werden autoritäre Regime unterstützt und die Sicherheit Deutschlands und Europas, sowie der Zivilbevölkerung in den von Krieg und Bürgerkrieg betroffenen Ländern gefährdet.

Dabei zeigt sich ein zweigeteiltes Meinungsspektrum in der Partei:

Die reaktionären Ideologen denken immer noch in den Außenpolitischen Kategorien der Blockkonfrontation und nehmen dabei den Standpunkt der Komintern ein, weil es sich um marxistisch-leninistische Dogmatiker halten, die die Ideologie des Warschauer Paktes weiter predigen und dabei von autoritären Regimen unterstützt werden.

Das ist die Ideologie der Stasi, die Ideologie der Stalinisten, die Ideologie der Sowjetunion, die Ideologie des real-existierenden Sozialismus, die in den Ländern des Warschauer Paktes Staatsdoktrin war.

Diese Ideologie ist zurecht gescheitert, wie Gregor Gysi immer öfter betonte,[233] weil sie inhuman ist und die Menschen sie nicht wollten.

Personen wie Stefan Liebich, Gregor Gysi, Petra Pau und die ostdeutschen Reformpolitiker stehen hier prinzipiell für eine andere friedenspolitische Leitlinie. Zumindest werden humanitäre Friedensmissionen der UNO von ihnen nicht pauschal abgelehnt.

Um zu verdeutlichen, was ich als Komintern-Ideologie ansehe, möchte ich einen Artikel von Manfred Volland kritisch dokumentieren. Er findet sich auf der Webseite des Vereins ISOR e.V., der für ehemalige Angehöre der DDR-Sicherheitsorgane Partei ergreift. Dabei wird durch Manfred Volland unverhohlen Agitpropaganda gemacht.

„Die NATO hinterlässt eine Spur des Grauens und brachte Not und Elend über die Völker.
Wie viel Leid und Elend wäre den Völkern erspart geblieben, welche gewaltigen materiellen und finanziellen Ressourcen hätten für die Lösung sozialer Fragen zur Verfügung gestanden, wenn die NATO sich vor 18 Jahren, genauso wie der Warschauer Vertag aufgelöst hätte.?"[234]

Man muss doch die NATO etwas differenzierter betrachten. Sie ist das analoge Gegenstück zum Warschauer Pakt. Ein Instrument der US-Politik, um ihren Machtanspruch weltweit durchzusetzen.

233Siehe hierzu: Hintzmann, Karsten: Gregor Gysi greift nach einer SPD-Domäne, in: welt.de vom 25. August 2005, online unter: http://www.welt.de/print-welt/article161019/Gregor-Gysi-greift-nach-einer-SPD-Domaene.html

234Volland, Manfred: 60 Jahre NATO sind genug. Für eine europäische Friedensordnung., Mahnung und Aufruf der europäischen Friedenskonferenz, in: isor-sozialverein.de vom 19. März 2009, online unter: http://www.isor-sozialverein.de/Reden%20&%20Aufs%E4tze/60%20Jahre%20NATO%20sind%20genug_0409.htm

Insofern muss man unterscheiden zwischen der NATO als Verteidigungsbündnis aus der Sicht der Europäer und der NATO als Instrument des US-Imperialismus. Also zwischen den USA einerseits und ihren Vasallen andererseits, schon ob des Machtgefälles.

„Als am 1.Juli 1991 der Warschauer Vertrag auf Grund der veränderten internationalen Situation seine Tätigkeit beendete, hatte im Grunde genommen auch die NATO ihre Existenzberechtigung verloren, denn der bisherige potentionelle Gegner war nicht mehr da. Das Feindbild war ihr abhanden gekommen und sie litt unter Legitimitätsproblemen. Es gab also keine Notwendigkeit mehr für dieses Militärbündnis. Die Vernunft der Menschheit, das Gebot des Friedens erforderte die sofortige Auflösung der NATO. Was für ein Glück für die Menschheit wäre es gewesen, wenn beide mächtigen Militärbündnisse nicht mehr existent gewesen wären. Leider stand diesen humanen Erfordernissen, das Machtstreben des globalen Imperialismus mit seinem militärischen - industriellen Komplex entgegen."[235]

Diese von mir eben beschriebene Existenzberechtigung der NATO besteht doch weiterhin. Während die Russen sich heute weitestgehend in Isolationismus üben und Konflikte nur an ihren Grenzen lösen, wenn es akut wird, nutzen die USA die NATO für ihre imperialen Ölkriege. Das Feindbild ist nunmehr nicht mehr der Sowjet, sondern der politische Islam.

„Man erfand neue Bedrohungslegenden, die bereits wenige Wochen nach Auflösung des Warschauer Vertrages im November 1991 in Rom als vorläufige strategische Orientierung festgelegt wurde. Sie basierte auf der Behauptung, die Zugänge zu den Ressourcen seien gefährdet, die ehemaligen Staaten des Warschauer Vertrages könnten nach Massenvernichtungswaffen streben und nunmehr sei die Krisenbewältigung außerhalb der NATO erforderlich."[236]

Die Gefahr, dass die Staaten des Warschauer Paktes nach Massenvernichtungswaffen streben, war doch real gegeben.

„Man brauche nunmehr einen globalen Einsatzraum: Ganz Mittel- und Osteuropa, den GUS-Raum, das südliche Mittelmeer und den nahen Osten. Dieser neue „euroatlantische Raum" kann noch erweitert werden um die potenziellen Erdölgebiete wie das kaspische Meer und weitere östliche Gebiete. Wenn also bis dahin die Warschauer Vertragsstaaten Zielgebiet der aggressiven NATO-Pläne waren, galt nunmehr als Zielgebiet jedes beliebige Land was für die NATO einen Risikofaktor darstellt und von Interesse ist."[237]

Man brauchte den globalen Einsatzraum nicht. Er ist einfach da. Hier wird geleugnet, dass der Warschauer Pakt doch auch aggressive Pläne hatte und in Afghanistan auch einen imperialen Krieg durchgeführt hat.

„Im April 1999 wurde dann in Washington das neue strategische Konzept als NATO-Doktrin verabschiedet, welches bis heute volle Gültigkeit hat und die Grundlage der friedensgefährdeten Politik der NATO bildet. Nicht minder gefährlich ist die militärische Komponente der EU,

235 Volland, Manfred: 60 Jahre NATO sind genug. Für eine europäische Friedensordnung., Mahnung und Aufruf der europäischen Friedenskonferenz, in: isor-sozialverein.de vom 19. März 2009, online unter: http://www.isor-sozialverein.de/Reden%20&%20Aufs%E4tze/60%20Jahre%20NATO%20sind%20genug_0409.htm

236 Volland, Manfred: 60 Jahre NATO sind genug. Für eine europäische Friedensordnung., Mahnung und Aufruf der europäischen Friedenskonferenz, in: isor-sozialverein.de vom 19. März 2009, online unter: http://www.isor-sozialverein.de/Reden%20&%20Aufs%E4tze/60%20Jahre%20NATO%20sind%20genug_0409.htm

237 Volland, Manfred: 60 Jahre NATO sind genug. Für eine europäische Friedensordnung., Mahnung und Aufruf der europäischen Friedenskonferenz, in: isor-sozialverein.de vom 19. März 2009, online unter: http://www.isor-sozialverein.de/Reden%20&%20Aufs%E4tze/60%20Jahre%20NATO%20sind%20genug_0409.htm

einschließlich des Lissaboner Vertrages.“[238]

Das ist doch falsch. Die militärische Komponente der EU ist die Folge eines Bedürfnisses nach einer eigenständigen Außen-, Verteidigungs- und Sicherheitspolitik, da offensichtlich die Leitlinie der US-Amerikaner angesichts der Doktrin aus Washington für europäische Werte der Humanität als nicht hinnehmbar erachtet wurde.

„Gegenwärtig ist das wieder erstarkte Russland mit seinen gewaltigen Ressourcen, besonders Erdöl und Erdgas, die Hauptrichtung der NATO. Diesem Ziel diente auch der Kaukasuskonflikt im Herbst 2008. Deshalb soll die Einkreisung Russlands durch die Aufnahme weiterer Staaten wie Georgien und der Ukraine sowie Albaniens und Kroatiens, in Kürze abgeschlossen werden.

Bei allen aktuellen Entspannungssignalen nach dem Amtsantritt von USA-Präsident Obama fühlt sich Moskau berechtigt durch die weitere Ostausdehnung der NATO ernsthaft bedroht.“[239]

Das ist doch Unsinn. Die Hand zur Zusammenarbeit mit Russland wurde durch die NATO doch weit ausgestreckt. Man muss sich schon fragen, für wen Manfred Volland hier schreibt. Vermutlich sind es alte Verbindungen zu russischen Kommunisten, die ihn dazu bewegen. Niemand in der EU hat die Absicht Russland einzukreisen. Im Gegenteil: Die Russen sind ein angesehener Handelspartner und sogar Bündnispartner.

Es ist nur zu begrüßen, dass gut ein halbes Jahr nach dem Georgien-Konflikt die NATO, einschließlich der USA, auch ein neues Kapitel in den Beziehungen zu Russland aufschlagen will. Der NATO-Russland Rat soll wieder eingesetzt werden und seine Arbeit fortsetzen. Man braucht Russland plötzlich wieder, um die Transportwege nach Afghanistan sicherzustellen. Es beginnt auch ein erneutes Nachdenken über die geplante Raketenstationierung in Polen und Tschechien.“[240]

Der NATO-Russland-Rat ist ein wichtiges Instrument. Man braucht Russland nicht nur dazu, um die Transportwege nach Afghanistan sicherzustellen, sondern auch, um internationale Konflikte friedlich beizulegen. Etwa in Darfur oder Somalia. Auch dabei könnte man mit Russland zusammenarbeiten.

„Für die Einsatzoptionen sind keine Mandate der UNO mehr erforderlich, die NATO kann unabhängig davon handeln. Schon in den 90er Jahren wurde die Selbstmandatierung der USA und NATO festgeschrieben.
Das wurde erstmalig mit der völkerrechtswidrigen Aggression gegen Jugoslawien praktiziert. Der ehemalige NATO Generalsekretär Solana äußerte unverhohlen: „Wir brauchen den UNO-Sicherheitsrat nicht.“ Damit wurde die Grundlage für weitere NATO Kriege ohne UNO-Mandat festgelegt. Daran wird sich auch in Zukunft nichts ändern.“[241]

238Volland, Manfred: 60 Jahre NATO sind genug. Für eine europäische Friedensordnung., Mahnung und Aufruf der europäischen Friedenskonferenz, in: isor-sozialverein.de vom 19. März 2009, online unter: http://www.isor-sozialverein.de/Reden%20&%20Aufs%E4tze/60%20Jahre%20NATO%20sind%20genug_0409.htm

239Volland, Manfred: 60 Jahre NATO sind genug. Für eine europäische Friedensordnung., Mahnung und Aufruf der europäischen Friedenskonferenz, in: isor-sozialverein.de vom 19. März 2009, online unter: http://www.isor-sozialverein.de/Reden%20&%20Aufs%E4tze/60%20Jahre%20NATO%20sind%20genug_0409.htm

240Volland, Manfred: 60 Jahre NATO sind genug. Für eine europäische Friedensordnung., Mahnung und Aufruf der europäischen Friedenskonferenz, in: isor-sozialverein.de vom 19. März 2009, online unter: http://www.isor-sozialverein.de/Reden%20&%20Aufs%E4tze/60%20Jahre%20NATO%20sind%20genug_0409.htm

241Volland, Manfred: 60 Jahre NATO sind genug. Für eine europäische Friedensordnung., Mahnung und Aufruf der europäischen Friedenskonferenz, in: isor-sozialverein.de vom 19. März 2009, online unter: http://www.isor-sozialverein.de/Reden%20&%20Aufs%E4tze/60%20Jahre%20NATO%20sind%20genug_0409.htm

Das ist doch so nicht wahr. Im Irakkrieg zum Beispiel gingen die Ansichten über die Ausrichtung des Bündnisses doch weit auseinander. Es gibt keine Selbstmandatierung, sondern vielmehr unilaterales Handeln der USA.

Es stimmt zwar, dass die Aggression gegen Jugoslawien völkerrechtswidrig und inhuman war, aber es gab aus der Sicht der US-Amerikaner auch humanitäre Gründe für diesen Einsatz. Bereits damals gab es unterschiedliche Auffassungen zwischen Europa und den USA. Durch eine stärkere EU könnte man auch innerhalb des NATO-Bündnisses eine andere Ausrichtung durchsetzen.

„In der Ziffer 62 des Washingtoner Vertrages heißt es: „Nukleare Streitkräfte werden weiterhin eine wesentliche Rolle spielen, in dem sie dafür sorgen, dass ein Angreifer im Ungewissen darüber bleibt, wie die Bündnispartner auf einem militärischen Angreifer reagieren würden." Die verbliebenen Atomwaffen sollen zur Abschreckung dienen.

Diese Bedrohung widerspricht dem Gutachten des internationalen Gerichtshofes von 1996, das die Drohung mit Atomwaffen für völkerrechtswidrig erklärte.

Nach wie vor lagern in Europa 240 Atombomben, davon in Deutschland noch immer 20 atomare Sprengköpfe in Büchel, Rheinland-Pfalz. Diese sind mit Sicherheit nicht für den Einsatz gegen Terroristen vorgesehen."[242]

Nun, es mag sein, dass es völkerrechtswidrig ist, mit Atomwaffen zu drohen. Aber wie sieht es denn aus mit den Drohungen des Irans gegen Israel bei gleichzeitigem Streben nach der Atombombe? Man muss diese Tatsachen dann doch auch für alle als Voraussetzung sehen und nicht nur gegen sich selbst Moralismus betreiben. Außerdem könnte man eine Änderung der Lage von militärischen Drohungen mit Atomwaffen doch anstreben, indem es ein neues Bündnis zwischen den Staaten der NATO und Russland gibt, das eben genau dies beinhaltet. In den USA und in Russland sind dutzendfach mehr Atomwaffen und angesichts der militärischen Drohungen durch den Iran halte ich ein geringes Arsenal zur Abschreckung für die EU auch für sinnvoll.

„Russland sah sich deshalb gezwungen, vor wenigen Tagen anzukündigen, seine strategischen Raketentruppen in den nächsten Jahren weiter zu modernisieren. Trotzdem keimt mit dem angekündigten Abrüstungsdialog zwischen den USA und Russland zu den „Startverträgen" zur Reduzierung der strategischen Kernwaffen, sowohl der nuklearen Sprengköpfe, aber auch der Trägermittel neue Friedenshoffnung auf, um eine drohende atomare Gefahr von den Völkern abzuwenden.

Absichtserklärungen sind die eine Sache, die Praxis der NATO-Krieger jedoch eine andere. Nach wie vor hat die aggressive, friedensgefährdete Politik der NATO die Dominanz in der 1999 beschlossenen Doktrin und auch aus Amerika kommen nicht allzu viel Signale, um diese im Interesse des Friedens und der Abrüstung zum Guten zu verändern."[243]

Man darf doch angesichts der neuerlichen Zusammenarbeit Russlands mit China auch bezweifeln, dass die Verteidigungspolitik der EU und der NATO der wahre Grund dafür war, dass die Russen ihre Raketenarsenale modernisieren. Insofern kann man dieses Faktum doch mit Sorge betrachten.

242 Volland, Manfred: 60 Jahre NATO sind genug. Für eine europäische Friedensordnung., Mahnung und Aufruf der europäischen Friedenskonferenz, in: isor-sozialverein.de vom 19. März 2009, online unter: http://www.isor-sozialverein.de/Reden%20&%20Aufs%E4tze/60%20Jahre%20NATO%20sind%20genug_0409.htm

243 Volland, Manfred: 60 Jahre NATO sind genug. Für eine europäische Friedensordnung., Mahnung und Aufruf der europäischen Friedenskonferenz, in: isor-sozialverein.de vom 19. März 2009, online unter: http://www.isor-sozialverein.de/Reden%20&%20Aufs%E4tze/60%20Jahre%20NATO%20sind%20genug_0409.htm

Abrüstung wäre zwar richtig, aber selbst die USA und Russland wollen sicher nicht eine Abrüstung auf Null. Man mag aus russischer Sicht die Politik der NATO als friedensgefährdend interpretieren. Aus der Sicht der Länder der EU aber gibt es, trotz anderer außenpolitischer Vorstellungen, eine Abhängigkeit von den USA, die nicht ignorierbar ist. Demnach wird hier die EU einerseits in Mithaftung genommen für die imperiale Strategie der USA und andererseits gefährdet Herr Volland hier die Sicherheit der EU, weil er ihr eine eigene militärische Strategie zum Schutz der europäischen Zivilbevölkerung verbieten will. Das kann wirklich nicht im europäischen Sinne liegen.

„Im Wesentlichen dient diese NATO Doktrin den amerikanischen Forderungen und Interessen, denn sie wollten und haben in der Folgezeit die NATO zu einem weltweiten Interventionsbündnis ausgebaut. Eindeutig dient die NATO als Instrument für Kriege um Rohstoffe und Märkte und der Sicherung ihrer Transportwege. Darüber hinaus wurde auch den Interessen der Kernländer der NATO (Deutschland, Frankreich und Großbritannien) Rechnung getragen.

Deshalb gibt es auch eine weit verbreitete Erkenntnis der NATO-Gegner, „dass die NATO eine sich selbstfinanzierende Fremdenlegion der USA in Europa“ ist.“[244]

Man mag die Strategie der US-Amerikaner zwar so analysieren, aber man kann sie bisher nicht von außen verändern. Diese strategische Ausrichtung des NATO-Bündnisses wird doch auch in Deutschland und von anderen europäischen Ländern kritisiert, und zwar nicht nur in der politischen Linken. Außerdem ist Deutschland kein Kernland der NATO. Es gibt bei realistischer Betrachtung doch nur ein Kernland der NATO: die USA.

Es ist auch nicht so, dass sich diese „Fremdenlegion“ für Europa refinanziert, sie finanziert sich auch nicht für die USA. Bisher sind die Armeen der europäischen Länder reine Vasallen-Armeen. Das könnte sich nur dann ändern, wenn auf der Grundlage des Lissabon-Vertrages eine gemeinsame europäische Armee gebildet wird, die die Sicherheit der europäischen BürgerInnen gewährleistet.

Alles in Allem erkenne ich in dem Artikel von Manfred Volland nur Versatzstücke der antiimperialistischen Propaganda des Kalten Krieges auf der Basis der Ideologie des Marxismus-Leninismus und eines autoritären Moralismus, der Vorwürfe gegen Europa erhebt, obwohl dies völlig ungerechtfertigt ist.

Auch Autoren wie Arnold Schölzel sehen in der NATO nichts weiter als den Tod.[245] Außerdem sind die Positionen der Linkspartei zu autoritären Regimen wie Syrien und Iran mehr als fragwürdig.[246] Ich denke, dass derartige Positionen alle kompatibel sind mit denen der russischen Kommunistischen Partei und man sich doch fragen darf, ob diese Positionen wirklich noch kompatibel sind mit den Vorstellungen der aktuellen russischen Regierung.

Ich möchte nun im Einzelnen die außenpolitischen Positionen der extremistischen Splittergruppen Antikapitalistische Linke, SAV, Kommunistische Plattform, Marx21 und Sozialistische Linke untersuchen, um meine Auffassung zu belegen, dass diese alle regressive Propaganda sind, die unseren deutschen Staat und die Europäische Union gefährden.

244Volland, Manfred: 60 Jahre NATO sind genug. Für eine europäische Friedensordnung., Mahnung und Aufruf der europäischen Friedenskonferenz, in: isor-sozialverein.de vom 19. März 2009, online unter: http://www.isor-sozialverein.de/Reden%20&%20Aufs%E4tze/60%20Jahre%20NATO%20sind%20genug_0409.htm

245Siehe hierzu: Schölzel, Arnold: NATO bedeutet Tod, in: jungewelt.de vom 15. Juli 2011, online unter: https://www.jungewelt.de/2011/07-15/055.php

246Siehe hierzu: Frank, Michael: Linke Solidarität mit Syrien und Iran?, in: michael-frank.eu vom 30. Januar 2012, online unter: http://www.michael-frank.eu/Essays/2012-01-30-Linke-Solidaritaet-mit-Syrien-und-Iran.pdf

Zunächst möchte ich die Verlautbarungen der Antikapitalistischen Linken zur Thematik untersuchen. In einer Publikation von Tobias Pflüger und Wolfgang Gehrcke heißt es über die NATO:

„Die folgenden Ausführungen sind eine erste Analyse:

Die NATO hat seit der Auflösung des Warschauer Paktes zum 1.7.1991 ein Problem – ihr ist der Feind abhanden gekommen. Bei der Verabschiedung des letzten Strategischen Konzeptes am 23./24. April 1999, also während des Kosovokrieges, ließ sich das noch ganz gut verstecken. Dieses Mal wurde es deutlich, „neue Feind-und Bedrohungsszenarien" mussten her."[247]

Der erste Absatz entspricht fast wortgleich der Argumentation von Manfred Volland. Außerdem könnte man doch auch behaupten, dass es nicht wahr ist, dass der NATO der Feind abhandengekommen ist und insbesondere den Kosovokrieg als Beispiel dafür anführen, dass die NATO unter der Führung der USA trotz der Auflösung des Warschauer Paktes die ehemaligen Mitgliedsländer dieses Militärbündnisses als Bedrohung für sich ansehen.

„Die Militärausgaben der inzwischen 28 NATO-Staaten betrugen im Jahr 2009 insgesamt gut 875 Milliarden $, das sind 57 % der Welt-Militärausgaben von gut 1,5 Billionen $, die das SIPRI-Jahrbuch 2010 für 2009 angibt."[248]

Die Stärke der NATO lediglich an den Militärausgaben festzumachen, ist meines Erachtens falsch, denn es verkennt zum Einen die Tatsache, dass sowohl Russland als auch China über Atomwaffen verfügen, ebenso wie Pakistan und Indien es zumindest zwischen Russland und China eine militärische Kooperation gibt und die Kosten-Nutzen-Relation von Militärausgaben in diesen Ländern auch trotz der geringeren Budgets durchaus so ist, dass sich mit weniger Finanzen eine gleich starke militärische Stärke generieren lässt. Sprich: Die NATO ist mitnichten nur deshalb stärker als Russland und China, nur weil man ein größeres Budget hat.

„Die NATO hält an Atomwaffen als absolute Notwendigkeit für die Abschreckungspolitik fest. Atomwaffen sollen in Europa weiterhin stationiert und modernisiert werden: den „unabhängigen strategischen nuklearen Streitkräfte" der Briten und Franzosen wird „eine eigenständige abschreckende Rolle" zugeschrieben. Auch alle US Atomwaffen werden modernisiert. Die Gesamtkosten liegen bei ca. 1 Milliarde US-Dollar."[249]

Gut. Aber doch eine einseitige Kritik. Es sind doch nicht nur die USA, die an ihren Atomwaffenarsenalen festhalten. Alle anderen Atomstaaten halten doch auch an ihren Arsenalen fest. Man erkennt also, dass die Autoren nicht für die NATO und/oder die Europäische Union agieren, sondern für ihre Konkurrenten, wenn nicht gar ihre Gegner. Sie sind offenbar Agenten ausländischer Mächte, die als Politiker gegen die Sicherheitsinteressen der eigenen Bevölkerung

247Gehrcke, Wolfgang/Pflüger, Tobias: NATO bedeutet Krieg. Deshalb: Nein zur neuen NATO-Strategie!, Information zur neuen NATO Strategie und Bericht über die Aktionen der Friedensbewegung aus Anlass des NATO-Gipfels in Lissabon vom 19. - 21.11.2010, in: antikapitalistische-linke.de vom 06. Dezember 2010, online unter: http://www.antikapitalistische-linke.de/article/326.nato-bedeutet-krieg-deshalb-nein-zur-neuen-nato-strategie.html

248Gehrcke, Wolfgang/Pflüger, Tobias: NATO bedeutet Krieg. Deshalb: Nein zur neuen NATO-Strategie!, Information zur neuen NATO Strategie und Bericht über die Aktionen der Friedensbewegung aus Anlass des NATO-Gipfels in Lissabon vom 19. - 21.11.2010, in: antikapitalistische-linke.de vom 06. Dezember 2010, online unter: http://www.antikapitalistische-linke.de/article/326.nato-bedeutet-krieg-deshalb-nein-zur-neuen-nato-strategie.html

249Gehrcke, Wolfgang/Pflüger, Tobias: NATO bedeutet Krieg. Deshalb: Nein zur neuen NATO-Strategie!, Information zur neuen NATO Strategie und Bericht über die Aktionen der Friedensbewegung aus Anlass des NATO-Gipfels in Lissabon vom 19. - 21.11.2010, in: antikapitalistische-linke.de vom 06. Dezember 2010, online unter: http://www.antikapitalistische-linke.de/article/326.nato-bedeutet-krieg-deshalb-nein-zur-neuen-nato-strategie.html

agieren und die Sicherheit der Mitgliedsstaaten der Europäischen Union gefährden.

„Das MD-System ist ein Kernstück der neuen Doktrin. Es bedeutet die Übernahme der US-Pläne für eine eigene Raketenabwehr als zentrales NATO-Projekt.“[250]

Die Raketenabwehr soll doch dem Schutz vor den islamischen Regimen dienen, insbesondere um sich gegen die Gewalt des Irans schützen zu können.

„Das Projekt bedeutet die zweite Niederlage deutscher Politik, die diesen Überlegungen bisher eher skeptisch bis ablehnend gegenüberstand.“[251]

Das stimmt doch nicht. Grundsätzlich lägen höhere Sicherheitsvorkehrungen doch im Interesse Deutschlands und Europas. Auf der anderen Seite gibt es doch auch die Skepsis der Russen und der außenpolitischen Abhängigkeit der deutschen Politik auch von Russland, die doch genauso stark ist, wie die Abhängigkeit der deutschen Außenpolitik von den USA.

„Die scheinbare Zustimmung von Russland verstärkt eher unsere Ablehnung: handelt es sich doch um ein sündhaft teures Projekt (auch für die russische Bevölkerung) und eine weitere Destabilisierung verschiedener Regionen der Welt. Der Ausstieg Russlands aus diesem Projekt ist schon jetzt erkennbar, hat Russland doch sein Mitwirken an die Ratifizierung des Start Vertrages geknüpft.“[252]

Nunja. Um die eigene Sicherheit vor Raketenangriffen zu gewährleisten, würde ich auch genügend Geld aufbringen. Das destabilisiert auch in keiner Weise ein anderes Land, sondern schützt im Gegenteil die gesamte Europäische Union.

„Ein Raketenschirm soll Europa schützen, bleibt die Frage: gegen wen? Schon jetzt - in der Startphase - kostet das Raketenabwehrprojekt 200 Millionen Euro, die Gesamtkosten werden eher bei 10 als bei 5 Milliarden Euro liegen. Es ist ein Milliardengrab für viele Ökonomien in Europa, dafür aber ein gigantisches Beschaffungsprogramm für die Rüstungsindustrie.“[253]

Na der Schutz ist ausgelegt gegen die Bedrohung aus dem Iran und der Staaten des islamischen Blocks. Das Geld dafür aufzubringen, wäre europaweit auch durchaus nicht schwer zu bewerkstelligen. Das Problem ist eher politischer Art. Die Russen stehen diesem Projekt ablehnend gegenüber. Insofern muss eine gemeinsame Strategie der NATO mit Russland gefunden werden.

250Gehrcke, Wolfgang/Pflüger, Tobias: NATO bedeutet Krieg. Deshalb: Nein zur neuen NATO-Strategie!, Information zur neuen NATO Strategie und Bericht über die Aktionen der Friedensbewegung aus Anlass des NATO-Gipfels in Lissabon vom 19. - 21.11.2010, in: antikapitalistische-linke.de vom 06. Dezember 2010, online unter: http://www.antikapitalistische-linke.de/article/326.nato-bedeutet-krieg-deshalb-nein-zur-neuen-nato-strategie.html

251Gehrcke, Wolfgang/Pflüger, Tobias: NATO bedeutet Krieg. Deshalb: Nein zur neuen NATO-Strategie!, Information zur neuen NATO Strategie und Bericht über die Aktionen der Friedensbewegung aus Anlass des NATO-Gipfels in Lissabon vom 19. - 21.11.2010, in: antikapitalistische-linke.de vom 06. Dezember 2010, online unter: http://www.antikapitalistische-linke.de/article/326.nato-bedeutet-krieg-deshalb-nein-zur-neuen-nato-strategie.html

252Gehrcke, Wolfgang/Pflüger, Tobias: NATO bedeutet Krieg. Deshalb: Nein zur neuen NATO-Strategie!, Information zur neuen NATO Strategie und Bericht über die Aktionen der Friedensbewegung aus Anlass des NATO-Gipfels in Lissabon vom 19. - 21.11.2010, in: antikapitalistische-linke.de vom 06. Dezember 2010, online unter: http://www.antikapitalistische-linke.de/article/326.nato-bedeutet-krieg-deshalb-nein-zur-neuen-nato-strategie.html

253Gehrcke, Wolfgang/Pflüger, Tobias: NATO bedeutet Krieg. Deshalb: Nein zur neuen NATO-Strategie!, Information zur neuen NATO Strategie und Bericht über die Aktionen der Friedensbewegung aus Anlass des NATO-Gipfels in Lissabon vom 19. - 21.11.2010, in: antikapitalistische-linke.de vom 06. Dezember 2010, online unter: http://www.antikapitalistische-linke.de/article/326.nato-bedeutet-krieg-deshalb-nein-zur-neuen-nato-strategie.html

„Da die NATO-Kapazitäten für die Abwehr eventueller klassisch-militärischer Bedrohungen überdimensioniert sind, werden neue Aufgaben „entdeckt“. Dabei wird weder zwischen Risiken und Bedrohungen unterschieden (was in zivilem Kontext üblich ist), noch überzeugend dargelegt, warum ausgerechnet ein Militärbündnis die geeignete Struktur ist, um den beschworenen Gefahren zu begegnen.“[254]

Ein Militärbündnis wird benötigt, weil es militärische Bedrohungen gibt und andererseits die NATO auch an internationalen Friedensmissionen beteiligt ist. Es wird doch jeder NATO-Einsatz begründet. Das kann man ja auch in demokratischen Systemen jederzeit kritisieren.

„Also wird die offensichtliche Tatsache zugegeben, dass das Szenario des klassischen militärischen Angriffs auf NATO-Staaten immer weniger wahrscheinlich wird, dafür werden Raketenangriffe aus heiterem Himmel, terroristische Anschläge, Piraterie und "Cyberwar"-Szenarien (also Angriffe auf informationstechnische Infrastrukturen) beschworen.“[255]

Diese Gefahr anzunehmen ist doch angesichts des iranischen Atomprogramms, des internationalen Terrorismus und der Piraterie alles andere als abwegig.

„Damit aber nicht genug. Auch Probleme, die ganz offensichtlich nicht durch militärisches Eingreifen gemildert werden können - Armut, Hunger, illegale Einwanderung, Pandemien, Umweltprobleme, Klimawandel und schließlich und endlich die internationale Finanzkrise - könnten nach Ansicht der NATO-Experten direkt oder indirekt dazu führen, dass Menschen zu den Waffen greifen, und damit – weil der Weg von Waffen zum Krieg nicht weit ist – zu einem „Sicherheitsproblem“, also zu einer Aufgabe für die NATO werden.“[256]

Auch hier ist es doch so, dass diese Szenarien nicht auszuschließen sind und dass man über mögliche Vorsichtsmaßnahmen doch durchaus debattieren kann.

„Damit sind wir dann an dem Punkt, dass die weitere Aufrüstung der NATO-Staaten mit den Problemen begründet wird, die durch die hohen Kosten für Militär und Rüstung, durch Waffenexporte und den Ressourcenverbrauch des Militärs überhaupt erst entstehen oder verschärft werden.“[257]

Dieses Problem bzw. Paradoxon gibt es in der Tat, aber durch Abrüstung auf Null wird weder dieses Problem beseitigt, noch die kann man dann auf die drohenden Gefahren agieren. Auf der anderen Seite können die sozialen Probleme in den Entwicklungsländern und Schwellenländern ohne eigene

---

254Gehrcke, Wolfgang/Pflüger, Tobias: NATO bedeutet Krieg. Deshalb: Nein zur neuen NATO-Strategie!, Information zur neuen NATO Strategie und Bericht über die Aktionen der Friedensbewegung aus Anlass des NATO-Gipfels in Lissabon vom 19. - 21.11.2010, in: antikapitalistische-linke.de vom 06. Dezember 2010, online unter: http://www.antikapitalistische-linke.de/article/326.nato-bedeutet-krieg-deshalb-nein-zur-neuen-nato-strategie.html

255Gehrcke, Wolfgang/Pflüger, Tobias: NATO bedeutet Krieg. Deshalb: Nein zur neuen NATO-Strategie!, Information zur neuen NATO Strategie und Bericht über die Aktionen der Friedensbewegung aus Anlass des NATO-Gipfels in Lissabon vom 19. - 21.11.2010, in: antikapitalistische-linke.de vom 06. Dezember 2010, online unter: http://www.antikapitalistische-linke.de/article/326.nato-bedeutet-krieg-deshalb-nein-zur-neuen-nato-strategie.html

256Gehrcke, Wolfgang/Pflüger, Tobias: NATO bedeutet Krieg. Deshalb: Nein zur neuen NATO-Strategie!, Information zur neuen NATO Strategie und Bericht über die Aktionen der Friedensbewegung aus Anlass des NATO-Gipfels in Lissabon vom 19. - 21.11.2010, in: antikapitalistische-linke.de vom 06. Dezember 2010, online unter: http://www.antikapitalistische-linke.de/article/326.nato-bedeutet-krieg-deshalb-nein-zur-neuen-nato-strategie.html

257Gehrcke, Wolfgang/Pflüger, Tobias: NATO bedeutet Krieg. Deshalb: Nein zur neuen NATO-Strategie!, Information zur neuen NATO Strategie und Bericht über die Aktionen der Friedensbewegung aus Anlass des NATO-Gipfels in Lissabon vom 19. - 21.11.2010, in: antikapitalistische-linke.de vom 06. Dezember 2010, online unter: http://www.antikapitalistische-linke.de/article/326.nato-bedeutet-krieg-deshalb-nein-zur-neuen-nato-strategie.html

Sicherheitsvorkehrungen auch nicht gelöst werden.

„Die Diskussion um „Cyberwar" erhält durch den Trojaner „Stuxnet" besondere Brisanz, der industrielle Steuerungsanlagen angreift und nach Presseinformationen gezielt gegen die iranischen Atomanlagen gerichtet war. Der Urheber des Trojaners ist bisher nicht sicher bekannt, der IT-Sicherheitsexperte Ralph Langner erklärte in einem Interview mit dem Web-Informationsdienst golem.de, dass nach seiner Schätzung 50 Personen ein Jahr lang an diesem Trojaner gearbeitet hätten und die Kosten dafür im einstelligen Millionenbereich gelegen hätten. Im engeren Kreis der Verdächtigen ist der US-Militärgeheimdienst."[258]

Ich halte es für legitim, mit Stuxnet gegen das iranische Atomprogramm vorzugehen, da der Iran alle internationalen und multilateralen Abkommen bricht, aufrüstet, Israel, Europa und Russland bedroht und gleichzeitig eine autoritäre Schreckensherrschaft etabliert hat, bei der Menschenrechtsverletzungen die Regel sind.

„Im Punkt 32 des neuen strategischen Konzepts der NATO steht: »Die EU ist ein einzigartiger und essentieller Partner der NATO [...] Wir begrüßen das Inkrafttreten des Lissabon-Vertrages.« Und dann sagt das Militärbündnis ganz offen, dass für diese neue strategische Partnerschaft die vollständige Umsetzung des Lissaboner Vertrages der EU essentiell ist. Das bedeutet erstens, dass unsere Kritik am Lissabon-Vertrag sich wieder einmal bestätigt. Und zweitens, dass die EU von der NATO auch als Militärbündnis wahrgenommen wird. Wir müssen uns der Zusammenarbeit NATO–EU und ihrer Bedeutung für Europa deutlich mehr widmen."[259]

Es ist doch ein politischer Erfolg, dass die EU stärker und wichtiger wird innerhalb des NATO-Bündnisses. Gerade wenn man den Unilateralismus der USA kritisiert und zu verändern gedenkt sollte man das doch positiv aufnehmen. Insofern ist die Kritik am Lissabon-Vertrag völlig falsch und inakzeptabel.

„Verwiesen wird auf eine notwendige Arbeitsteilung: Aufbau und Einsatz ziviler Kapazitäten sollen eher von der EU und der OSZE, militärische Aktivitäten eher von der NATO übernommen werden. Wie eine Arbeitsteilung zwischen völlig unterschiedlich strukturierten Organisationen mit sich nur teilweise überschneidender Mitgliedschaft aussehen könnte, wird nicht ernsthaft diskutiert. Im Strategischen Konzept vom 19.11.2010 findet sich kein expliziter Vorschlag zur Arbeitsteilung, sondern stattdessen der Vorschlag, dass die NATO selber zivile Kapazitäten aufbaut und zusätzlich den Anspruch erhebt, in bestimmten Situationen die zivilen Akteure insgesamt (also über NATO-Mitgliedsstaaten hinaus) zu koordinieren, was das Problem nicht behebt, sondern im Gegenteil verschärft."[260]

Es kommt europäischen Werten doch gelegen, dass man nunmehr stärker auf zivile Kapazitäten setzt. So wird die EU dann auch wahrgenommen: als Friedensmacht.

258Gehrcke, Wolfgang/Pflüger, Tobias: NATO bedeutet Krieg. Deshalb: Nein zur neuen NATO-Strategie!, Information zur neuen NATO Strategie und Bericht über die Aktionen der Friedensbewegung aus Anlass des NATO-Gipfels in Lissabon vom 19. - 21.11.2010, in: antikapitalistische-linke.de vom 06. Dezember 2010, online unter: http://www.antikapitalistische-linke.de/article/326.nato-bedeutet-krieg-deshalb-nein-zur-neuen-nato-strategie.html

259Gehrcke, Wolfgang/Pflüger, Tobias: NATO bedeutet Krieg. Deshalb: Nein zur neuen NATO-Strategie!, Information zur neuen NATO Strategie und Bericht über die Aktionen der Friedensbewegung aus Anlass des NATO-Gipfels in Lissabon vom 19. - 21.11.2010, in: antikapitalistische-linke.de vom 06. Dezember 2010, online unter: http://www.antikapitalistische-linke.de/article/326.nato-bedeutet-krieg-deshalb-nein-zur-neuen-nato-strategie.html

260Gehrcke, Wolfgang/Pflüger, Tobias: NATO bedeutet Krieg. Deshalb: Nein zur neuen NATO-Strategie!, Information zur neuen NATO Strategie und Bericht über die Aktionen der Friedensbewegung aus Anlass des NATO-Gipfels in Lissabon vom 19. - 21.11.2010, in: antikapitalistische-linke.de vom 06. Dezember 2010, online unter: http://www.antikapitalistische-linke.de/article/326.nato-bedeutet-krieg-deshalb-nein-zur-neuen-nato-strategie.html

„Insofern besteht die Gefahr, dass in der Realität nicht eine „Friedensmacht Europa", sondern die durch den Lissaboner Vertrag festgeschriebenen Militarisierungstendenzen in der EU gefördert werden. Dass das Inkrafttreten dieses Vertrags im Strategischen Konzept unter Verweis auf die entsprechende Passage ausdrücklich begrüßt wird, verstärkt diesen Verdacht."[261]

Die angeblichen Militarisierungstendenzen im Lissabon-Vertrag sind ein politisches Märchen und entsprechen nicht der Realität. Die EU-battle groups dienen der Sicherung des europäischen Friedens und der Durchführung der humanitären Friedenseinsätze.

„Um sich nicht mit der Frage auseinandersetzen zu müssen, welche fatalen Auswirkungen auf das Verhältnis der NATO-Staaten zu Russland die diversen Osterweiterungen und Auf- bzw. Umrüstungsprogramme der NATO haben und hatten, wird hier reine Symbolpolitik empfohlen:"[262]

Warum wird hier so fatalistisch argumentiert? Russland ist doch über den NATO-Russland-Rat in allen entscheidenden Fragen mit eingebunden. Insofern kann von einer Tendenz dazu, Russland über Entscheidungen im Unklaren zu lassen, nicht gesprochen werden.

„Es soll eine einheitliche Position gegenüber Russland gefunden und die Kooperation mit Russland verstärkt werden. Dahinter steckt ein nicht ausgesprochener Dissens: den ehemaligen Staaten des Warschauer Paktes bzw. ehemaligen Sowjetrepubliken war bei ihrem NATO-Eintritt in erster Linie daran gelegen, einen – notfalls auch militärisch abgesicherten – Schutz vor Einflussnahme durch den ehemals übermächtigen Nachbarstaat zu haben."[263]

Es geht doch überhaupt nicht darum, Positionen gegenüber Russland zu finden, sondern darum, gemeinsame Positionen der NATO mit Russland zu erarbeiten und anzustreben. Der angesprochene Dissens wurde doch offen artikuliert. Diese Lage besteht offenbar doch weiterhin, also auch weiterhin besteht ein erhöhtes Sicherheitsbedürfnis der ehemaligen Sowjetrepubliken gegenüber Russland. Insofern ist es doch nur folgerichtig, dass die NATO darauf Rücksicht nimmt.

„Daher wird auch die Verantwortung für den Stillstand bei der konventionellen Rüstungskontrolle, insbesondere dem CFE/KSE-Vertrag implizit Russland zugeschoben, obwohl das Übereinkommen über die Anpassung des KSE-Vertrages von 1999 im Jahr 2004 von Russland, Weißrussland, Kasachstan und der Ukraine ratifiziert wurde, während die NATO-Staaten den Vertrag nicht ratifiziert haben. Als Begründung hierfür wurde angegeben, dass ein von der NATO geforderter Rückzug russischer Truppen aus Transnistrien und Georgien nicht erfolgt sei, dieser war allerdings nicht Vertragsbestandteil."[264]

261Gehrcke, Wolfgang/Pflüger, Tobias: NATO bedeutet Krieg. Deshalb: Nein zur neuen NATO-Strategie!, Information zur neuen NATO Strategie und Bericht über die Aktionen der Friedensbewegung aus Anlass des NATO-Gipfels in Lissabon vom 19. - 21.11.2010, in: antikapitalistische-linke.de vom 06. Dezember 2010, online unter: http://www.antikapitalistische-linke.de/article/326.nato-bedeutet-krieg-deshalb-nein-zur-neuen-nato-strategie.html

262Gehrcke, Wolfgang/Pflüger, Tobias: NATO bedeutet Krieg. Deshalb: Nein zur neuen NATO-Strategie!, Information zur neuen NATO Strategie und Bericht über die Aktionen der Friedensbewegung aus Anlass des NATO-Gipfels in Lissabon vom 19. - 21.11.2010, in: antikapitalistische-linke.de vom 06. Dezember 2010, online unter: http://www.antikapitalistische-linke.de/article/326.nato-bedeutet-krieg-deshalb-nein-zur-neuen-nato-strategie.html

263Gehrcke, Wolfgang/Pflüger, Tobias: NATO bedeutet Krieg. Deshalb: Nein zur neuen NATO-Strategie!, Information zur neuen NATO Strategie und Bericht über die Aktionen der Friedensbewegung aus Anlass des NATO-Gipfels in Lissabon vom 19. - 21.11.2010, in: antikapitalistische-linke.de vom 06. Dezember 2010, online unter: http://www.antikapitalistische-linke.de/article/326.nato-bedeutet-krieg-deshalb-nein-zur-neuen-nato-strategie.html

264Gehrcke, Wolfgang/Pflüger, Tobias: NATO bedeutet Krieg. Deshalb: Nein zur neuen NATO-Strategie!, Information zur neuen NATO Strategie und Bericht über die Aktionen der Friedensbewegung aus Anlass des NATO-Gipfels in Lissabon vom 19. - 21.11.2010, in: antikapitalistische-linke.de vom 06. Dezember 2010, online unter: http://www.antikapitalistische-linke.de/article/326.nato-bedeutet-krieg-deshalb-nein-zur-neuen-nato-strategie.html

Im internationalen System ist es doch durchaus nicht unüblich, dass jede Seite der anderen Seite die Verantwortung für irgendetwas zuschiebt, wenn man es so für die eigene Innenpolitik braucht. Insofern ist dies hier an dieser Stelle nur ein Scheinargument.

„Die NATO-Staaten tun alles, um die „Friedensdividende" auch knapp 20 Jahre nach der Auflösung des Warschauer Paktes möglichst gering zu halten. Einmal mehr werden große Anstrengungen unternommen, um zu begründen, warum „Sicherheit" originäre Aufgabe von Militärs ist. Die bei der großen Mehrzahl unserer PolitikerInnen nach wie vor ungebrochene Vorstellung, dass staatliche Macht direkt mit militärischen Kapazitäten verknüpft ist, verhindert bis heute eine breitere gesellschaftliche Debatte darüber, welche Rolle Militär und Militärbündnisse bei den drängendsten Zukunftsproblemen spielen können oder sollen. Der „Versicherheitlichung" und damit Militarisierung von eindeutig zivilen Problemen (Klimawandel, Umgang mit Flüchtlingen, Schutz von informationstechnischen Systemen und Netzen, Umgang mit organisierter und terroristischer Kriminalität, Energie- und Rohstoffversorgung) muss ebenso entschieden entgegengetreten werden wie den Plänen der NATO, in Krisenregionen mit eigenen zivilen Einsatzkräften bzw. als Koordinator für zivile Einsätze aufzutreten. Das gilt umso mehr, als die NATO nach wie vor nicht bereit ist, Einsätze außerhalb des Bündnisgebietes an eine Mandatierung durch den UN-Sicherheitsrat zu binden."[265]

Die Sicherheit eines Staates ist und wird immer originäre Aufgabe von Militärs sein. In demokratischen Staaten handelt das Militär doch nur auf Befehl der Mehrheit des Parlaments, das heißt der Mehrheit der Bevölkerung. So schützt die Armee eines Staates, ausgebildete Fachleute im Bereich der Kriegsführung, die Zivilbevölkerung. Das ist geordnet, koordiniert und sinnvoll. Es ist auch keinesfalls so, dass in Europa die Vorstellung dominant wäre, dass staatliche Macht sich allein auf militärische Macht stützt. Vielmehr ist die Europäische Union das Paradebeispiel dafür, dass sowohl wirtschaftliche Stärke, als auch diplomatisches Verhandlungsgeschick und ein hoher Bildungsstandard die Garanten für unsere politische Macht sind. Den Umgang mit Terroristen und die Sicherung unserer Anlagen und Ressourcen würde ich auch weiterhin ausgebildeten Fachkräften in Polizei und Militär überlassen. Alles Andere wäre Unsinn. Über die Einsätze in Krisen- und Konfliktregionen habe ich mich bereits in Kapitel 7 geäußert. Dem ist an dieser Stelle nichts hinzuzufügen.

Letztlich ist diese Propaganda nur Teil der politisch-gesellschaftlichen Zersetzungsstrategie des KGB. Sieht man sich aber zum Beispiel die Rede von Wladimir Putin im Deutschen Bundestag an, so kann man feststellen, dass dies alles nicht mehr offizielle Regierungspolitik Russlands ist, sondern von KGB-Kadern der alten Garde um Jewgeni Maximowitsch Primakow und Andere zum Teil ohne Bezug auf geltendes Recht forciert wird.

Auch die Bundestagsabgeordnete der Linkspartei Sevim Dagdelen stellt sich verräterisch in den Dienst ausländischer Mächte.

„DIE LINKE. muss deshalb die ganze kapitalistische Sicherheitspolitik, die in diesem Rahmen stattfindet, ablehnen. Friedenspolitik darf kein kapitalistisches Krisenmanagement sein, sondern muss durch internationale Solidarität die Ursachen der Konflikte bekämpfen. Zentrum linker Friedenspolitik ist eine solidarische Politik der Überwindung von Armut, Unterentwicklung, Umweltzerstörung und Ausbeutung und Unterdrückung. Ziel ist der Sozialismus, der durch eine

---

265Gehrcke, Wolfgang/Pflüger, Tobias: NATO bedeutet Krieg. Deshalb: Nein zur neuen NATO-Strategie!, Information zur neuen NATO Strategie und Bericht über die Aktionen der Friedensbewegung aus Anlass des NATO-Gipfels in Lissabon vom 19. - 21.11.2010, in: antikapitalistische-linke.de vom 06. Dezember 2010, online unter: http://www.antikapitalistische-linke.de/article/326.nato-bedeutet-krieg-deshalb-nein-zur-neuen-nato-strategie.html

Vergesellschaftung des Finanzsektors und von zentralen Wirtschaftsbereichen, in Zukunft Kriege zur Durchsetzung von Kapitalinteressen verhindert.“[266]

Was soll in diesem Zusammenhang „kapitalistische Sicherheitspolitik sein“? Der Kampf um Rohstoffquellen und Absatzmärkte? Da könnte man mitgehen. Gegen imperiale Kriege zu argumentieren, ist nicht zwingend falsch. Aber hier geschieht dies offenbar auf der Grundlage des marxistisch-leninistischen Antiimperialismus und nicht auf der Basis von logischem Handeln. Etwa durch die in Kapitel 7 angesprochenen Friedenseinsätze werden doch Armut, Unterentwicklung, Umweltzerstörung, Ausbeutung und Unterdrückung in Krisen- und Kriegsregionen bekämpft. Die Vorstellung von Sozialismus, die Sevim Dagdelen hat, scheint mir die Selbe zu sein die Assad in Syrien hat, Hussein im Irak und Stalin in der Sowjetunion hatten. Diesen Eindruck werde ich hier anhand ihrer Argumentation begründen.

„Rüstungswirtschaft und Rüstungsexport werden als Mittel der Interessendurchsetzung in Bündnissen oder zur imperialen Geopolitik eingesetzt. Krieg ist dabei die Krönung des Rüstungsgeschäfts. Deutschland ist mit 11 Prozent am Gesamtvolumen der drittgrößte Waffenexporteuer der Welt. Der Spruch der Friedensbewegung „Deutsche Waffen deutsches Geld morden mit in aller Welt" ist längst bittere Wahrheit. DIE LINKE. sollte nicht zulassen, dass mit ihrer Hilfe Menschen auf der Welt getötet werden. DIE LINKE. sollte alles unternehmen, damit Deutschland abrüstet bis hin zur strukturellen Angriffsunfähigkeit. Ansätze hierfür lassen sich im Programm finden, etwa die Forderung nach Schließung aller ausländischer Militärbasen, mit dem Abzug aller Atomwaffen und nach dem Stopp aller Rüstungsexporte (an anderer Stelle allerdings relativiert mit der Forderung eines „strikten Verbots von Waffenexporten in Krisengebiete"). Ein generelles Waffenexportverbot, die Beendigung der Rüstungsproduktion durch Konversionsprogramme und schärfere Waffengesetze als inneres Friedensprojekt müssen in das Programm einer LINKEN.“[267]

Dass Rüstung und Militär eingesetzt werden als Mittel der Interessendurchsetzung gilt doch für alle Staaten im Internationalen System. Insofern wäre es doch an der Zeit, dass die Linksfraktion sich endlich der Tatsache stellt, dass man in dieser Gefechtslage als Erstes einmal seine eigene Sicherheit gewährleisten muss. Es mag sein, dass es unerträglich ist, dass Deutsche Waffen weltweit gegen Menschen eingesetzt werden, etwa zum Beispiel das Gewehr G3 durch das iranische Militär. Die Abrüstung bis zur strukturellen Angriffsunfähigkeit zu fordern ist doch gefährlich für unsere eigene Sicherheit. Bereits jetzt ist die Bundeswehr allein nicht ausreichend in der Lage unsere Sicherheit zu gewährleisten. Daher ist der Aufbau einer europäischen Armee mit den EU-battle groups auch folgerichtig. Die bessere Kontrolle von Rüstungsexporten halte ich für eine richtige Forderung. Aber man muss dabei auch bedenken, dass durch die strukturelle Schwäche Deutschlands im Vergleich zu anderen Staaten, etwa Russland, China und die USA, auch zu Verhalten zwingt, das nicht unbedingt selbst gewünscht ist. Schärfere Waffengesetze im Inland jedoch könnte ich mir durchaus vorstellen.

„Aktuell wird die Bundeswehr in eine Interventionsarmee umgewandelt. Ziel der LINKEN muss ein Zurück zum Grundgesetz sein. Als ersten Schritt die Bundeswehr nur zur Landesverteidigung und dann gemäß dem Grundgesetz von 1949 abbauen. D.h. zuerst diejenigen Teile der Bundeswehr abrüsten, mit denen Krieg geführt werden kann und wird. Also: Auflösung der

266Dagdelen, Sevim: Die NATO muß aufgelöst werden, Impulsreferat »Frieden schaffen ohne Waffen« von Sevim Dagdelen auf dem Linke-Programmkonvent in Hannover, in: antikapitalistische-linke.de vom 10. November 2010, online unter: http://www.antikapitalistische-linke.de/article/315.die-nato-muss-aufgeloest-werden.html

267Dagdelen, Sevim: Die NATO muß aufgelöst werden, Impulsreferat »Frieden schaffen ohne Waffen« von Sevim Dagdelen auf dem Linke-Programmkonvent in Hannover, in: antikapitalistische-linke.de vom 10. November 2010, online unter: http://www.antikapitalistische-linke.de/article/315.die-nato-muss-aufgeloest-werden.html

Kommandospezialkräfte, des Einsatzführungskommandos, des Gefechtsübungszentrums, der Division Spezialoperationen und aller Einsatzkräfte der Marine und Luftwaffe. Zentral ist die Beendigung der Auslandseinsätze der Bundeswehr -insbesondere in Afghanistan."[268]

Das ist falsch. Die Bundeswehr ist im Rahmen der NATO längst eine Interventionsarmee. Das ist dann auch vereinbar mit dem Grundgesetz, wenn es dem Ziel dient die Menschenrechte auf Leben und Soziale Teilhabe umzusetzen und Frieden herzustellen oder zu sichern. Für die Einsätze im ehemaligen Jugoslawien und in Afghanistan, sowie bei der indirekten Hilfe im Irak-Krieg ist aber durchaus zu beanstanden, dass diese nicht verfassungsgemäß waren. Dieser undankbare Zustand erklärt sich durch die von mir in Kapitel 3 und Kapitel 4 beschriebenen geopolitischen Umstände, denen man sich nicht so ohne Weiteres entziehen kann. Deshalb ist es eben gerade auch falsch, die entscheidenden Einheiten unserer Bundeswehr aufzulösen, die eben gerade unseren Frieden und unsere doch relativ geringe Souveränität schützen. Die Beendigung der Auslandseinsätze, bei denen die Friedenssicherung oder die Friedensherstellung in Krisen- und Konfliktregionen angestrebt wird, halte ich für falsch. Die Beendigung des Bundeswehreinsatzes in Afghanistan strebe auch ich an, gebe aber zu bedenken, dass dies unilateral schwer möglich ist und schon gar nicht ohne Zusammenarbeit mit den US-Amerikanern.

„*Polizei- und Militärhilfe für Drittstaaten greift massiv in die Machtverhältnisse innerhalb dieser Gesellschaften ein. Entweder sie stärkt die Regierung gegen Proteste und Rebellionen oder sie stärkt Sezessionisten oder einzelne bewaffnete Machteliten. Polizei- und Militärhilfe entwickelt sich zunehmend zum zentralen Konzept für militärische Besatzungen, den Eingriff in Bürgerkriege von außen und damit zum Kernkonzept sicherheitspolitischen Krisenmanagements im Kontext einer neoliberalen Weltordnung. Sie entzieht sich demokratischer Kontrolle und birgt starke Tendenzen zur Privatisierung von Sicherheitspolitik. DIE LINKE. sollte dieses Konzept kategorisch ablehnen. Die jüngste Entscheidung des sozialdemokratischen Innenministers in Brandenburg, keine Polizisten mehr in den Krieg nach Afghanistan schicken zu wollen, ist wegweisend. Der Beschluss der Bundestagsfraktion zur UN-Resolution 1325 mit der Forderung: "Die Bundesregierung verzichtet auf jegliche Unterstützung - auch auf Ausstattungs- und Ausbildungshilfe - für Regime und Streitkräfte, welche Minderjährige als Soldaten in bewaffnete Konflikte entsenden, sich systematischer Menschenrechtsverletzungen oder systematischer sexualisierter Gewalt schuldig machen." ebenso. DIE LINKE. muss Polizei- und Militärhilfen in Konfliktgebieten ablehnen.*"[269]

Es soll auch zum Zwecke der Friedenserzwingung und Friedenssicherung in die Machtverhältnisse dieser Staaten eingegriffen werden. Auf diese Weise werden die Menschenrechte auf Leben und Soziale Teilhabe implementiert. In den meisten Fällen stärkt das die friedliebende Bevölkerung und eben gerade nicht Rebellen oder Sezessionisten. Diese Besatzungen sind auch legal, wenn sie durch die UNO mandatiert wurden. Nun man mag den Neoliberalismus kritisieren, das tue ich auch, aber es gibt ohnehin eine kapitalistische Weltordnung. Neoliberalismus ist ein Kreationismus aus drei Bestandteilen: Demokratie, Christentum und Kapitalismus. Im Falle des europäischen Neoliberalismus treten deutlich humanistische Werte und ein egalitäres Rechtssystem in den Vordergrund, in jeden Falle im Vergleich zu den USA. Insofern ist mir eine neoliberale Weltordnung immer noch lieber, als die Barbarei gegen die Menschenrechte mit dirigistischer Zentralverwaltungswirtschaft und diktatorischer politischer Führung mit zentral vorgegebener Staatsideologie, wie in China, Iran oder Nordkorea. Mit diesem Wissen sind die angesprochenen

---

268Dagdelen, Sevim: Die NATO muß aufgelöst werden, Impulsreferat »Frieden schaffen ohne Waffen« von Sevim Dagdelen auf dem Linke-Programmkonvent in Hannover, in: antikapitalistische-linke.de vom 10. November 2010, online unter: http://www.antikapitalistische-linke.de/article/315.die-nato-muss-aufgeloest-werden.html

269Dagdelen, Sevim: Die NATO muß aufgelöst werden, Impulsreferat »Frieden schaffen ohne Waffen« von Sevim Dagdelen auf dem Linke-Programmkonvent in Hannover, in: antikapitalistische-linke.de vom 10. November 2010, online unter: http://www.antikapitalistische-linke.de/article/315.die-nato-muss-aufgeloest-werden.html

Forderungen der Linkspartei auch nur gefährliche Polemik und unsinnige Schaumschlägerei. Wer so redet, schürt Gewalt und Krieg.

„DIE LINKE ist Völkerrechtspartei. Gemäß dem Gewaltverbot in den internationalen Beziehungen in der UN-Charta, muss das Völkerrecht und das ihm zugrunde liegende Souveränitätsprinzip bzw. das Prinzip der Nicht-Einmischung gestärkt werden. Die zunehmende Militarisierung der UN, die wir zu recht im Bundestagswahlproramm kritisieren, ist verbunden mit der Schwächung der zivilen Strukturen und führt zu einer weiteren Aushöhlung des Völkerrechts. Dieser Tendenz gilt es vorzubeugen. Die UN muss Hüterin des Völkerrechts und Sprachrohr der unterdrückten und weniger mächtigen Staaten werden und nicht wie bislang militärischer Dienstleister der Großmächte. Die UN muss garantieren, dass alle Staaten die gleichen Rechten und Pflichten haben und in Konflikten ggf. als neutraler Vermittler im Dienste des Weltfriedens auftreten.“[270]

Das Gewaltverbot im Völkerrecht ist doch ein Ideal. Natürlich sollte das Souveränitätsprinzip gewahrt werden, aber warum sollte man sich denn nicht einmischen dort, wo man helfen kann, Frieden zu implementieren? Etwa in den von mir in Kapitel 7 dargestellten Fällen halte ich dies für richtig. Die UN ist doch nur deshalb militarisiert, weil die Handelnden Akteure, also die Staaten eine jeweils eigene Strategie in der Geopolitik vertreten. Ansonsten ist die UN doch nur ein Gremium, das dem Ganzen einen Rahmen gibt. Das Völkerrecht kann man nur dann hüten, wenn man in der Lage ist, die militärisch Handelnden an ihrer aggressiven und gewalttätigen Politik zu hindern. Das wird man wohl offensichtlich ohne institutionalisierte Gewalt und ohne institutionalisierten Schutz vor Gewalt nicht können. Insofern ist die UN abhängig von politischen Akteuren, die Frieden erzwingen und erhalten wollen, im Ideellen wie im Militärischen.

„Die Forderung nach eigenen Streitkräften der UN nach Kapitel VII, Artikel 43 ist so alt wie die UN selbst und angesichts der Interessensgegensätze und Kräfteverhältnisse innerhalb des Weltsicherheitsrates und der UN irreal. DIE LINKE. muss vielmehr die UN entmilitarisieren und ihre Unabhängigkeit und ihre zivilen Konfliktlösungsmechanismen stärken. Die Kooperationsvereinbarungen zwischen UN, EU und NATO laufen dem zuwider und müssen darum aufgekündigt werden.“[271]

Da die UN keine eigene Streitkräfte hat, ist sie doch bereits jetzt entmilitarisiert. Was soll also dieses Geschwafel? Es gibt doch zivile Konfliktlösungsmechanismen über die Diplomatie. Die Kooperationen zwischen UN, NATO und EU stärken doch das Ansinnen, Frieden zu sichern und herzustellen.

„Die NATO hat ihre Existenzberechtigung spätestens nach 1989 verloren und ist zu einem aggressiven Kriegsführungsbündnis geworden. Zu Recht wird sie in weiten Teilen der Welt als Bedrohung und Anlass für Aufrüstung wahrgenommen. Sie bedroht bis heute die gesamte Welt mit atomarer Vernichtung. Die NATO gehört aufgelöst. Als Schritt hierzu muss die EU jede Kooperation mit der NATO einstellen. So würde die EU nicht mehr in der Lage sein, sich an Angriffskriegen zu beteiligen. Zur Auflösung der NATO könnte ein Austritt Deutschlands aus den militärischen Strukturen der NATO beitragen.“[272]

Die Kritik an der NATO ist durchaus nicht unberechtigt. Warum aber empfiehlt Sevim Dagdelen für

270Dagdelen, Sevim: Die NATO muß aufgelöst werden, Impulsreferat »Frieden schaffen ohne Waffen« von Sevim Dagdelen auf dem Linke-Programmkonvent in Hannover, in: antikapitalistische-linke.de vom 10. November 2010, online unter: http://www.antikapitalistische-linke.de/article/315.die-nato-muss-aufgeloest-werden.html

271Dagdelen, Sevim: Die NATO muß aufgelöst werden, Impulsreferat »Frieden schaffen ohne Waffen« von Sevim Dagdelen auf dem Linke-Programmkonvent in Hannover, in: antikapitalistische-linke.de vom 10. November 2010, online unter: http://www.antikapitalistische-linke.de/article/315.die-nato-muss-aufgeloest-werden.html

Deutschland die Abrüstung bis zu strukturellen Angriffsunfähigkeit, sieht aber die Aufrüstung aller anderen Länder als legitim an? Hier zeigt sich also, dass Sevim Dagdelen offenbar unsere Gegner und Feinde unterstützt und damit unser Deutschland und unser Europa zersetzt und verrät. Nicht nur, dass Deutschland keine Waffen mehr haben soll, es soll auch aus der NATO austreten um völlig ungeschützt von jedem autoritären Regime auf dieser Welt überrannt werden zu können. Das ist völlig untragbar für eine Bundestagsabgeordnete.

„Eine Ersetzung der NATO durch ein „kollektives Sicherheitssystem" wie es im Programm heißt, ist dagegen problematisch. Der Begriff nimmt Bezug auf sog. „Systeme kollektiver Sicherheit", als welches etwa die NATO selbst gilt. Laut BVerfGE kann die Bundeswehr allein im Rahmen solcher Systeme kollektiver Sicherheit in den Auslandseinsatz geschickt werden. Systeme kollektiver Sicherheit beinhalten also tendenziell die Legitimation von militärischer Gewalt nach außen und stets die militärische Befriedung nach Innen. DIE LINKE. sollte wenn überhaupt ein rein ziviles Sicherheitssystem mit gegenseitigen Sicherheitsgarantien unterstützen."[273]

Die NATO bietet für Deutschland und Europa mehr Sicherheit, als es vermutlich ohne sie gäbe. Es ist auch keine freiwillige Entscheidung Mitglied zu sein, sondern ergibt sich aus den von mir in Kapitel 3 und 4 dargestellten Gegebenheiten, die durch die Deutsche Politik nicht ignoriert werden können. Um die eigene Sicherheit in der Europäischen Union zu gewährleisten, könnte man die NATO durch eine europäische Armee überflüssig strukturell machen und ersetzen. Die Gemeinsame Außen- und Sicherheitspolitik der EU könnte doch ein solches kollektives Sicherheitssystem sein und werden. Es ist auch falsch, dass Deutschland nur im Rahmen der NATO Truppen in Auslandseinsätze schicken darf. Zur Herstellung und Sicherung von Frieden könnte Deutschland sowohl im Rahmen der UNO, als auch unilateral allein Truppen entsenden, wenn der Einsatz zur Herstellung und Aufrechterhaltung der Menschenwürde dient. Es ist falsch, dass Systeme kollektiver Sicherheit Gewalt legitimieren, im Gegenteil sie legalisieren das Vorgehen gegen Gewalt und bieten in erster Linie Schutz für die eigene Zivilbevölkerung.

„Diese Utopie einer sozialen, demokratischen und friedlichen Europäische Union wird an vielen Stellen des Programms benannt. So heißt es u.a.: „Die Europäische Union ist unverzichtbares politisches Handlungsfeld für die Sicherung des Friedens in Europa, für wirtschaftliche Entwicklung in Europa und die Bewältigung von Wirtschaftskrisen, für die Wahrung der Interessen der Beschäftigten, für den sozial-ökologischen Umbau in Europa und für die Lösung der globalen Herausforderungen... Wir wollen eine andere, eine bessere EU!" Zugleich heißt es an anderer Stelle: „Die Europäische Union ... entwickelte sich zunehmend zu einem Motor der neoliberalen Umgestaltung" und, dass die EU „die Durchsetzung der neoliberalen Grundfreiheiten des Marktes und der Unternehmen in den Mittelpunkt stellt, auf eine weitere Militarisierung setzt und Kapitalverkehrskontrollen untersagt.""[274]

Das was aus dem Parteiprogramm da angeführt wird wäre doch eine genaue Beschreibung dessen, was die EU bereits ist. Das sind die Ziele und Werte, die im Lissabon-Vertrag festgeschrieben sind. Eine bessere EU könnte die Linkspartei doch über die Beteiligung an den EU-Gremien und in den

---

272Dagdelen, Sevim: Die NATO muß aufgelöst werden, Impulsreferat »Frieden schaffen ohne Waffen« von Sevim Dagdelen auf dem Linke-Programmkonvent in Hannover, in: antikapitalistische-linke.de vom 10. November 2010, online unter: http://www.antikapitalistische-linke.de/article/315.die-nato-muss-aufgeloest-werden.html

273Dagdelen, Sevim: Die NATO muß aufgelöst werden, Impulsreferat »Frieden schaffen ohne Waffen« von Sevim Dagdelen auf dem Linke-Programmkonvent in Hannover, in: antikapitalistische-linke.de vom 10. November 2010, online unter: http://www.antikapitalistische-linke.de/article/315.die-nato-muss-aufgeloest-werden.html

274Dagdelen, Sevim: Die NATO muß aufgelöst werden, Impulsreferat »Frieden schaffen ohne Waffen« von Sevim Dagdelen auf dem Linke-Programmkonvent in Hannover, in: antikapitalistische-linke.de vom 10. November 2010, online unter: http://www.antikapitalistische-linke.de/article/315.die-nato-muss-aufgeloest-werden.html

nationalen Parlamenten gemeinsam mit anderen Akteuren erstreiten. Es ist auch unwahr, dass im Lissabon-Vertrag die Durchsetzung der neoliberalen Grundfreiheiten und die Marktfreiheit im Mittelpunkt steht. Und real gilt dies zumindest nicht mehr, als jeder Einzelstaat der EU bereits an die Umstände des globalen Kapitalismus gebunden und ihnen ausgesetzt ist. Außerdem gibt es eine Reihe von neuen Grundrechten, die weitergehend sind, als die, die das Deutsche Grundgesetz gewährt. Insofern ist dies schlicht eine falsche Behauptung.

„Die neoliberale Wirtschaftspolitik nach Innen wohnt der EU aber genau so inne, wie eine imperiale Interessenspolitik nach Außen, sie ist den EU-Verträgen eingeschrieben und steht im Interesse der EU-Eliten. Zu Recht hat DIE LINKE in ihrem Europawahlprogramm 2009 deshalb dem Lissabon-Vertrag eine klare Absage erteilt. Auch der jetzt veröffentlichte Programmentwurf positioniert sich in ähnlicher Weise, wenn gefordert wird, dass die bisherige Vertragsgrundlage der EU grundlegend geändert werden muss. Eine soziale, demokratische und friedliche EU ist unter den aktuellen Bedingungen nicht möglich, sie würde die Revision sämtlicher Verträge und Außenbeziehungen sowie eine ganz andere Idee von Europa voraussetzen. DIE LINKE kann aber nicht warten, bis alle 27 Staaten von sozialistischen Regierungen geführt werden (es droht eher das Gegenteil), sondern muss Teil einer Bewegung für eine Neugründung der EU sein, um die Angriffe der EU auf Arbeitnehmer- und Menschenrechte, auf gesellschaftliches Eigentum weltweit abzuwehren und ihre weitere Militarisierung zu verhindern. Alles andere ist unrealistisch."[275]

Es ist meines Erachtens eine falsche Analyse, dass eine neoliberale Wirtschaftspolitik und eine imperiale Interessenpolitik nach Außen die Ziele der Europäischen Union sind. Vielmehr werden die sozialen Rechte der BürgerInnen erweitert und militärisches Handeln an humanitäre Werte, die Menschenrechte und das geltende internationale Recht geknüpft. Deshalb ist es überaus dumm gewesen, dass die Linkspartei gegen den Lissabon-Vertrag Wahlkampf gemacht hat. Dieser Populismus mag zwar kurzfristig einige Wählerstimmen bringen, schadet der gesamten europäischen Linken aber mittel- und langfristig doch sehr stark. Unter der Bedingung des aktuell geltenden Rechts, sprich des Lissabon-Vertrages wäre es meiner Ansicht nach sogar möglich, Verbesserungen in der Deutschen Sozialgesetzgebung über den Rechtsweg einzuklagen. Eine parallele Neugründung der EU durch autoritäre Sozialisten braucht niemand und sollte auch kein Ziel sein. Insofern ist diese Argumentation von Sevim Dagdelen erbärmlich und verlogen. Das ist alles nur reaktionäre Demagogie, die Unkenntnis über die EU zum Ausdruck bringt und letztlich die Linkspartei bei allen Verhandlungen im Abseits stehen lässt. Alles in Allem ist der gesamte Vortrag von Sevim Dagdelen nur hanebüchener Unsinn und reiht sich ein in viele Paraphrasen der Agitpropaganda des alten Sowjetblocks.

Jetzt möchte ich mich zu den Verlautbarungen aus der SAV, der Sozialistischen Alternative Voran äußern. Hier wird von Tinette Schnatterer über die NATO geschrieben:

„Während des „Kalten Krieges" erklärte die NATO den atomaren Erstschlag als Option. Seit dem Fall der Mauer dient das Bündnis weiterhin den imperialistischen Interessen. Die als Aufgabe formulierte „Sicherung von Freihandel und Stabilität" bedeutet nichts anderes als den ungehinderten Zugang zu Rohstoffen und Märkten. 1991 wurde auf der Konferenz in Rom der offizielle Aufgabenbereich in diesem Sinne erweitert. Das aktuelle Strategiepapier soll nun auf die verschärfte Konkurrenz im Zuge der Wirtschaftskrise vorbereiten."[276]

275Dagdelen, Sevim: Die NATO muß aufgelöst werden, Impulsreferat »Frieden schaffen ohne Waffen« von Sevim Dagdelen auf dem Linke-Programmkonvent in Hannover, in: antikapitalistische-linke.de vom 10. November 2010, online unter: http://www.antikapitalistische-linke.de/article/315.die-nato-muss-aufgeloest-werden.html

276Schnatterer, Tinette: Gegen Krieg und Krise: NATO stoppen, in: sozialismus.info vom 23. Februar 2009, online unter: http://www.sozialismus.info/2009/02/12976/

Für den Sowjetblock war der atomare Erstschlag doch auch eine Option. Die Stationierung von Raketen auf Kuba sind doch das Beispiel par excellence dafür, dass dies so war. Insofern wird hier doch schon einseitig argumentiert. Die NATO ist ein Instrument des US-Imperialismus. Aber: Diese Kritik an einem Militärbündnis, an dem man nur als Vasall beteiligt ist, hätte die Sowjetunion am Warschauer Pakt nie und nimmer zugelassen. Die US-Amerikaner hindern uns doch nicht wirklich daran, über die Europäische Union unsere eigenen Sicherheitsarchitektur aufzubauen, zu vergemeinschaften und zu erneuern. Das ist doch ein Fortschritt im Gegensatz zum Sowjetimperialismus. Das sollte man schon erwähnen.

„Der Rückgang im Welthandel durch die Rezession bedeutet, dass sich der Kampf um Absatzmärkte und billige Rohstoffe verschärft. Die großen Konzerne greifen auf „ihre" Nationalstaaten zurück. Jeder Nationalstaat muss nicht nur dafür sorgen, dass die Interessen seiner nationalen Industrie durch milliardenschwere Rettungspakete gesichert werden, sondern auch dafür, dass militärisch in den strategisch wichtigen Regionen mitgemischt wird."[277]

Es ist doch ein falscher Zusammenhang, der hier hergestellt wird. Die weltweite Rezession ist doch nicht unbedingt im Zusammenhang mit imperialistischer Expansion zu sehen. Da im Kapitalismus immer nach Expansion gestrebt wird, wobei die stärksten Spieler im globalen ökonomischen System immer ihren Einfluss eher sichern können, besteht kein Zusammenhang zwischen Rezession und Expansion. Vielmehr ist ökonomische und militärische Expansion eine dem Kapitalismus inhärente Eigenschaft, die auch ohne die Rezession zu beobachten wäre. Auch der postulierte Zusammenhang von nationaler Unterstützung der einheimischen Industrie und der Beteiligung an Rohstoffkriegen ist meines Erachtens so nicht verifizierbar. Vielmehr ist es so, dass es für die Vassallenstaaten der Supermächte einen diplomatischen und militärischen Druck zur Beteiligung an diesen Auseinandersetzungen gibt und dass man ohne die Subventionierung der eigenen Wirtschaft Probleme mit der Bedürfnisbefriedigung der eigenen Bevölkerung und der Erhaltung des Wohlfahrtsstaates hätte.

„Barack Obama mag eine andere Rhetorik wählen. Aber auch er hat das Ziel, die Vorherrschaft der USA auf der Welt zu sichern. Schon im Wahlkampf hatte er erklärt, dass er die aus dem Irak abgezogenen Truppen in Afghanistan einsetzen werde. Afghanistan wird, auch wegen der instabilen Lage in Pakistan, für den Imperialismus immer wichtiger."[278]

Natürlich hat auch Barack Obama dieses Ziel. Das ist klar. Aber der Erfolg der USA in Afghanistan und Pakistan sind auch für die Anerkennung der USA als Supermacht von erheblicher Bedeutung. Das Ansehen der USA hängt auch am militärischen Erfolg.

„DIE LINKE weist in einem Flugblatt daraufhin, dass ein Zehntel der jährlichen Rüstungsausgaben der NATO-Staaten ausreichen würden, um die Armut weltweit zu halbieren. Ob durch Massenentlassungen und Sozialabbau in Deutschland, oder durch wachsendes Elend und Instabilität in der Welt – der Kapitalismus beweist uns täglich, dass er nicht funktioniert. Weder Krisen noch Kriege sind Ausnahmeerscheinungen, sondern Folgen eines Wirtschaftssystems, in dem einzig die Profitinteressen einer kleinen Minderheit zählen."[279]

Nun, ob der Großteil der weltweiten Armut nun ausgerechnet zuerst in Deutschland zu finden ist,

277Schnatterer, Tinette: Gegen Krieg und Krise: NATO stoppen, in: sozialismus.info vom 23. Februar 2009, online unter: http://www.sozialismus.info/2009/02/12976/

278Schnatterer, Tinette: Gegen Krieg und Krise: NATO stoppen, in: sozialismus.info vom 23. Februar 2009, online unter: http://www.sozialismus.info/2009/02/12976/

279Schnatterer, Tinette: Gegen Krieg und Krise: NATO stoppen, in: sozialismus.info vom 23. Februar 2009, online unter: http://www.sozialismus.info/2009/02/12976/

darf man doch bestreiten. Natürlich sind Krisen und Kriege die Folgen eines falschen Wirtschaftssystems und der sich daraus ergebenen ungleichen Verteilung von Reichtum uns Ressourcen. Aber: Das wird man nun weltweit nicht mit Protesten in Deutschland nicht verhindern, selbst wenn die Gewerkschaften daran beteiligt sind. Dann schon eher durch friedenssichernde und friedenserzwingende Maßnahmen in Krisen-, Konflikt- und Kriegsregionen, flankiert mit ausreichenden finanziellen Mitteln für die Stärkung der dortigen Infrastruktur und der dort ansässigen Ökonomie.

„Daher ist es notwendig, sowohl am 28. März unter dem Motto „Wir zahlen nicht für Eure Krise“ auf die Straße zu gehen als auch am 3. April in Baden-Baden und am 4. April in Strasbourg gegen die Kriegstreiber der NATO zu protestieren. Linksjugend ['solid] sollte den politischen Zusammenhang zwischen kapitalistischer Außen- und Innenpolitik erklären, und die Proteste verbinden. DIE LINKE sollte die Organisation dieser Demonstrationen mit allen Kräften unterstützen. Für die Stärke der Proteste wird außerdem entscheidend sein, ob sich die Gewerkschaften daran beteiligen.“[280]

Die Beteiligung an solchen Demonstrationen darf als nutzlos für die Erreichung des angestrebten Ziels angesehen werden. Offenbar verursachen diese nur Kosten, die letztlich lieber für die Menschen in Konfliktregionen aufgewendet werden könnten.

„Baden-Württembergs Innenminister Rech hat den größten Polizeieinsatz in der Geschichte des Landes angekündigt. Das Ganze wird mindestens 50 Millionen Euro kosten. Über Baden-Baden soll eine „Schutzglocke“ geschaffen werden. Teile der Stadt sollen gesperrt und AnwohnerInnen nur noch mit Ausnahmegenehmigung zu ihren Wohnungen gelassen werden. Protestierende will man einschüchtern und kriminalisieren. Gerade im Hinblick auf das neue, mit extremen Einschränkungen verbundene Versammlungsgesetz in Baden-Württemberg ist es wichtig, dass es am 3. April in Baden-Baden zu einer mächtigen und gut organisierten Demonstration kommt.“[281]

Es gibt doch keine wirklichen Einschränkungen der Versammlungsfreiheit. In jedem Falle gilt doch das Grundgesetz und auch der Lissabon-Vertrag, in dem die Versammlungsfreiheit ein so existentieller Wert ist, der nicht beeinträchtigt wird dadurch, dass Sicherheitsvorkehrungen getroffen werden, weil Gewalt durch Linksextremisten zu vermuten ist.

Auch Johannes Bauer zeichnet das selbe Bild von der NATO.

„Während des Kalten Krieges, als die Weltpolitik vom Gegensatz der beiden Supermächte USA und Sowjetunion bestimmt wurde, wurde die Option des atomaren Erstschlags zur Militärdoktrin für das gesamte Bündnis. Bis heute ist das dominierende NATO-Land USA das einzige Land, das während eines Krieges Atomwaffen zum Einsatz brachte.
Nach dem Zusammenbruch des Ostblocks, geriet die NATO in eine Rechtfertigungskrise. Das Feindbild, das die westliche Propaganda über Jahrzehnte aufgebaut hatte, existierte nicht mehr.
Im Jahre 1991 erweiterte die NATO auf ihrer Konferenz in Rom ihren Aufgabenbereich offiziell. Damals verrieten viele Formulierungen des Vertragstextes noch Unsicherheiten in der Einschätzung der kommenden historischen Periode. Im Konzept von Rom fand sich aber auch der Hinweis auf eine Bedrohung durch ?die Unterbrechung der Zufuhr lebenswichtiger Ressourcen? (Rom, Ziffer 10-13).

280Schnatterer, Tinette: Gegen Krieg und Krise: NATO stoppen, in: sozialismus.info vom 23. Februar 2009, online unter: http://www.sozialismus.info/2009/02/12976/

281Schnatterer, Tinette: Gegen Krieg und Krise: NATO stoppen, in: sozialismus.info vom 23. Februar 2009, online unter: http://www.sozialismus.info/2009/02/12976/

Auf der NATO-Jubiläumskonferenzkonferenz von Washington 1999 wurde diese Stoßrichtung fortgesetzt."[282]

Ja, die USA haben die Atomwaffen eingesetzt. Das war auch verwerflich und sollte nicht vergessen werden. Aber hilft, dies festzustellen, jetzt nun wirklich dabei, den Hunger und die Kriege in der Dritten Welt zu beenden? Leider nein! Außerdem hat die NATO als Sicherheitsbündnis doch eine Rechtfertigung. Zum Einen, da Russland doch auch weiterhin, trotz des Zusammenbruchs der Sowjetunion eine Supermacht ist, zum Anderen, weil doch auch die Chinesen, Indien, der Iran und andere islamistische Regime eine potentielle Bedrohung darstellen. Insofern ist die Fortführung dieses Sicherheitsbündnis und die gleichzeitigen Anstrengungen der Europäischen Union, die militärischen Kapazitäten der Mitgliedsstaaten zu bündeln und zu verbessern doch die richtige Konsequenz für Deutsche und Europäische Politik.

„*1999 wurde der Krieg gegen Jugoslawien von der NATO geführt. Dies wurde für die NATO-Staaten notwendig, nachdem die Wiedereinführung des Kapitalismus zum Aufbrechen Jugoslawiens entlang nationalistischer Linien und zu barbarischen Zuständen geführt hatte. Die deutsche Regierung unterstützte verschiedene Teile der ehemaligen stalinistischen Bürokratie, die auf Nationalismus setzten. Der IWF setzte die Wirtschaft Jugoslawiens massiv unter Druck. Erst als die blutigen Zustände außer Kontrolle zu geraten drohten, griffen die NATO-Staaten ein um Friedhofsruhe herzustellen.*"[283]

Der Krieg gegen Jugoslawien war in der Tat kritikwürdig. Auf der einen Seite gab es eine nicht ausreichende rechtliche Grundlage dafür, auf der anderen Seite entsprach die Art der Kriegsführung nicht humanitären Werten. Aber: Von der Wiedereinführung des Kapitalismus nach dem Zusammenbruch des Sowjetblocks zu sprechen ist doch falsch. In der Sowjetunion und in allen Satellitenstaaten war der staatsmonopolistische Kapitalismus in der Form einer dirigistischen Zentralverwaltungswirtschaft die verordnete Wirtschaftsform. Insofern war Kapitalismus auch vorher schon da, er hat nur eine andere Form angenommen.

„*Ende der neunziger Jahre zeigten sich erstmals Risse in der Außendarstellung der NATO. Hervorgerufen wurden diese Spannungen durch die unterschiedlichen wirtschftlichen Bedürfnisse der wichtigsten NATO-Staaten. Während des Kalten Krieges blieben diese unter der Oberfläche verborgen oder wurden von gemeinsamen Interessen überlagert.*
Die deutschen Herrschenden leiteten nach der Wiedervereinigung aus der wirtschaftlichen Rolle Deutschlands mehr und mehr politischen Führungsanspruch in Europa ab, der nicht mehr von der verschämten Bescheidenheit nach den verlorenen Weltkriegen gebremst wurde.
Frankreich und Deutschland sind die treibenden Kräfte hinter den geplanten europäischen Interventionstruppen; die Bundeswehr selbst wird zur Interventionsarmee umgerüstet und soll weltweit zum Einsatz kommen.
Auf dem letzten NATO-Gipfel, der von starken Protesten aus der Bevölkerung begleitet im November 2002 in Prag stattfand, wurde aber außerdem die Gründung einer 21.000 Mann starken NATO-Response-Force beschlossen, die die NATO in die Lage versetzen soll, innerhalb weniger Tage an jedem Ort der Erde militärisch eingreifen zu können.
Dieses Projekt steht in Konkurrenz zu den unabhängigen europäischen Bestrebungen, da es ein Großteil der dafür zur Verfügung stehenden Mittel beanspruchen würde.
Auf dem Prager Gipfel waren die Spannungen innerhalb der NATO so deutlich sichtbar wie

282Bauer, Johannes: NATO im Konflikt, in: sozialismus.info vom 7. Februar 2003, online unter: http://www.sozialismus.info/2003/02/10336/
283Bauer, Johannes: NATO im Konflikt, in: sozialismus.info vom 7. Februar 2003, online unter: http://www.sozialismus.info/2003/02/10336/

niemals zuvor. Der amerikanische Verteidigungsminister Rumsfeld sagte, dass in Zukunft die Mission das Bündnis bestimmen werde, und nicht umgekehrt. Er machte damit deutlich, dass die US-Amerikaner die NATO mit ihren derzeit 19, bald aber schon 26 Mitgliedsländern nicht um ihre Zustimmung für militärische Operationen bitten werde.
Die Interessen der Herrschenden der führenden NATO-Staaten gehen auseinander. Die Rolle der NATO könnte deshalb sinken. In ihren Reihen wird die NATO dann aber immer noch die weltweiten Kriegstreiber führen. In München bei der NATO-"Sicherheits"-Tagung Anfang Februar wird diese Welt-Kriegs-Elite beisammen sitzen."[284]

Bereits während des Jugoslawienkriegs zeigte sich, dass es offenbar zwischen US-Amerikanern und den Europäern unterschiedliche Ansichten über die Ziele und die Werte des NATO-Bündnisses gibt. Hier hat sich doch spätestens seit der Absage der rot-grünen Bundesregierung an den Irakkrieg eine Verschiebung hin zu mehr Einfluss der Europäischen Union ergeben, die man für humanitäre Werte nutzen kann. Insofern besteht mehr Spielraum für Verhandlungen mit den USA. Die Bundeswehr ist bereits eine Interventionsarmee und hilft damit in den meisten Fällen, die Menschenrechte auf Leben und Soziale Teilhabe zu verwirklichen. Bestrebungen der NATO müssen die EU doch nicht daran hindern, eine eigene Strategie zu fahren, die sich durch mehr Menschlichkeit, Diplomatie und zivile Hilfe zur Etablierung des Weltfriedens auszeichnet. Mit mehr Einfluss der Europäischen Union könnte man auch die NATO zum Positiven verändern.

Letztlich sind also auch die Verlautbarungen der SAV als regressive Polemik und Demagogie einzustufen, die nicht wirklich bei Problemlösungen in der Internationalen Politik helfen.

Jetzt möchte ich die Ansichten aus dem Zusammenschluss Marx21, dem vormaligen Linksruck untersuchen. Hier schreiben die Bundestagsabgeordnete Christine Buchholz und Stefan Ziefle im Zusammenhang mit dem Krieg in Afghanistan über die NATO, die sie als ein gescheitertes Bündnis ansehen.

„Das verdeutlicht: Die NATO verfügt über nicht mehr als ein paar Inseln der Kontrolle in einem Meer der Feindseligkeit. Auch die im November 2009 von US-Präsident Barack Obama beschlossene Truppenaufstockung und der massive Ausbau der afghanischen »Sicherheitskräfte« konnten den Aufstand gegen die Regierung Karsai und die NATO nicht ersticken."[285]

Es mag sein, dass die Lage so beurteilt werden kann. Während eines für unsere SoldatInnen gefährlichen Einsatzes, wird der Erfolg der gesamten Mission in Frage gestellt. Auf der anderen Seite wird nichts unternommen, um unsere Deutschen SoldatInnen zu schützen und auch nicht dafür, um wirkungsvoll die politisch-militärische Lage zu beruhigen.

„Ein Grund dafür ist, dass die westlichen Truppen als Besatzer wahrgenommen werden. Laut einer im Oktober veröffentlichten Umfrage der Konrad-Adenauer-Stiftung sehen das 56 Prozent der afghanischen Bevölkerung so. Vermutlich ist die Stimmung im Land sogar noch feindseliger, denn die Umfrage war keineswegs repräsentativ. Sie wurde nur in einem dem Westen »freundlichen« Umfeld durchgeführt."[286]

284Bauer, Johannes: NATO im Konflikt, in: sozialismus.info vom 7. Februar 2003, online unter: http://www.sozialismus.info/2003/02/10336/

285Buchholz, Christine/Schiefle, Stefan: NATO in Feindesland, in: marx21.de vom 03. Dezember 2011, online unter: http://marx21.de/content/view/1575/32/

286Buchholz, Christine/Schiefle, Stefan: NATO in Feindesland, in: marx21.de vom 03. Dezember 2011, online unter: http://marx21.de/content/view/1575/32/

Natürlich nehmen Viele in den afghanischen Zivilbevölkerung uns als Besatzer wahr. Es ist ja auch objektiv eine Besatzung. Aber es darf doch erlaubt sein, zu fragen, ob diese verbreitete Meinung nicht auch Ergebnis der Propaganda der Islamisten, der Aufständischen und von Terroristen ist. Anstatt dafür Initiative zu ergreifen, dass unsere Soldaten und Hilfsorganisationen als Unterstützer für den Aufbau von demokratischen Strukturen und zum Wiederaufbau angesehen werden, werden vielmehr die eigene Truppe und damit letztlich auch die afghanische Zivilbevölkerung verraten und somit in Gefahr gebracht. Das ist untragbar für eine Regierungspartei.

Dazu kommt die Behauptung, dass die NATO gescheitert ist:

„Gescheitert ist die NATO auch mit ihrem Konzept der »Aufstandsbekämpfung« (»Counter Insurgency«). Dessen Grundannahme war, dass es gelänge, »die Herzen und Köpfe« der Bevölkerung zu gewinnen, wenn das Territorium erst einmal durch massive Militärpräsenz gesichert sei. Eine wichtige Rolle sollte hier die »zivilmilitärische Zusammenarbeit« spielen. Letztendlich bedeutet das nichts anderes, als dass die NATO Hilfsorganisationen für ihre Interessen einspannt. Das hat wiederum zu der Situation geführt, dass es Hilfsangebote hauptsächlich dort gibt, wo die NATO auf Widerstand trifft - eine gute Motivation also für die Bevölkerung, Aufständische zu unterstützen.“[287]

Diese Strategie der NATO ist doch prinzipiell nicht falsch. Warum will man sie denn zunichte machen? Die NATO sind doch die Regierungen in den Mitgliedsstaaten. Die Hilfsorganisationen tun das, was der Wille der Regierungen ist und werden auch von den Regierungen bezahlt.

„Die militärische Strategie der NATO sieht den zunehmenden Aufbau lokaler Sicherheitskräfte vor. Im US-Haushalt des kommenden Jahres sind 12,8 Milliarden Dollar für die Ausbildung und Ausrüstung dieser Kräfte eingeplant. Zum Vergleich: Der Gesamtetat des afghanischen Staats beträgt nur rund 1,5 Milliarden Dollar.“[288]

Das ist doch Aufbauhilfe für die Stabilisierung des Landes, das sich zukünftig wieder selbst schützen soll.

„Um die Kosten für die über 300.000 afghanischen Soldaten und Polizisten möglichst gering zu halten, liegen deren Löhne meist unter dem Existenzminimum. Je nach Rang verdienen die Sicherheitskräfte 165 (Einstiegsgehalt) bis 945 US-Dollar (General) im Monat. Um in Kabul eine Familie ernähren zu können sind rund 400 Dollar erforderlich. Dementsprechend sind Nebenverdienste für das Sicherheitspersonal eine Selbstverständlichkeit. So gelten Polizisten unter der afghanischen Bevölkerung als moderne Straßenräuber.“[289]

Die Löhne mögen niedrig sein, aber sie werden zumindest bezahlt. Größtenteils durch die Regierungen der NATO-Staaten. Das gilt nicht für die gesamte afghanische Bevölkerung. Dass die afghanischen Polizisten nur moderne Straßenräuber wären, ist doch eine unangebrachte Zuspitzung, die auch nicht weiterhilft dabei, die Lage zu verbessern.

„Ein Flügel der US-Administration plant daher einen Strategiewechsel. Demnach sollen 100.000 Soldaten abgezogen werden, 30.000 Kämpfer würden in Afghanistan bleiben. Sie sollen sich auf

287Buchholz, Christine/Schiefle, Stefan: NATO in Feindesland, in: marx21.de vom 03. Dezember 2011, online unter: http://marx21.de/content/view/1575/32/

288Buchholz, Christine/Schiefle, Stefan: NATO in Feindesland, in: marx21.de vom 03. Dezember 2011, online unter: http://marx21.de/content/view/1575/32/

289Buchholz, Christine/Schiefle, Stefan: NATO in Feindesland, in: marx21.de vom 03. Dezember 2011, online unter: http://marx21.de/content/view/1575/32/

Kabul und einzelne Stützpunkte konzentrieren, von denen aus Kommandoaktionen, Bomben- und Drohnenangriffe gestartet werden können. So könnten die Kosten erheblich gesenkt und dennoch, so die Hoffnung der Militärs, die offene Niederlage vermieden werden. "[290]

Dass Soldaten abgezogen werden, ist doch bereits ein Teilerfolg der Friedensbewegung und Ausdruck dessen, dass die Mission beendet werden soll.

„Ein solches Szenario wäre kein Abzug und schon gar kein Ende des Krieges. Die NATO würde alle Anstrengungen unternehmen, den Konflikt in Afghanistan, hauptsächlich zwischen lokalen Rivalen, aufrechtzuerhalten, um zu verhindern, dass sich eine anti-westliche Regierung durchsetzt. Dass solche Formen von »Kriegen niedriger Intensität« wenig mit Frieden zu tun haben und welches Leid dadurch verursacht wird, konnte man seit den 1970er Jahren in Lateinamerika beobachten.

Ein wirkliches Ende des Krieges kann es nur geben, wenn die NATO vollständig abgezogen ist. Dafür zu kämpfen, bleibt die Aufgabe der Friedensbewegung. "[291]

Doch. Das wäre ein Abzug. Zumindest erst einmal zum Teil. Es ist doch immer so in einer Demokratie, dass es Konflikte zwischen lokalen Rivalen gibt. Entscheidend ist doch, dass dieser Konflikt möglichst friedlich ausgetragen wird. Daher ist der Aufbau von Polizei und afghanischer Armee doch sinnvoll, um Gewalt zu verhindern und zu gewährleisten, dass es keinen Bürgerkrieg gibt.

Die ProtagonistInnen von Marx21 sollten beginnen sich die richtigen Fragen zu stellen. Nämlich zuerst die Frage, ob es nicht auch so ist, dass man selbst als Linke eine gewisse Verantwortung für die Entscheidungen der Vorgängerregierungen übernehmen muss, selbst wenn man deren Entscheidungen nicht unterstützt hat. Und die Frage, ob es nicht richtig ist, dass man ein Land, dass man besetzt hat, auch in einem Zustand wieder hinterlässt, der einen Frieden im Inland gewährleistet. Um den Wiederaufbau Afghanistans zu gewährleisten, werden sicher noch eine Weile NATO-Soldaten notwendig sein.

Auch werden durch VertreterInnen von Marx21 terroristische Anschläge verharmlost.

„Die Jagd auf die Verdächtigen der Bomben-Anschläge von Boston ist vorbei, doch die Konsequenzen werden noch länger spürbar sein: im politischen Mainstream, in der Verteufelung des "radikalen Islam" in den USA und andernorts sowie in Fragen zu Bürgerrechten und der Möglichkeit ihrer Einschränkung, sobald politische Authoritäten eine "terroristische Bedrohung" feststellen. "[292]

Es ist doch angesichts der terroristischen Aktivitäten von Al-Kaida alles andere als abwegig, dass durch die Ideologie des radikalen Islams weiterhin eine Gefahr besteht.

„Was wir jedoch jetzt schon wissen, ist, dass es einen Ansturm derer geben wird, die politisch punkten wollen – und dieser Sturm wird auf Kosten unserer Rechte gehen.

Die Anschläge auf den Boston Marathon waren ein sadistischer Angriff mit dem Ziel, möglichst

---

290Buchholz, Christine/Schiefle, Stefan: NATO in Feindesland, in: marx21.de vom 03. Dezember 2011, online unter: http://marx21.de/content/view/1575/32/

291Buchholz, Christine/Schiefle, Stefan: NATO in Feindesland, in: marx21.de vom 03. Dezember 2011, online unter: http://marx21.de/content/view/1575/32/

292Colson, Nicole: Angst darf kein Grund sein, unsere Rechte zu unterminieren, in: marx21.de vom 05. Mai 2013, online unter: http://marx21.de/content/view/1923/32/

viele Menschen zu verstümmeln. Sie waren gegen Menschen gerichtet, die keine Verantwortung für die Mißstände in unserer Gesellschaft tragen. Nichtsdestotrotz werden die Bombenanschläge jetzt als Rechtfertigung für eine Agenda von Gewalt und politischer Repression benutzt. "[293]

Es mag sein, dass einige Maßnahmen in der Folge der Bombenanschläge überzogen waren. Das ist dann auch ein Angriff auf die Bürgerrechte. Auf der anderen Seite sind Vorsichtsmaßnahmen auch geboten, solange sie im Rahmen bleiben.

„Auch, wenn es nicht sonderlich popular scheint, sollten Gegner von Krieg, Rassismus und Ungerechtigkeit sich jenen zur Wehr setzen, die den Gräuel der Anschläge als Begründung zweckentfremden, um uns zu entrechten.

Alle rassistisch eingefärbten Annahmen über "Terrorismus", die unter der Oberfläche der amerikanischen Medien und der Politik schlummerten, sind in den letzten Wochen aufgekocht.

Anfangs zögerten die Medien noch, das Boston-Attentat offen als einen Akt islamistischer Extremisten aus dem Nahen Osten zu benennen. Doch auch in den ersten Tagen nach der Tragödie gab es Ausnahmen – so bezeichnete der CNN-Nachrichtenmoderator John King die Attentäter als "eher dunkelhäutig" mit einem "wohl ausländischen Akzent". "[294]

Natürlich sollte man sich gegen Angriffe auf die Bürgerrechte zur Wehr setzen. Auf der anderen Seite aber ist der islamistische Terrorismus eine extreme Gefahr. Insofern muss man also die Mittel, sich gegen Terrorismus zur Wehr zu setzen genau austarieren und überprüfen, wie inwieweit sie vereinbar sind mit Eingriffen in die Freiheitsrechte der BürgerInnen.

„Hinter all dem stehen die Vorurteile der Medien – und mit ihnen die der Politik– darüber, wie "Terrorismus" zu definieren sei: und zwar als gewalttätiger Akt von Menschen aus dem mittleren Osten, die sich eindeutig zum Islam bekennen. "[295]

Angesichts der Häufung von Terroranschlägen mit islamistischem Hintergrund ist es doch nicht abwegig, dass man sich auf diese Gefahrenquelle fokussiert. Auf der anderen Seite kann man die Berichterstattung in den Medien schon auch als tendenziös bezeichnen.

Letztlich aber scheint mir, werden auch hier die Gefahren des islamistischen Terrorismus verharmlost. Man muss dies einfach auch in Zusammenhang sehen mit den autoritären Regierungsformen und den Menschenrechtsverletzungen in den Ländern des islamischen Blocks. Bezieht man diese Tatsachen ein in seine Überlegungen, so muss man einfach zu der Erkenntnis gelangen, dass die Gefahr von islamistischen Terroristen momentan am Größten ist.

Auch wird die NATO durch Marx21 vollständig abgelehnt. Im Jahre 2009 gab es hier ein ganzes Dossier mit Bekenntnissen und Argumentationen gegen dieses Militärbündnis:

„Am 4. April 2009 begeht die NATO ihren sechzigsten Geburtstag. Strasbourg (Frankreich) und Kehl (Baden-Württemberg). Die NATO steht für eine kriegerische Welt. Sie soll als Instrument imperialer Interessen gefestigt werden.

293Colson, Nicole: Angst darf kein Grund sein, unsere Rechte zu unterminieren, in: marx21.de vom 05. Mai 2013, online unter: http://marx21.de/content/view/1923/32/

294Colson, Nicole: Angst darf kein Grund sein, unsere Rechte zu unterminieren, in: marx21.de vom 05. Mai 2013, online unter: http://marx21.de/content/view/1923/32/

295Colson, Nicole: Angst darf kein Grund sein, unsere Rechte zu unterminieren, in: marx21.de vom 05. Mai 2013, online unter: http://marx21.de/content/view/1923/32/

Zum NATO-Treffen ruft die Friedensbewegung zu Protesten auf. Diese bestehen aus einer Demonstration (Samstag, 4. April 2009), einer internationalen Konferenz (Donnerstag, 2. April, bis Sonntag, 5. April), einem internationalen Widerstands-Camp (Mittwoch, 1. April, bis Sonntag, 5. April) sowie Aktionen des zivilen Ungehorsams."[296]

Der Analyse über die NATO mag man hier zum Teil noch einiges abgewinnen, aber realpolitisch ist ein Austritt aus der NATO momentan nicht möglich, wie ich in Kapitel 4 bereits dargelegt habe. Daher ist dies nichts weiter als politischer Populismus, der letztlich eine Regierungsbeteiligung der Linkspartei auf der Bundesebene verhindert.

Hier wird auch auf eine Broschüre der Informationsstelle Militarisierung verlinkt,[297] in der weitere regressive Kritik an der NATO zu lesen ist. Wenn dies auch zum Teil einige Fakten enthält und den Anschein der Wissenschaftlichkeit erweckt: Mit den Autoren Tobias Pflüger, Claudia Haydt, Christoph Marischka und Jürgen Wagner liest sich das Ganze wie das „Who is who" der alt-stalinistischen Komsomolzen aus der Partei. Das ist nicht zielführend. Wer die NATO überwinden will, der muss eben die gemeinsame Verteidigungspolitik der Europäische Union und den Aufbau einer Europäischen Armee unterstützen. Alles andere ist Augenwischerei.

Auch die Sozialistische Linke vertritt reaktionäre Positionen zur Außen- und Europapolitik. War die Strömung vor einiger Zeit noch etwas lebendiger und eher gewerkschaftlich orientiert, so scheinen sich auch hier die linksfaschistischen Komsomolzen insbesondere vom Linksruck/Marx21 durchgesetzt zu haben.

Auch hier die üblichen demagogischen Reflexe gegen die NATO:

„Deutschland ist für die NATO — und die amerikanische Machtprojektion in Europa und Eurasien — ein wichtiges Glied. Außenminister John Foster Dulles sagte 1946 in der New York Herald Tribune: Deutschland sei "neben der Atombombe die größte politische Macht", die man gegen die Sowjetunion in Stellung bringen könne. Für die USA war die enge Westanbindung der BRD von äußerster Wichtigkeit. Hierzu wurden sogar für die amerikanischen Interessen gefährliche Politiker in Deutschland abgesägt. So hat Karl J. Brandstetter bereits 1989 dargelegt, welche Rolle die CIA in der Spiegel-Affäre im Jahr 1962 hatte. Franz Josef Strauß war Washington ein Dorn im Auge, da er Deutschland unabhängig zu den USA entwickeln wollte. Eine größere Gefahr für die US-Interessen in Europa war jedoch die Politik de Gaulles. Für den französischen General und Präsidenten war die nationale Souveränität das höchste Gut. Deswegen forcierte de Gaulle den Austritt Frankreichs aus den militärischen Strukturen der NATO — ein kluger Schachzug. Paris blieb so ein Teil der Allianz, jedoch frei von amerikanischen Stützpunkten. In den zivilen Strukturen hatte Frankreich weiter eine Stimme und konnte so den Weg der NATO weiter mitbestimmen. In Washington erregten sich die Gemüter. "Auch befürchtete die amerikanische Regierung, dass de Gaulle das Problem mit Initiativen verschärft hätte, die [...] ein schlechtes Beispiel in Bezug auf nationale Unabhängigkeit und militärische Politik geben würde.""[298]

296Nein zur NATO – Nein zum Krieg , in: marx21.de vom 23. Februar 2009, online unter: http://marx21.de/content/view/670/

297"Kein Frieden mit der NATO - Die NATO als Waffe des Westens": Broschüre zur Mobilisierung gegen den NATO-Gipfel, Herausgeber: Informationsstelle Militarisierung e.V., in: imi-online.de, online unter: http://imi-online.de/download/webversion-imi-nato.pdf

298Noack, David: Die NATO auflösen? Gute Idee! Nur an der Umsetzung wird es scheitern., in: sozialistische-linke.de vom 08. Juni 2010, online unter: http://www.sozialistische-linke.de/politik/programm/debatte/frieden-a-internationales/96-die-nato-aufloesen-gute-idee-nur-an-der-umsetzung-wird-es-scheitern

Als Siegermacht nach dem 2. Weltkrieg und Weltmacht haben die USA einen enormen Einfluss auf die Deutsche Politik. Die Westintegration der BRD wurde bis auf durch die 1968er Studentenbewegung und in der Anfangsphase der Partei Die Grünen von niemandem ernsthaft angezweifelt. Es ist zwar so, dass nach der Auflösung der Sowjetunion und der Erweiterung der Europäischen Union sich auch die militärische und militärstrategische Lage verändert hat. Auf der anderen Seite sehen offenbar nur Wenige die Notwendigkeit, sich von den US-Amerikanern zu trennen. Die US-Amerikaner ihrerseits versuchen durch politische und militärische Penetration das NATO-Bündnis zu erhalten. Es ist aber eine dominante Strategie für die Mitgliedsstaaten der Europäische Union, die Verteidigungspolitik allein und gemeinsam zu koordinieren. Zum Einen könnte man so eine andere Ausrichtung der eigenen Politik deutlich machen, zum Anderen würde das leidige Abhängigkeiten von US-amerikanischer Politik beenden, die allzu oft negative Auswirkungen auf die Sozial- und Innenpolitik der Mitgliedsstaaten der Europäischen Union haben.

Aber David Noack liefert in seinem Artikel nur unrealistische und polemische Forderungen, die im politischen Diskurs nur schädlich für die Europäische Union sind, die dominante Strategie umzusetzen.

„Was wäre nun eine realistische aber auch radikale mittelfristige Perspektive für die PDL? Die Antwort: Ein Austritt aus den militärischen Strukturen der NATO. Den US- und britischen Streitkräften in Deutschland könnte ein Jahr Zeit gegeben werden, das deutsche Territorium zu verlassen. Die Atombomben gilt es sofort abzuziehen. Genau ein Jahr hatten die angelsächsischen Truppen auch 1964 bei de Gaulle. Mit einer klaren Absage an den US-Raketenschild könnten die amerikanischen Interessen in Europa darüber hinaus gestört werden. Außerdem müsste die Anerkennung des Kosovo zurückgenommen und eine Lösung nach dem Hongkong-Modell für die südserbische Region vorgeschlagen werden. Einer NATO-Mitgliedschaft Georgiens ist rundherum abzulehnen. Die deutsche Beteiligung an der NATO-Mission Baltic Air Policing ist ebenfalls zu beenden. Wenn Deutschland die militärischen Strukturen verlässt, könnte die Slowakei schnell folgen. In dem kleinen Land an der Donau ist das Bündnis bis heute sehr unbeliebt. Das gilt für die Bevölkerung, aber auch vor allem für die Regierungskoalition.“[299]

Solche kindlich-naiven Verlautbarungen helfen in keiner Weise. Man muss sich einfach den Realitäten stellen, dass es ohne die gemeinsame Sicherheits- und Verteidigungspolitik der Europäischen Union und ohne die EU-battle groups und eine Europäische Armee keine Möglichkeit gibt, sich unilateral der globalen Vorherrschaft der USA zu entziehen. Deshalb sollte man sich zu außenpolitischen Zusammenhängen nur dann äußern, wenn man auch wirklich etwas davon versteht. Es ist doch kontraproduktiv Wunschträume zu äußern, die man ohnehin nicht umsetzen kann. Damit isoliert sich die Linkspartei nur und verhindert, dass ihre sozialpolitischen Forderungen in einer Koalitionsregierung umgesetzt werden können.

Auch Fabio de Masi äußert in einem Artikel nur hanebüchenen Unsinn über die Europäischen Union. Dazu nutzt er als Aufhänger die Aussagen von Gabi Zimmer:

„Gabi Zimmer betont in ihrem Beitrag zur Programmdebatte DIE LINKE müsse Europa ernst nehmen. Der Vertrag von Lissabon habe der Europäischen Union (EU) eine eigene Rechtspersönlichkeit verliehen. Beides ist richtig. Doch was folgt daraus? Gabi Zimmer meint wir sollten uns nicht am Vertrag von Lissabon oder der Europäischen Wirtschaftsregierung die Zähne ausbeißen. Wichtig sei u.a. das Engagement unserer Europaparlamentarier sowie der vielen

299Noack, David: Die NATO auflösen? Gute Idee! Nur an der Umsetzung wird es scheitern., in: sozialistische-linke.de vom 08. Juni 2010, online unter: http://www.sozialistische-linke.de/politik/programm/debatte/frieden-a-internationales/96-die-nato-aufloesen-gute-idee-nur-an-der-umsetzung-wird-es-scheitern

lokalen Akteure unserer Partei. DIE LINKE beziehe sich zu stark auf den Nationalstaat und solle vorbehaltlos für die Erweiterung der EU streiten. Ich halte eine solche Strategie für falsch. Sie wird Europa schaden.“[300]

Die Europäische Union wird in Zukunft noch entscheidender für die Menschen in Europa werden, als sie es ohnehin schon ist. Insofern ist es auch wichtig, Europa ernst zu nehmen. Es ist nicht nur unsinnig, sich am Vertrag von Lissabon die Zähne auszubeißen, es ist auch kontraproduktiv. Das hilft kein Stück weiter, eine andere Sozialpolitik umzusetzen. Und nun äußert sich der nationale Kritiker de Masi reaktionär zur Politik der Europäischen Union.

„Natürlich sollte DIE LINKE für eine europäische Öffentlichkeit streiten. Aber die Proteste gegen den Raubzug der Banken und Regierungen gegen die Bevölkerung oder den Krieg in Afghanistan finden zunächst in Madrid, Athen oder Berlin statt. Die Europaabgeordnete Gabi Zimmer sollte wissen, dass der Satz im Parteiprogramm „Entscheidend für die Durchsetzung eines Politikwechsels ist die bundespolitische Ebene“ auch europapolitisch stimmt. Die wesentlichen Entscheidungen in Brüssel werden nach wie vor von Merkel, Sarkozy, Cameron oder Berlusconi getroffen; das Europäische Parlament hat selbst nach der fünften Vertragsrevision noch immer kein Initiativrecht (mit Ausnahme von Vertragsänderungen, die jedoch der Zustimmung von 27 Mitgliedstaaten bedürfen).“[301]

Es ist zwar so, dass die Bundespolitik und auch die Landespolitik in den Großstädten sehr entscheidend sind für die europäische Ebene. Auf der anderen Seite wird die Linkspartei mit Positionen derart keinen großen Einfluss gewinnen können, denn mit Polemik gegen die Banken und gegen unabwendbare außenpolitische Entscheidungen macht man nicht den Eindruck einer Solidität in der politischen Elite der Linkspartei, die es erlaubt, dass man hier entscheidende politische Positionen besetzen kann, um die europäische Politik zu beeinflussen. Das gilt selbst im Falle einer Koalitionsregierung mit Beteiligung der Linkspartei auf Bundesebene.

„Die Kopenhagener Kriterien verlangen von Beitrittsländern Marktöffnung. Ungarn, Lettland und Rumänien hängen nunmehr am Tropf von EU und IWF-Krediten, weil ihre übereilte Marktöffnung zu einem massiven Kapitalzufluss bei wachsenden Handelsdefiziten führte.

Eine linke Partei muss Beitritte daran messen, wem sie nützen: In vielen EU-Staaten sowie potentiellen Beitrittsländern gibt es mächtige Industrien, die sich durch einen EU-Beitritt einen besseren Marktzugang erhoffen. Die deutsche Politik hatte seit jeher großes Interesse an der Öffnung der osteuropäischen Märkte. Osteuropa war aufgrund der geographischen Lage natürlicher Absatzmarkt und verlängerte Werkbank für die deutsche Exportindustrie. Deutsche Unternehmen haben sich ebenso in Griechenland eingekauft, während Griechenland wiederum auf den Markteintritt auf dem Balkan hoffte. Den letzten beißen die Hunde.“[302]

Die Marktöffnung gilt für diese Länder doch ohnehin. Vielmehr gewährleistet die Europäische Union, dass man auch die Produkte der einheimischen Produktion auf den europäischen Markt

300De Masi, Fabio: Wer Europa retten will, muss es neu gründen!, in: sozialistische-linke.de vom 27. Oktober 2010, online unter: http://www.sozialistische-linke.de/politik/programm/debatte/frieden-a-internationales/163-wer-europa-retten-will-muss-es-neu-gruenden

301De Masi, Fabio: Wer Europa retten will, muss es neu gründen!, in: sozialistische-linke.de vom 27. Oktober 2010, online unter: http://www.sozialistische-linke.de/politik/programm/debatte/frieden-a-internationales/163-wer-europa-retten-will-muss-es-neu-gruenden

302De Masi, Fabio: Wer Europa retten will, muss es neu gründen!, in: sozialistische-linke.de vom 27. Oktober 2010, online unter: http://www.sozialistische-linke.de/politik/programm/debatte/frieden-a-internationales/163-wer-europa-retten-will-muss-es-neu-gruenden

bringen kann und gewährt gleichzeitig ein hohes Maß an Bürger- und Freiheitsrechten. Das Prinzip „Den letzten beißen die Hunde" gilt im Kapitalismus ohnehin. Daher sollte sich die Linkspartei beteiligen an der gemeinsamen Sicherheits- und Verteidigungspolitik, an der gemeinsamen Rechts- und Innenpolitik, damit eine gemeinsame Sozialpolitik der Europäischen Union überhaupt möglich wird.

„DIE LINKE hat mit ihrem Nein zum Vertrag von Lissabon und ihrer Kritik an einer Währungsunion ohne wirtschaftspolitische Koordinierung Weitsicht bewiesen. Die Euro-Krise hat uns Recht gegeben, unsere Kritiker hatten Unrecht. Nicht wir sind die Anti-Europäer, sondern Jene, die Politik gegen 490 Millionen Menschen in der EU machen.

Der Vertrag von Lissabon hat die Krise verschärft. Drei Beispiele: Island will als Reaktion auf die Wirtschaftskrise des kleinen Inselstaates dem Euro beitreten. Um die Wirtschaftskrise zu bewältigen hat Island Kapitalverkehrskontrollen eingeführt. Mit dem Beitritt zur EU müssten diese Kapitalverkehrskontrollen fallen, weil die EU-Verträge sie verbieten. Zweitens, um das Rettungspaket für Griechenland zu schnüren mussten die EU-Mitgliedstaaten gegen die EU-Verträge verstoßen. Denn Hilfen für notleidende Währungspartner sind in den EU-Verträgen ausdrücklich verboten. Die EU erklärte die Krise in Griechenland daher kurzerhand zur Naturkatastrophe. Drittens, Banken verdienen an der Staatsverschuldung, die sie verursacht haben. Sie leihen sich billiges Geld bei der Europäischen Zentralbank (EZB) und verleihen es zu Wucherzinsen an Euro-Staaten. Die EU-Verträge verbieten direkte Kredite der EZB an EU-Staaten und schützen somit die Macht der privaten Kapitalmärkte und Spekulanten. "[303]

Die Kritik am Lissabon-Vertrag durch die Linkspartei war nichts weiter als törichter Unsinn und die regressive Polemik gegen die Währungsunion ist genauso falsch. Man mag zwar behaupten, dass die Mehrheit in den europäischen Parlamenten gegen die Menschen in Europa Politik machen, weil es immer noch keine gemeinsame Sozialpolitik in Europa gibt. Aber es ist doch Unsinn deshalb die Bürger- und Freiheitsrechte des Lissabon-Vertrags und die Konsolidierung der Haushalte der Mitgliedsstaaten abzulehnen. Vielmehr sind solide Haushalte in den Mitgliedsstaaten der Europäischen Union eine Voraussetzung für den Erfolg der Ökonomie und für eine gemeinsame Sozialpolitik. Und antieuropäische Einstellungen gibt es in allen Parteien. Somit reiht sich auch der Artikel von Fabio de Masi ein in regressive Demagogie gegen die Europäische Union, die letztlich der Linkspartei nur schadet und die Europäische Union zersetzt.

Von der kommunistischen Plattform ist man regressive Kritik zu allen möglichen Themen bereits gewohnt. Hier kritisiert in diesem Falle Anton Latzo die NATO:

„Die zentrale und beliebteste Behauptung der offiziellen Geschichte der NATO besagt, daß sie als Verteidigungsbündnis gegenüber der Sowjetunion entstanden ist. Ziel der NATO sei gewesen, der Sowjetunion ein westliches Verteidigungsbündnis entgegenzusetzen.

Damit wird unterstellt, daß die Sowjetunion die westliche Welt bedroht hat. Natürlich war im Vergleich zu der Zeit vor dem Zweiten Weltkrieg ein völlig anderes internationales Kräfteverhältnis entstanden. Die entscheidende Rolle, die die Sowjetunion in der Antihitlerkoalition bei der Zerschlagung des Faschismus spielte, trug wesentlich zur Erhöhung ihrer internationalen Stellung und Ausstrahlung bei. Der antifaschistische Kampf der Völker führte nach dem Zweiten Weltkrieg

303De Masi, Fabio: Wer Europa retten will, muss es neu gründen!, in: sozialistische-linke.de vom 27. Oktober 2010, online unter: http://www.sozialistische-linke.de/politik/programm/debatte/frieden-a-internationales/163-wer-europa-retten-will-muss-es-neu-gruenden

zu einer neuen Qualität und zur Stärkung seiner antikapitalistischen Ausrichtung nicht nur in den volksdemokratischen Staaten, sondern auch in Frankreich, Italien, Griechenland usw. Das Kolonialsystem begann zu bröckeln. "[304]

Natürlich gab es eine Bedrohung für die westliche Welt durch die Sowjetunion. Etwa die Berlin-Blockade und der Februarumsturz in der Tschechoslowakei waren zwei Ereignisse, die diese These untermauern. Man mag zwar sagen, dass etwa der Brüsseler Pakt ebenfalls für die Sowjetunion bedrohlich war, aber man kann nun wirklich nicht sagen, dass nicht auch die Sowjetunion eine Bedrohung für den Westen war, wo es doch unterschiedliche Vorstellungen etwa über die Form der politischen Herrschaft und die Form des Wirtschaftens gab. Selbstverständlich hat auch die Sowjetunion dabei geholfen, die Nationalsozialisten zu besiegen, aber auf der anderen Seite gab es auch unüberwindbare politische Differenzen der Sowjetunion mit Frankreich, Großbritannien, den Benelux-Staaten und den USA. Insofern scheint mir diese Analyse schlicht falsch.

„Dazu diente auch das Bündnis zwischen den USA und Großbritannien, das als Unterbau einen Block europäischer Staaten erhalten sollte. Dessen ideologische und politische Grundlage definierte Winston Churchill am 5. März 1946 in Fulton als "Kreuzzug gegen den Kommunismus."

Allein schon diese Fakten verdeutlichen, daß eine "Bedrohung aus dem Osten" eine Inszenierung war, um die Menschen zu verdummen und die eigenen aggressiven Absichten zu verschleiern. Der entfesselte Kalte Krieg und der Verzicht der ehemaligen Verbündeten der UdSSR auf die Verwirklichung des Potsdamer Abkommens machten die positiven Erscheinungen in den gegenseitigen Beziehungen, die sich zwischen Ost und West im Kampf gegen den deutschen Faschismus herausgebildet hatten, zunichte. "[305]

Von einem Kreuzzug gegen den Kommunismus zu sprechen, bringt natürlich die eigene christliche Ideologie zum Ausdruck, die bei genauerer Betrachtung kaum weniger reaktionär ist, als der Real-Kommunismus selbst. Dass es aber eine reale Bedrohung gab, habe ich gerade dargestellt. Der Kalte Krieg ist also nicht nur vom Westen geführt worden, sondern auch durch die Sowjetunion. Dies zu Bestreiten ist meines Erachtens äußerst dumm.

„Schon im Dezember 1946 proklamierte Truman in einer Botschaft an den USA-Kongreß den Weltherrschaftsanspruch der Vereinigten Staaten: "Wir müssen alle gestehen, daß der Sieg, den wir errungen haben, dem amerikanischen Volk die Bürde der dauernden Verantwortung für die Führung der Welt auferlegt hat."

Die auf dieser Grundlage erarbeitete Truman-Doktrin, verkündet im März 1947, die im Grunde das Recht der USA auf Einmischung in die inneren Angelegenheiten anderer Staaten proklamierte, trug unverhohlen aggressiven Charakter. Sie stellte ein Programm zur Unterstützung der Kräfte der Reaktion in den einzelnen Ländern dar und verfolgte das Ziel, an den Grenzen der UdSSR und der volksdemokratischen Staaten Aufmarschgebiete zu schaffen. "[306]

Derartige Verlautbarungen, wie sie hier im Zitat von Truman angeführt wurden, gab es doch von

304Latzo, Anton: Auf dem Weg zur NATO – Mythos und Wahrheit, Mitteilungen der Kommunistischen Plattform, April 2009, in: die-linke.de, online unter: http://www.die-linke.de/partei/zusammenschluesse/kommunistischeplattformderparteidielinke/mitteilungenderkommunistischenplattform/detail/archiv/2009/april/zurueck/archiv-2/artikel/auf-dem-weg-zur-nato-mythos-und-wahrheit/

305Latzo, Anton: Auf dem Weg zur NATO – Mythos und Wahrheit, Mitteilungen der Kommunistischen Plattform, April 2009, in: die-linke.de, online unter: http://www.die-linke.de/partei/zusammenschluesse/kommunistischeplattformderparteidielinke/mitteilungenderkommunistischenplattform/detail/archiv/2009/april/zurueck/archiv-2/artikel/auf-dem-weg-zur-nato-mythos-und-wahrheit/

Seiten der Sowjetunion ebenfalls zuhauf. Die Gründung des Warschauer Paktes und die Stationierung von Raketen auf Kuba sind doch Beispiele dafür, dass auch die UdSSR versucht haben ihren Weltmachtanspruch geltend zu machen. Insofern wird hier zu einseitig Stellung bezogen für den Sowjetblock. Das ist tendenziös.

„Am 20. Januar 1948 unterbreitete der neue USA-Außenminister J. F. Dulles im außenpolitischen Senatsausschuß den Vorschlag über die Gründung eines militärpolitischen Bündnisses westeuropäischer Staaten auf der Grundlage des Marshall-Plans. Die Höhe der amerikanischen Hilfe für diese Länder sollte von deren Bereitschaft zur Zusammenarbeit bei der Schaffung eines antisowjetischen Blocks abhängig gemacht werden. Am 22. Januar 1948 schlug der britische Außenminister, E. Bevin, vor dem britischen Parlament vor, ein westliches Verteidigungsbündnis zu bilden. Bereits am nächsten Tag gab das USA-Außenministerium eine Erklärung ab, in der dieser Vorschlag gebilligt wurde. "[307]

Dieses westliche Verteidigungsbündnis ist also durch demokratischen Mehrheitsbeschluss zustande gekommen, während die Sowjetunion allen ihren Satellitenstaaten den Warschauer Pakt gewaltsam aufgezwungen hat. Diesen Unterschied sollte man zur Kenntnis nehmen.

„Schon im März 1948 hat der Nationale Sicherheitsrat der USA das Memorandum Nr. 7 angenommen, in dem es hieß, daß die Zerschlagung der Kräfte des Weltkommunismus für die Sicherheit der USA von lebenswichtiger Bedeutung sei. Als Mittel zur Erreichung dieses Zieles wurde die Schaffung einer breiten antikommunistischen Allianz unter Führung der USA proklamiert. "[308]

Diese Aussage ist ein Beweis für den US-amerikanischen Bellizismus, der seine Hauptursache in religiöser Ideologie hat. Auf der anderen Seite gab es auch politisch-gesellschaftliche Zersetzungsstrategien durch die Sowjetunion gegen die Länder Westeuropas. Insofern war auch offenbar die sowjetische Strategie, den Gegner zu zerschlagen. Das ist ein Beweis dafür, dass der Real-Kommunismus eine Politische Religion war.

„Parallel zur NATO-Bildung erfolgte auf der Grundlage des Antikommunismus sowie in Verfolgung der Weltherrschaftspläne der USA, assistiert vor allem durch Großbritannien, das seine Kolonien sichern wollte, in den Jahren 1948 bis 1954 die Bildung eines ganzen Systems aggressiver Militärblöcke. Gleichzeitig orientierten sich die USA auf die Erhöhung der Zahl der Militärstützpunkte in verschiedenen Staaten (Frankreich, Marokko, Grönland, Island, Azoren). Dazu gehörte der Vorschlag zur Schaffung des Mittelostkommandos, das neben der Türkei und Griechenland auch die Länder der Arabischen Liga in den südlichen Flügel der NATO eingliedern sollte. Im Fernen Osten schlossen die USA 1951 einen "Vertrag über gegenseitige Verteidigung" mit den Philippinen ab. Einen Tag später wurde der ANZUS-Pakt abgeschlossen, an dem sich die USA, Neuseeland und Australien beteiligten. Am 8. 9. 1951 wurde der separate Friedensvertrag mit

306Latzo, Anton: Auf dem Weg zur NATO – Mythos und Wahrheit, Mitteilungen der Kommunistischen Plattform, April 2009, in: die-linke.de, online unter: http://www.die-linke.de/partei/zusammenschluesse/kommunistischeplattformderparteidielinke/mitteilungenderkommunistischenplattform/detail/archiv/2009/april/zurueck/archiv-2/artikel/auf-dem-weg-zur-nato-mythos-und-wahrheit/

307Latzo, Anton: Auf dem Weg zur NATO – Mythos und Wahrheit, Mitteilungen der Kommunistischen Plattform, April 2009, in: die-linke.de, online unter: http://www.die-linke.de/partei/zusammenschluesse/kommunistischeplattformderparteidielinke/mitteilungenderkommunistischenplattform/detail/archiv/2009/april/zurueck/archiv-2/artikel/auf-dem-weg-zur-nato-mythos-und-wahrheit/

308Latzo, Anton: Auf dem Weg zur NATO – Mythos und Wahrheit, Mitteilungen der Kommunistischen Plattform, April 2009, in: die-linke.de, online unter: http://www.die-linke.de/partei/zusammenschluesse/kommunistischeplattformderparteidielinke/mitteilungenderkommunistischenplattform/detail/archiv/2009/april/zurueck/archiv-2/artikel/auf-dem-weg-zur-nato-mythos-und-wahrheit/

Japan unterzeichnet und gleichzeitig zwischen USA und Japan der Sicherheitspakt abgeschlossen, der die Stationierung amerikanischer Streitkräfte auf Japan regelte. "[309]

Ja gut. Aber auch die Sowjetunion hatte nicht nur ihren Hegemonialanspruch über Osteuropa geltend gemacht, sondern es gab auch eine Zusammenarbeit des Warschauer Paktes mit China. Offenbar haben die US-Amerikaner und die anderen NATO-Staaten diese Entwicklung geahnt und ihrerseits Sicherheitsvorkehrungen ergriffen.

„Zu der Zeit, als die NATO in der Gründungsphase war, unterbreitete die UdSSR mehrmals konkrete Vorschläge zur Verbesserung des sowjetisch-amerikanischen Verhältnisses und zur Lösung ungelöster internationaler Probleme mittels Verhandlungen. So geschehen auch im Mai 1948, als die UdSSR den USA Verhandlungen über einen weiten Kreis internationaler Fragen angeboten hat. Aber die USA-Regierung lehnte ab.

Zu Beginn des Jahres 1949, als die Vorbereitungen zur Unterzeichnung der Dokumente zur Gründung der NATO einen Höhepunkt erreichten, schlug die Sowjetunion den USA eine öffentliche Deklaration vor, in der sie sich verpflichten sollten, die Lösung von Streitigkeiten nicht durch Kriege herbeizuführen, einen Friedenspakt zu unterzeichnen und mit der schrittweisen Abrüstung zu beginnen. Die Annahme der sowjetischen Vorschläge hätte zu einer wesentlichen Verbesserung des internationalen Klimas führen können. Die erneute Ablehnung durch die USA bewies, daß eine Normalisierung der Lage nicht in ihrer Absicht lag. "[310]

Es gab auch einen politischen Grund für die Ablehnung. Einerseits natürlich die antikommunistische Ideologie des Westens. Dann die Menschenrechtsverletzungen durch den Stalinismus. Und auch die autoritäre Herrschaftsform in der Sowjetunion. Des weiteren gab es eben eine andere Auffassung davon, wie man die Ökonomie einer Gesellschaft organisiert. Insofern ist die Ablehnung der Zusammenarbeit mit Stalin durch die USA keineswegs als überraschend anzusehen. Damit wurden auch der 1948 verabschiedeten Allgemeine Erklärung der Menschenrechte Rechnung getragen und die Menschenrechtsverletzungen durch den Stalinismus angeprangert.

„Die Entwicklung in den vergangenen 60 Jahren bestätigt, daß die sowjetische Regierung den Nordatlantikpakt völlig richtig eingeschätzt hat. Mit der Bildung der NATO wurde eine imperialistische Gruppierung geschaffen, die durch die USA beherrscht wird und den Interessen der USA entsprechend den Besonderheiten der jeweiligen Periode untergeordnet werden soll.
Die NATO erwies sich als Kernstück des Systems der militärisch-politischen Organisationen der kapitalistischen Welt. Die NATO bestimmt weitgehend die Militärpolitik, die Rüstungen und die Strukturen der bewaffneten Kräfte der Mitgliedstaaten. Neben den militärischen Aspekten der Zusammenarbeit hat sich die NATO zum Hauptinstrument der Koordinierung der Verwirklichung der expansiven Politik der meisten kapitalistischen Großmächte entwickelt.
Internationale Absicherung des kapitalistischen Systems ist Hauptanliegen der NATO. Antikommunismus ist ideologisches Leitprinzip. Die expansive Ausweitung des kapitalistischen

309Latzo, Anton: Auf dem Weg zur NATO – Mythos und Wahrheit, Mitteilungen der Kommunistischen Plattform, April 2009, in: die-linke.de, online unter: http://www.die-linke.de/partei/zusammenschluesse/kommunistischeplattformderparteidielinke/mitteilungenderkommunistischenplattform/detail/archiv/2009/april/zurueck/archiv-2/artikel/auf-dem-weg-zur-nato-mythos-und-wahrheit/

310Latzo, Anton: Auf dem Weg zur NATO – Mythos und Wahrheit, Mitteilungen der Kommunistischen Plattform, April 2009, in: die-linke.de, online unter: http://www.die-linke.de/partei/zusammenschluesse/kommunistischeplattformderparteidielinke/mitteilungenderkommunistischenplattform/detail/archiv/2009/april/zurueck/archiv-2/artikel/auf-dem-weg-zur-nato-mythos-und-wahrheit/

Systems bleibt ein Politik bestimmendes Ziel.“[311]

Nun ja. Man könnte auch behaupten, dass der Zusammenbruch der Sowjetunion und des Warschauer Paktes bewiesen haben, dass die NATO-Staaten und die Länder der westlichen Welt immer schon richtig lagen mit ihrer Einschätzung über die Menschenrechtsverletzungen in der Sowjetunion. Man mag zwar sagen, dass die NATO ein Bündnis ist, das die Macht des US-Imperialismus zementiert hat, aber für die Lebensumstände der Menschen in Deutschland und Europa ist das immer noch besser, als die Unterdrückung durch die Sowjets. Wer sonst, wenn nicht die Länder der NATO selbst, sollten über ihre Militärpolitik, die Rüstungen und die Strukturen ihrer Armeen bestimmen? Das ist nun einmal in demokratischen Regimen so, dass das Volk seine Geschicke selbst leitet. Man kann zwar die Politik der NATO kritisieren, aber diese Form der Kritik hätten die Kommunisten in der UdSSR an sich und am Warschauer Pakt nie und nimmer so einfach zugelassen. Insofern profitiert mit Anton Latzo ein Altstalinist vom demokratischen Diskurs.

An dieser Stelle bietet Herr Latzo also eine Polemik als Schluss seiner Ausführungen an. Das ist nicht die Logik. Das ist damit auch nicht wissenschaftlich. Und Kommunismus ist bei Marx und Engels eben logisch begründet. Das war im Real-Kommunismus aber eben auch nicht der Fall. Deshalb ist er auch zurecht gescheitert.

Man könnte auch sagen, dass das Scheitern des Real-Kommunismus und die Demokratie als Staatsform, den Kommunismus, so wie ihn Marx und Engels historisch begründet haben, überhaupt erst ermöglichen. Anton Latzo ist ein unerträglicher Geschichtsrevisionist, der hier die gesamte politische Linke in Misskredit bringt und einer Ideologie nachtrauert, die inhuman und verbrecherisch ist. Das ist unerträglich!

Auch wird durch die Kommunistische Plattform konsequent die Politik des Reformerflügels der Linkspartei diskreditiert und konterkariert. Hier wird als Beispiel angeführt ein Antrag, der von Abgeordneten der GUE/NGL mit unterstützt und initiiert wurde:

„Am 10. März 2011 behandelte das Europäische Parlament einen gemeinsamen Entschließungsantrag "Zu den südlichen Nachbarländern der EU, insbesondere Libyen" aller Fraktionen mit Ausnahme der konföderalen Fraktion GUE/NGL. Gemeinsam mit zwei weiteren Abgeordneten der Fraktion GUE/NGL hast Du diesen Antrag, der die Forderung der nach der Einrichtung einer Flugverbotszone über Libyen einschließt, mit eingereicht.

Dies widerspricht den jüngsten Erklärungen aus den Reihen unserer Partei. Dies widerspricht den in der LINKEN geltenden friedenspolitischen Prinzipien. Dies ist eine Zustimmung zu einem möglichen Krieg der NATO. Man muss Gaddafi nicht mögen, um NATO-Kriege prinzipiell abzulehnen.“[312]

In diesem Entschließungsantrag wird nichts anderes getan, als sich mit der Bevölkerung der Länder Nordafrikas und des Nahen Ostens solidarisch zu erklären, die Menschenrechtsverletzungen anzuprangern, Gewalt verurteilt, zur Humanität angemahnt, Unterstützung für autoritäre Regime verurteilt (womit sich die EU sogar selbst kritisiert) und Krieg gegen Lybien abgelehnt. Das alles ist

311Latzo, Anton: Auf dem Weg zur NATO – Mythos und Wahrheit, Mitteilungen der Kommunistischen Plattform, April 2009, in: die-linke.de, online unter: http://www.die-linke.de/partei/zusammenschluesse/kommunistischeplattformderparteidielinke/mitteilungenderkommunistischenplattform/detail/archiv/2009/april/zurueck/archiv-2/artikel/auf-dem-weg-zur-nato-mythos-und-wahrheit/

312"Alleingang Lothar Bisky's im Europäischen Parlament", Brief der Kommunistischen Plattform an Lothar Bisky zur Libyen-Resolution des Europäischen Parlaments, in: die-linke.de vom 10. März 2011, online unter: http://www.die-linke.de/index.php?id=7711

in jedem Falle vereinbar mit dem Parteiprogramm der Linkspartei. Was die Kommunistische Plattform hier behauptet ist schlicht die Unwahrheit.

Für eine Lüge der Kommunistischen Plattform wird hier Lothar Bisky diskreditiert:

„Du bist in einer verantwortungsvollen Position, und wir nehmen daher Deinen Alleingang sehr ernst, auch wenn Du mittlerweile ebenso eine Erklärung von Teilen der Delegation der LINKEN unterzeichnet hast, in der jede militärische Intervention in Libyen abgelehnt wird.

Letztlich aber stimmtest Du im Europäischen Parlament - wenngleich als einziger aus der Delegation der LINKEN - dem Entschließungsantrag "Zu den südlichen Nachbarländern der EU, insbesondere Libyen" zu.

Dein zwiespältiges Verhalten ist für uns ein Grund mehr, in der Programmdebatte für den Erhalt der in der Partei geltenden friedenspolitischen Prinzipien zu kämpfen."[313]

Das ist doch kein Alleingang. Letztlich ist dieser Entschließungsantrag doch völlig konform mit dem, was die Linkspartei auch in ihrem Programm beschlossen hat. Lothar Bisky hat also eine Mehrheit für seine Politik in der Partei. Außerdem ist doch die Entscheidung, nicht militärisch in Lybien zu intervenieren Teil des Entschließungsantrages unter Punkt 7.[314] Letztlich ist diese Kritik damit nichts weiter als Bösartigkeit. Diesen Text übernimmt auch die Sozialistische Linke vollständig von der Kommunistischen Plattform. Insofern zeigt sich hier, dass es personelle Überschneidungen zwischen allen extremistischen Strömungen in der Linkspartei gibt.

Letztlich lässt sich meines Erachtens der logische Schluss fassen, dass die innerparteilichen Zusammenschlüsse Antikapitalistische Linke, Sozialistische Linke, Marx21, Kommunistische Plattform und die Sozialistische Alternative Voran alle die außenpolitische reaktionäre des Sowjetblocks weiterbetreiben. Ich ziehe daraus den logischen Schluss, dass dies alles Komsomole der alten KpdSU waren und sind, die durch den KGB und das MfS gesteuert und finanziert wurden. Heute nähert man sich der Agitpropaganda der islamistischen Regime an. Ein nicht unbeträchtlicher Teil der Linkspartei versucht, die anderen Fraktionen mit außenpolitischen Positionen der russischen Kommunisten und der autoritären islamistischen Regime zu erpressen, anstatt hier eine Zusammenarbeit zwischen NATO und Russland zu forcieren, um durch internationale Friedensmissionen Kriege und Konflikte friedlich beizulegen.

Ich gehe daher davon aus, dass es die Professoren Elmar Altvater, Norman Paech, Anton Latzo, Frank Deppe, Bodo Zeuner, Borgit Mahnkopf und andere Professoren aus Linkspartei und DKP sind, die diese Komsomole anleiten und bereits vor der Wende angeleitet haben. Meiner Ansicht nach sind und waren sie damit alle Handlanger der Stasi und des KGB. Insofern habe ich für diese Leute nichts als Verachtung übrig. Sie sind bornierte Ideologen, die unsere Sicherheit gefährden, linientreu zum KGB und zum Warschauer Pakt bis zuletzt. Deshalb hielte ich es auch für richtig, diesen Personen kein Podium mehr zu gewähren und sie gegebenenfalls aus der Partei auszuschließen.

313"Alleingang Lothar Bisky's im Europäischen Parlament", Brief der Kommunistischen Plattform an Lothar Bisky zur Libyen-Resolution des Europäischen Parlaments, in: die-linke.de vom 10. März 2011, online unter: http://www.die-linke.de/index.php?id=7711

314Siehe hierzu: GEMEINSAMER ENTSCHLIESSUNGSANTRAG zu den südlichen Nachbarländern der EU, insbesondere Libyen, einschließlich humanitärer Aspekte, in: europa.eu vom 09. März 2011, online unter: http://www.europarl.europa.eu/sides/getDoc.do?pubRef=-//EP//TEXT+MOTION+P7-RC-2011-0169+0+DOC+XML+V0//DE

9. Positive und fortschrittliche Aspekte der linken Programmatik

In diesem kurzen Kapitel möchte ich auch noch ein paar positive und fortschrittliche Aspekte in der Programmatik der Linkspartei hervorheben, die ich für durchaus unterstützenswert halte. Dies will ich tun, um zu zeigen, dass es durchaus einige Programmpunkte gibt, die ich für ausbaufähig und wünschenswert erachte. Man sollte daher bei diesen Themen ansetzen und sie zu realpolitisch umsetzbaren Konzepten ausarbeiten.

Zuallererst hat man offensichtlich grundsätzlich das Ansinnen, die Europäische Union mitzugestalten und sie für die Menschen in Europa zu verbessern:

„Die Europäische Union beeinflusst das Leben der Bürgerinnen und Bürger in allen Mitgliedstaaten unmittelbar und in wachsendem Umfang. Entscheidungen des Europäischen Parlaments, des von den Staats- und Regierungschefs der Mitgliedstaaten gebildeten Europäischen Rates, des Rates, der Europäischen Kommission und des Europäischen Gerichtshofes bestimmen die Lebensbedingungen, den Alltag der Menschen in der Bundesrepublik substanziell. Die auf EU-Ebene getroffenen Entscheidungen sind von zentraler Bedeutung für die Sicherung des Friedens, die wirtschaftliche und soziale Entwicklung und die Lösung der ökologischen Herausforderungen auf dem Kontinent und darüber hinaus. Linke Politik in Deutschland muss angesichts dessen heute mehr denn je die europäische Dimension mitdenken und für die Gestaltung der europäischen Politik eigene Vorschläge unterbreiten. Die Europäische Union ist für DIE LINKE eine unverzichtbare politische Handlungsebene.“[315]

Es ist also durchaus so, dass man in der Linkspartei die Europäische Union als Grundlage dafür sieht, um eine sozialere Politik umzusetzen. Das unterscheidet die Linkspartei von rechtspopulistischen Europaskeptikern und Europakritikern. Es wäre schön, wenn man ein Bekenntnis zur EU und vor allem zum Lissabon-Vertrag auch offensiver vertritt.

Auch die Kritik am Demokratiedefizit der EU halte ich für dringend geboten. Hier leistete zum Beispiel die Linkspartei aus Brandenburg einen interessanten Beitrag:

„DIE LINKE streitet von Anfang an für ein demokratisches und soziales Europa der Bürger_innen, gegen eine EU der Regierungen. Die gegenwärtigen sozialen und ökologischen Aufgaben bzw. Probleme sind heute und in Zukunft nicht national oder lokal lösbar. Längst ist der Alltag der Menschen in Europa, Deutschland und Brandenburg geprägt durch europäische Entwicklungen in Wirtschaft, Kultur, Wissenschaft und Politik. Zahlreiche EU-finanzierte Projekte belegen das und fördern die weitere Integration. (...)

Unser Ziel ist eine Sozialunion: gegen Ausgrenzung bzw. Armut und für soziale Gerechtigkeit. Dieses Modell ist unsere Alternative zu allen populistischen und nationalistischen Losungen und Lösungsversprechen und gegen alle Pläne einer deutsch geführten Wirtschafts- und Finanzunion. Demokratisierung der EU bedeutet zuallererst: Stärkung des Parlaments, mehr Mitsprache der regionalen demokratisch gewählten Vertreter und Stärkung der direkten Demokratie. Die

315Programm der Partei DIE LINKE., Beschluss des Parteitages der Partei DIE LINKE vom 21. bis 23. Oktober 2011 in Erfurt, bestätigt durch einen Mitgliederentscheid im Dezember 2011., S. 66, online unter: http://www.die-linke.de/fileadmin/download/dokumente/programm_der_partei_die_linke_erfurt2011.pdf

erfolgreiche europaweite Bürgerinitiative gegen die Privatisierung von Wasser ist dafür wegweisend. Sie zeigt, das die Bürger_innen auch unter schwierigen Bedingungen ihre Interessen vertreten.“[316]

Zunächst muss man erwähnen, dass in der Linkspartei Brandenburg wesentlich mehr Sachverstand über europapolitische Themen anzufinden ist, als im derzeitigen Bundesvorstand oder gar in den westdeutschen Landesverbänden der Linkspartei. Es ist ohne Zweifel eine notwendige Position, dass das Europaparlament gestärkt wird und es mehr Mitsprache auch durch die Regionen gibt. Insofern sehe ich diese Programmatik als zukunftsweisend und sinnvoll.

Auch bei der Thematik des Verbotes von Rüstungsexporten sehe ich bei der Linkspartei eine Position, die in dieser Form von keiner anderen Partei vertreten wird:

„Die vielen Waffenlieferungen aus Deutschland an Diktaturen, Menschenrechtsverletzer und sogar direkt in Kriegs- und Krisengebiete zeigen, dass weder die „Politischen Grundsätze“ der Bundesregierung (noch der „Gemeinsame Standpunkt 2008/944/GASP des Rates vom 8. Dezember 2008 betreffend gemeinsame Regeln für die Ausfuhrkontrolle von Militärtechnologie und Militärgütern“ der Europäischen Union geeignete Instrumente sind, um den Export von Kriegswaffen und Rüstungsgütern nachhaltig und wirksam einzuschränken. Die Fraktion DIE LINKE fordert deshalb, einen Gesetzentwurf vorzulegen, in dem ein Verbot des Exports von Kriegswaffen und sonstigen Rüstungsgütern geregelt wird. (...)

Die Fraktion DIE LINKE fordert deshalb:

- *den sofortigen Stopp sämtlicher Rüstungsexporte sowie ein Gesetz zum Verbot des Exports von Kriegswaffen und sonstigen Rüstungsgütern,*
- *die substantielle Ausweitung der Unterrichtungsverpflichtungen der Bundesregierung (z.B. über Lizenzen und Waffenkomponenten) und die zeitnahe Veröffentlichung der Daten zu sämtlichen Rüstungsexporten, Programme zur Konversion von Rüstungsproduktion in die Herstellung von ökologischen und zukunftsfähigen Produkten.“*[317]

Man kann also sagen, dass diese Position der Linkspartei recht radikal ist, sozusagen das Problem von Kriegen und bewaffneten Auseinandersetzungen an der Wurzel angeht. Ich denke, dass man versuchen sollte, an diesem Programmpunkt noch etwas konkreter zu werden und auch die Einzelfälle genauer zu beleuchten.

Auch würde ich die Programmatik der Linkspartei zur Außenpolitik generell als einen humanistischen Pazifismus charakterisieren. Diesen Idealismus halte ich auch nicht grundlegend für falsch. Auf der anderen Seite habe ich in dieser Monografie bereits die Problempunkte dieser Theorie angesprochen, die unter den realen Gegebenheiten leider nicht zielführend sein kann und für eine Regierungspartei auf Bundesebene unvertretbar ist.

Außerdem halte ich es für wichtig, herauszustellen, dass die Linkspartei für die Menschenrechte Partei ergreift:

„Menschen haben Rechte, weil sie Menschen sind. Diese Idee spielt seit der Aufklärung eine

---

316Europawoche 2013: Mitdiskutieren über die EU als Sozialunion, Presseerklärung der Linkspartei Brandenburg, in: dielinke-brandenburg.de vom 03. Mai 2013, online unter: http://www.dielinke-brandenburg.de/nc/politik/presse/detail/artikel/europawoche-2013-mitdiskutieren-ueber-die-eu-als-sozialunion/

317Rüstungsexport, Positionspapier der Linksfraktion, in: linksfraktion.de, online unter: http://www.linksfraktion.de/themen/ruestungsexport/

zentrale Rolle im politischen Denken. Kein noch so ideell oder materiell großes Interesse legitimiert dazu, Menschen dieser grundlegenden Rechte zu berauben. Die Menschenrechte gelten unabhängig von Staatsgrenzen: sie sind universell.

DIE LINKE kämpft für die weitere Verwirklichung der Menschenrechte. Heute heißt das vor allem, denjenigen Entwertungstendenzen entgegen zu treten, die die Fortschritte bei der Verwirklichung der Menschenrechte zerstören (Terrorbekämpfung, Flüchtlingspolitik). Auch weist DIE LINKE Versuche zurück, die Menschenrechte zur Kriegsideologie zu machen. Aber DIE LINKE sieht auch das wirtschaftliche Potenzial der Bundesrepublik, das zur Ausgestaltung des Rechts auf Entwicklung gerade in Ländern der „Dritten Welt" beitragen kann."[318]

Zwar kommt hier Meines Erachtens noch eine regressive Tendenz zum Ausdruck, aber im Großen und Ganzen sehe ich das als eine Position, die vielversprechend ist.

Ich komme hier daher zu dem Fazit, dass es mitnichten nur falsche Positionen innerhalb der Linkspartei gibt. DIE LINKE. muss endlich Verantwortung übernehmen und nicht bei Gesinnung stehenbleiben. Mandatsträger der Linkspartei sollten endlich beginnen such die richtigen Fragen zu stellen, bevor sie politische Verlautbarungen unters Volk bringen. Am Besten wäre es, die Logik zu antizipieren und in verantwortungsvolle Regierungspolitik umzumünzen. Das wünsche ich mir von einer linken, einer demokratisch-sozialistischen Partei. Ich sehe daher nicht nur falsche Ansätze in der Linkspartei, sondern durchaus auch Programmpunkte, auf die man aufbauen kann.

318DIE LINKE.: Themen A-Z: Menschenrechte, in: die-linke.de, online unter: http://www.die-linke.de/index.php?id=2853

10. Konklusion

Ich möchte nunmehr die in dieser Monografie gewonnenen Erkenntnisse zusammenfassen. Es hat sich herausgestellt, dass es ein sozusagen „linkes Paradoxon" gibt. Auf der einen Seite vertritt die Linkspartei in der Europa- und Außenpolitik einen humanitären Idealismus, auf der anderen Seite gibt es Positionen von einzelnen Gruppierungen in der Partei, die alles andere als human sind, sondern im Gegenteil Menschenleben gefährden. Auf der einen Seite ist man bei vielen bewaffneten Konflikten vermeintlich für den Frieden, aber auf der anderen Seite ist diese politische Position realpolitisch nicht durchsetzbar. Die Tatsache, dass nicht wenige MandatsträgerInnen der Linkspartei darüber Bescheid wissen oder zumindest wissen sollten, macht das Ganze schon etwas geschmacklos.

Ich habe in Kapitel 2 die grundsätzlichen Positionen der Linkspartei zur Außen- und Europapolitik erläutert und anhand dieser programmatischen Grundsätze in den folgenden Kapiteln belegt, wie falsch und zum Teil verlogen tagesaktuelle Positionierungen von MandatsträgerInnen der Linkspartei sind.

In Kapitel 3 habe ich das Verhältnis der Linkspartei zur NATO dargestellt und erläutert, dass einige Analysen über dieses Militärbündnis zwar zutreffend sind, auf der anderen Seite aber ein einseitiger Austritt aus der NATO realpolitisch ebenso unmöglich erscheint, wie eine permanente Verweigerungshaltung gegen Beschlüsse der NATO.

Im vierten Kapitel habe ich gezeigt, dass das Verhältnis der Linkspartei zu Europäischen Union als zwiespältig zu beurteilen ist. Die Ablehnung des Lissabon-Vertrages halte ich ebenso für falsch, wie die Blockadehaltung gegen wichtige europapolitische Beschlüsse. Außerdem halte ich die These der Militarisierung der EU für an den Haaren herbeigezogen und die Ablehnung der Gemeinsamen Sicherheits- und Verteidigungspolitik der EU für falsch.

Im darauffolgenden fünften Kapitel habe ich gezeigt, dass der Radikalpazifismus, der von vielen Mitgliedern und Abgeordneten der Linkspartei vertreten wird, inhuman ist und der Gesinnungspazifismus ebenfalls ein Ideologie, die nicht tauglich ist für die Realpolitik. Ich habe versucht meine politische Philosophie vom Rechtspazifismus abzugrenzen und für einen logischen Pazifismus Partei ergriffen, den ich ansatzweise begründet habe. Diesen würde ich anstreben und politisch vertreten.

Das sechste Kapitel stellt dar, warum gerade die Politikbereiche der Außen-, Sicherheits- und Verteidigungspolitik so entscheidend ist dafür, ob die Linkspartei auf der Bundesebene regierungsfähig und koalitionsfähig ist. Wichtig herauszustellen hierbei ist, dass es nicht so sein kann, dass die Anhänger der möglichen Oppositionsparteien gegen eine rot-rot-grüne Koalition um ihre Sicherheit fürchten müssen. Insofern gibt es hier auf Seiten der Linkspartei eine gewisse Bringschuld, etwa die Anerkennung der deutschen und europäischen Staatsräson.

Im siebenten Kapitel führe ich Beispiele an, um konkret zu belegen, dass einige Positionen der Linkspartei zur Außenpolitik inhuman sind und das Leben von Menschen gefährden. Dies tue ich anhand von allen Auslandseinsätzen, an denen die Deutsche Bundeswehr beteiligt ist. Hier hat sich herausgestellt, dass die Politik der Linkspartei eben gerade nicht in erster Linie die Menschenrechte schützt, sondern im Gegenteil nur die Befindlichkeiten der eigenen Klientel bedient. Das halte ich nicht für tragbar für eine Regierungspartei.

In Kapitel 8 habe ich bewiesen, dass die reaktionären Positionen der Linkspartei ihren Ursprung in der Ideologie des Sowjetblocks haben. Ich habe die politischen Verlautbarungen aller reaktionärer Strömungen untersucht und dabei festgestellt, dass sie allesamt im Grunde Paraphrasen voneinander oder von den ideologischen Leitlinien des KGB und des Warschauer Paktes sind.

Um eine Koalitionsbildung auf Bundesebene zu ermöglichen, muss die Linkspartei von diesen Positionen Abstand nehmen. Faktisch ist es eine Tatsache, dass DIE LINKE. nichts von ihren berechtigten sozialen Forderungen umsetzen kann, wenn man nicht endlich bereit ist, die außenpolitischen Realitäten zur Kenntnis zu nehmen und von alten ideologischen Positionen Abstand zu nehmen. Letztlich ist es doch so: Wer DIE LINKE. wählt, wählt alle die Kriege und bewaffneten Konflikte mit, die man hätte durch militärische Interventionen, durch Friedensmissionen, vermeiden können. Ich habe da weiterhin größtes Vertrauen in die Generäle und die weiteren Offiziere der Deutschen Bundeswehr, dass sie ihre Aufträge anständig erfüllen. Davon werden mich linksfaschistische Sektierer in der Linkspartei auch nicht abbringen können.

Im neunten Kapitel habe ich einige positive Aspekte der linken Programmatik herausgestellt, die ich gerne weiter verfolgt wissen will und für die ich mir ausgereiftere Konzepte wünsche.

Alles in Allem mag meine Kritik an der Linkspartei in dieser Monografie sehr hart sein, aber ich denke und hoffe, dass ich damit einen politischen Prozess und einen Denkprozess innerhalb der Linkspartei anstoßen kann, der letztlich für alle von Vorteil ist: Für die gesamte politische Linke im Allgemeinen, für die Mitglieder der Linkspartei im Besonderen, für die WählerInnen der Linkspartei, die die sozialen Veränderungen so dringlich ersehnen, und auch insbesondere für die betroffenen Menschen in Kriegs-, Konflikt- und Krisenregionen, die bisher auf die Hilfe der Linkspartei noch nicht unbedingt hoffen konnten.

Quellenverzeichnis

„Active Endeavor“: Bundeswehreinsatz geht weiter, in: focus.de vom 02. Dezember 2010, online unter: http://www.focus.de/politik/weitere-meldungen/active-endeavour-bundeswehreinsatz-geht-weiter_aid_578136.html

"Alleingang Lothar Bisky's im Europäischen Parlament", Brief der Kommunistischen Plattform an Lothar Bisky zur Libyen-Resolution des Europäischen Parlaments, in: die-linke.de vom 10. März 2011, online unter: http://www.die-linke.de/index.php?id=7711

American Jewish Committee Berlin Office: Antisemitismus “Made in Iran”: Die Internationale Dimension des Al-Quds-Tages, Berlin, 2006, S. 16, in: ajcgermany.org, online unter: http://www.ajcgermany.org/atf/cf/%7B46AEE739-55DC-4914-959A-D5BC4A990F8D%7D/Neuauflage%20Al%20Quds%20Okt%202006%20FINAL.pdf

Amnesty International: Amnesty Report 2012: Kongo (Demokratische Republik), in: amnesty.de, 2012, online unter: http://www.amnesty.de/jahresbericht/2012/kongo-demokratische-republik

Anti-Piraten-Mission: Opposition lehnt neues Atalanta-Mandat ab, in: spiegel.de vom 25. April 2012, online unter: http://www.spiegel.de/politik/deutschland/anti-piraten-einsatz-opposition-lehnt-neues-atalanta-mandat-ab-a-830028.html

Attenborough, Richard (Hrsg.): Mahatma Gandhi – Ausgewählte Texte, Goldmann Verlag, München 1983, ISBN 3-442-06577-1

Ausländische Streitkräfte in Deutschland, Antwort der Bundesregierung auf die Kleine Anfrage der Abgeordneten Paul Schäfer (Köln), Inge Höger, Jan van Aken, weiterer Abgeordneter und der Fraktion DIE LINKE. – Drucksache 17/5279, online unter: http://dipbt.bundestag.de/dip21/btd/17/055/1705586.pdf

Balz, Dan: Obama Says He Would Take Fight To Pakistan, in: washingtonpost.com vom 2. August 2007, online unter: http://www.washingtonpost.com/wp-dyn/content/article/2007/08/01/AR2007080101233.html

Bauer, Johannes: NATO im Konflikt, in: sozialismus.info vom 7. Februar 2003, online unter: http://www.sozialismus.info/2003/02/10336/

Bens, Jonas: Warum die parlamentarische Linke jetzt helfen muss, die EU zu retten, in: forum-ds.de vom 4. Dezember 2012, online unter: http://www.forum-ds.de/article/2207.warum_die_parlamentarische_linke_jetzt_helfen_muss_die_eu_zu_retten.html

Bisky, die Linke und die Sache mit der Nato, in: neues-deutschland.de vom 23. Februar 2013, online unter: http://www.neues-deutschland.de/artikel/813892.bisky-die-linke-und-die-sache-mit-der-nato.html

Bötel, Frank/Lehmann, Robert: Zwei Mandate für Mali-Einsätze, in: bundeswehr.de vom 01. März 2013, online unter: http://www.bundeswehr.de/portal/a/bwde/!ut/p/c4/04_SB8K8xLLM9MSSzPy8xBz9CP3I5EyrpHK9pPKUVL3UzLzixNSSqlS93MziYqCK1Dy93MScTCCRl5JYkqpfkO2oCACrGRqc/

Bötel, Frank: Sonstige Einsätze – Einsätze, die in der Öffentlichkeit weitgehend unbekannt sind. Sie konzentrieren sich auf Länder in Afrika und auf Afghanistan, in: bundewehr.de vom 16. April 2013, online unter: http://www.bundeswehr.de/portal/a/bwde/!ut/p/c4/04_SB8K8xLLM9MSSzPy8xBz9CP3I5EyrpHK9pPKUVL3UzLzixNSSqlS93MziYqCK1Dy94vy84pLM9FT9gmxHRQBzPwDC/

Brie, André: Wahlprognosen, in: DISPUT vom August 2009, die-linke.de, online unter: http://www.die-linke.de/index.php?id=181&tx_ttnews[tt_news]=7910&tx_ttnews[backPid]=154&no_cache=1

Buchholz, Christine: Mali: Militäreinsatz verschärft ethnische Spannungen, in: die-linke.de vom 27. Februar 2013, online unter: http://www.die-linke.de/nc/dielinke/nachrichten/detail/artikel/mali-militaereinsatz-verschaerft-ethnische-spannungen/

Buchholz, Christine: Neues ATALANTA-Mandat ist Kriegserklärung an Zivilisten, in: die-linke.de vom 25. April 2012, online unter: http://www.die-linke.de/nc/presse/presseerklaerungen/detail/archiv/2012/april/zurueck/presseerklaerungen/artikel/neues-atalanta-mandat-ist-kriegserklaerung-an-zivilisten/

Buchholz, Christine: Pressemitteilung: Keine Beteiligung am Krieg in Mail, in: die-linke.de vom 14. Januar 2013, online unter: http://www.linksfraktion.de/pressemitteilungen/keine-beteiligung-krieg-mali/

Buchholz, Christine/Schiefle, Stefan: NATO in Feindesland, in: marx21.de vom 03. Dezember 2011, online unter: http://marx21.de/content/view/1575/32/

Buchholz, Christine: Warum DIE LINKE Nein zur Dafur-Mission UNAMID sagt, Rede im Deutschen Bundestag, in: linksfraktion.de vom 01. Juli 2011, online unter: http://www.linksfraktion.de/reden/warum-linke-nein-dafur-mission-unamid-sagt/

Bundeswehreinsatz vor libanesischer Küste: Bundestag verlängert Unifil-Mandat bis Juni 2013, in: abendblatt.de vom 28. Juni 2012, online unter: http://www.abendblatt.de/politik/ausland/article2322255/Bundestag-verlaengert-Unifil-Mandat-bis-Juni-2013.html

BVerfG, 1 BvL 1/09 vom 9.2.2010, Absatz-Nr. (1 – 220), online unter: http://www.bverfg.de/entscheidungen/ls20100209_1bvl000109.html

Chaos in Mali: Tuareg-Rebellen rufen eigenen Staat aus, in: spiegel.de vom 06. April 2012, online unter: http://www.spiegel.de/politik/ausland/tuareq-in-mali-rufen-eigenen-staat-azawad-aus-a-826165.html

Charta der Grundrechte der Europäischen Union, in: Amtsblatt der Europäischen Union, 53. Jahrgang vom 30. März 2010, online unter: http://eur-lex.europa.eu/LexUriServ/LexUriServ.do?uri=OJ:C:2010:083:0389:0403:DE:PDF

Chomsky, Noam: Die Brutalität des US-Imperialismus – Das amerikanische Imperium, der Nahe/Mittlere Osten und andere globale Themen, in: zmag.de vom 1. Dezember 2010, online unter: http://www.zmag.de/artikel/die-brutalitaet-des-us-imperialismus

Colson, Nicole: Angst darf kein Grund sein, unsere Rechte zu unterminieren, in: marx21.de vom 05. Mai 2013, online unter: http://marx21.de/content/view/1923/32/

http://www.consilium.europa.eu/eeas/security-defence/eu-operations/eutm-mali?lang=de

Dagdelen, Sevim: Die NATO muß aufgelöst werden, Impulsreferat »Frieden schaffen ohne Waffen« von Sevim Dagdelen auf dem Linke-Programmkonvent in Hannover, in: antikapitalistische-linke.de vom 10. November 2010, online unter: http://www.antikapitalistische-linke.de/article/315.die-nato-muss-aufgeloest-werden.html

Dagdelen, Sevim: Militärausbildung beenden - Eine politische Lösung in Somalia ermöglichen, Rede im Deutschen Bundestag, in: linksfraktion.de vom 10. Februar 2011, online unter: http://www.linksfraktion.de/reden/eutm-somalia-unverzueglich-beenden-rechtstaatlichkeit-sozialstaatlichkeit/

Dagdelen, Sevim: Mündliche Frage PlPr 17/236: Aufenthalt von Bundeswehr- und Polizeiangehörigen in Dschibuti seit Anfang 2013 im Rahmen der EU-Missionen Atalanta und EUCAP NESTOR sowie der bilateralen Ausbildungs- und Ausstattungshilfe für Sicherheitskräfte, in: sevimdagdelen.de vom 24. April 2013, online unter: http://www.sevimdagdelen.de/de/article/3097.muendliche_frage_plpr_17_236_aufenthalt_von_bundeswehr_und_polizeiangehoerigen_in_dschibuti_seit_anfang_2013_im_rahmen_der_eu_missionen_atalanta_und_eucap_nestor_sowie_der_bilateralen_ausbildungs_und_ausstattungshilfe_fuer_sicherheitskraefte.html

Dagdelen, Sevim: Pressemitteilung: Keine Unterstützung für Militärdiktatur im Kongo, in: linksfraktion.de vom 23. September 2010, online unter: http://www.linksfraktion.de/pressemitteilungen/keine-unterstuetzung-militaerdiktatur-kongo/

Das Heidelberger Programm der SPD von 1925, online unter: http://www.marxists.org/deutsch/geschichte/deutsch/spd/1925/heidelberg.htm

Das Politiklexikon: Pazifismus, in: bpb.de, online unter: http://www.bpb.de/nachschlagen/lexika/politiklexikon/18001/pazifismus

Definition: Pazifismus, in: pazifismus.info, online unter: http://pazifismus.info/ und http://www.unsere.de/markus-sebastian-rabanus.htm

De Masi, Fabio: Wer Europa retten will, muss es neu gründen!, in: sozialistische-linke.de vom 27. Oktober 2010, online unter: http://www.sozialistische-linke.de/politik/programm/debatte/frieden-a-internationales/163-wer-europa-retten-will-muss-es-neu-gruenden

DIE LINKE: Themen A-Z: Die Auslandseinsätze der Bundeswehr, in: die-linke.de, online unter: http://www.die-linke.de/politik/themen/ablage/themenaz/ad/auslandseinsaetzederbundeswehr/

DIE LINKE.: Themen A-Z: Menschenrechte, in: die-linke.de, online unter: http://www.die-linke.de/index.php?id=2853

Die Unterstützungsmission in Afghanistan (UNAMA), in: bundeswehr.de vom 21. März 2013, online unter: http://www.einsatz.bundeswehr.de/portal/a/einsatzbw/!ut/p/c4/04_SB8K8xLLM9MSSzPy8xBz9CP3I5EyrpHK9pPKU1PjUzLzixJIqIDcxu6Q0NScHKpRaUpWqV5qXmJuol5mXlq9fkO2oCADtmKEY/

DUDEN, Definition: Bellizismus, online unter: http://www.duden.de/rechtschreibung/Bellizismus

DUDEN, Definition: Pazifismus, online unter: http://www.duden.de/rechtschreibung/Pazifismus

EU-Außenminister: Fischer begrüßt Idee eines internationalen Irak-Fonds, in: faz.net vom 21. Juli 2003, online unter: http://www.faz.net/aktuell/politik/eu-aussenminister-fischer-begruesst-idee-eines-internationalen-irak-fonds-1118038.html

Eubel, Cordula/Meisner, Matthias: Gregor Gysi: „Heute stellen ganz andere die Systemfrage", in: tagesspiegel.de vom 20. August 2011, online unter: http://www.tagesspiegel.de/politik/gregor-gysi-heute-stellen-ganz-andere-die-systemfrage/4523750.html

http://eunavfor.eu/

Europäische Linke gegen EU-Verfassung – Kampagnenstart in Barcelona, in: Auslandsbulletin, März 2005, archiv2007.sozialisten.de, online unter: http://archiv2007.sozialisten.de/politik/publikationen/auslandsbulletin/view_html?zid=26574&bs=1&n=6

Europawoche 2013: Mitdiskutieren über die EU als Sozialunion, Presseerklärung der Linkspartei Brandenburg, in: dielinke-brandenburg.de vom 03. Mai 2013, online unter: http://www.dielinke-brandenburg.de/nc/politik/presse/detail/artikel/europawoche-2013-mitdiskutieren-ueber-die-eu-als-sozialunion/

http://www.eutmmali.eu/

Fischer, Joschka: Rede des Außenministers zum Natoeinsatz im Kosovo, Heinrich Böll Stiftung, Archiv Grünes Gedächtnis, Hannover 1999, online unter: http://www.mediaculture-online.de/fileadmin/bibliothek/fischerjoschka_kosovorede/fischer_kosovorede.html

Frank, Michael: Linke Solidarität mit Syrien und Iran?, in: michael-frank.eu vom 30. Januar 2012, online unter: http://www.michael-frank.eu/Essays/2012-01-30-Linke-Solidaritaet-mit-Syrien-und-Iran.pdf

Frank, Michael: Patriot-Raketen für die Türkei sind notwendig für die Sicherheit der Europäischen Union!, in: michael-frank.eu vom 14. Dezember 2012, online unter: http://www.michael-frank.eu/Fachartikel/2012-12-24-Zum-Abstimmungsverhalten-des-Bundestags-Patriot-Tuerkei.pdf

Frank, Michael: Zum Abstimmungsverhalten des Bundestags über den Einsatz von Patriot-Abwehrraketen in der Türkei, in: michael-frank.eu vom 24. Dezember 2012, online unter: http://www.michael-frank.eu/Fachartikel/2012-12-24-Zum-Abstimmungsverhalten-des-Bundestags-Patriot-Tuerkei.pdf

Gauland, Alexander: Diffuser Pazifismus: Warum sich die Deutschen mit Gewalt so schwer tun, in: tagesspiegel.de vom 23. Juli 2012, online unter: http://www.tagesspiegel.de/meinung/diffuser-pazifismus-warum-sich-die-deutschen-mit-gewalt-so-schwer-tun/6907386.html

Gehrcke, Wolfgang/Pflüger, Tobias: NATO bedeutet Krieg. Deshalb: Nein zur neuen NATO-Strategie!, Information zur neuen NATO Strategie und Bericht über die Aktionen der Friedensbewegung aus Anlass des NATO-Gipfels in Lissabon vom 19. - 21.11.2010, in: antikapitalistische-linke.de vom 06. Dezember 2010, online unter: http://www.antikapitalistische-linke.de/article/326.nato-bedeutet-krieg-deshalb-nein-zur-neuen-nato-strategie.html

GEMEINSAMER ENTSCHLIESSUNGSANTRAG zu den südlichen Nachbarländern der EU, insbesondere Libyen, einschließlich humanitärer Aspekte, in: europa.eu vom 09. März 2011, online unter: http://www.europarl.europa.eu/sides/getDoc.do?pubRef=-//EP//TEXT+MOTION+P7-RC-2011-0169+0+DOC+XML+V0//DE

Graham-Felsen, Sam: Senator Obama Delivers Address on National Security, in: barackobama.com vom 1. August 2007, online unter: https://my.barackobama.com/page/community/post_group/ObamaHQ/CpHR

Habermas, Jürgen: Bestialität und Humanität – Ein Krieg an den Grenzen zwischen Recht und Moral, in: zeit.de vom 29. April 1999, online unter: http://www.zeit.de/1999/18/199918.krieg_.xml/komplettansicht

Hänsel, Heike: Deutschland verpasst in der UNO die Chancen für friedliche Lösungen – Bilanz zwei Jahre Deutschland im UN-Sicherheitsrat, Rede im Deutschen Bundestag, in: linksfraktion.de vom 29. November 2012, online unter: http://www.linksfraktion.de/reden/deutschland-verpasst-uno-chance-frieden-nahen-osten/

Heilig, Dominic: Freiheit uns Sicherheit in Europa – Trilog zur europäischen Innenpolitik, Rosa-Luxemburg-Papers, Berlin 2007, online unter: http://www.rosalux.de/cms/fileadmin/rls_uploads/pdfs/rls-papers-Heilig.pdf

Hildebrandt, Tina/Lau, Miriam: Lothar Bisky: „Ich vertraue Gysi“, in: zeit.de vom 28. Februar 2013, online unter: http://www.zeit.de/2013/09/Bisky-Interview-Gysi/komplettansicht

Hintzmann, Karsten: Gregor Gysi greift nach einer SPD-Domäne, in: welt.de vom 25. August 2005, online unter: http://www.welt.de/print-welt/article161019/Gregor-Gysi-greift-nach-einer-SPD-Domaene.html

Höger, Inge: BRD bildet afghanische Folter-Polizei aus, in: inge-hoeger.de vom 20. Oktober 2011, online unter: http://www.inge-hoeger.de/im_bundestag/parlamentarische_initiativen/detail/browse/4/zurueck/parlamentarische-initiativen-1/artikel/brd-bildet-afghanische-folter-polizei-aus/

Höger, Inge: Keine deutsche Beteiligung an UNIFIL!, Rede im Deutschen Bundestag, in: linksfraktion.de vom 18. Juni 2010, online unter: http://www.linksfraktion.de/reden/keine-deutsche-beteiligung-unifil-2010-06-18/

Höhn, Matthias: Wer die EU auf einen 'imperialien Block' reduziert, wirbt nicht für Europäische Integration, Rede auf der Europaparteitag der Partei DIE LINKE in Essen, in: forum-ds.de vom 28. Februar 2009, online unter: http://www.forum-ds.de/article/1803.matthias_hoehn_wer_die_eu_auf_einen_imperialien_block_reduziert_wirbt_nicht_fuer_europaeische_integration.html

„Jede Waffe findet ihren Krieg" - Linken-Chef: EU verdient den Friedensnobelpreis nicht, in: focus.de vom 10. Dezember 2012, online unter: http://www.focus.de/politik/deutschland/jede-waffe-findet-ihren-krieg-linken-chef-eu-verdient-den-friedensnobelpreis-nicht_aid_878798.html

Jobwechsel - Wird Joschka Fischer EU-Außenminister?, in: stern.de vom 28. November 2003, online unter: http://www.stern.de/politik/deutschland/jobwechsel-wird-joschka-fischer-eu-aussenminister-516376.html

Joffe, Josef: Die Hypermacht – Warum die USA die Welt beherrschen, Carl Hanser Verlag, München; Wien 2006, ISBN 978-3-446-20744-8

"Kein Frieden mit der NATO - Die NATO als Waffe des Westens": Broschüre zur Mobilisierung gegen den NATO-Gipfel, Herausgeber: Informationsstelle Militarisierung e.V., in: imi-online.de, online unter: http://imi-online.de/download/webversion-imi-nato.pdf

King, John: Courting the Saudis, Bush style, in: cnn.com vom 04. Oktober 2002, online unter: http://edition.cnn.com/2002/WORLD/meast/10/02/bushes.saudis/

Klein, Margarete: Russland: eine Großmacht in der internationalen Politik?, in: bpb.de vom 09. Mai 2011, online unter: http://www.bpb.de/internationales/europa/russland/47969/grossmacht?p=all

Koch, Markus: Europa wählen? Europa wählen!, in: forum-ds.de vom 08. Mai 2009, online unter: http://www.forum-ds.de/article/1830.europa_waehlen_europa_waehlen.html

Krieg vermeidbar - „Keine göttliche Mission“: Rau kritisiert Bush, in: handelsblatt.com vom 31. März 2003, online unter: http://www.handelsblatt.com/archiv/krieg-vermeidbar-keine-goettliche-mission-rau-kritisiert-bush/2237168.html

Langenau, Lars: Irak: Lügen in Zeiten des Krieges, in: spiegel.de vom 05. Februar 2004, online unter: http://www.spiegel.de/politik/ausland/irak-luegen-in-zeiten-des-krieges-a-285058.html

Latzo, Anton: Auf dem Weg zur NATO – Mythos und Wahrheit, Mitteilungen der Kommunistischen Plattform, April 2009, in: die-linke.de, online unter: http://www.die-linke.de/partei/zusammenschluesse/kommunistischeplattformderparteidielinke/mitteilungenderkommunistischenplattform/detail/archiv/2009/april/zurueck/archiv-2/artikel/auf-dem-weg-zur-nato-mythos-und-wahrheit/

Lawrenz, Sascha: Active Endeavour, in: bundeswehr.de vom 04. Februar 2013, online unter: http://www.bundeswehr.de/portal/a/bwde/!ut/p/c4/DcoxDoAgDEbhs3gBurt5C3Ur8Mc0QjFQIfH0krd8w6OTZspdLjYpyol2OoKsfjg_IhxEG8M-uCytzQM6ZYaUgeo4mHRAI7iXt9Jzb8sPI1a-yA!!/

Lehmann, Robert: United Nations Interim Force in Lebanon (UNIFIL), in: bundeswehr.de vom 04. Februar 2013, online unter: http://www.bundeswehr.de/portal/a/bwde/!ut/p/c4/04_SB8K8xLLM9MSSzPy8xBz9CP3I5EyrpHK9pPKUVL3UzLzixNSSqlS93MziYqCK1Dwgq6QkNSc3NbVIrzQvMy0zR78g21ERAOos-GU!/

Lenin, Wladimir Iljitsch: Über die Losung der Vereinigten Staaten von Europa, in: »Sozial-Demokrat«, Nr. 44 vom 23. August 1915, online unter: http://www.vulture-bookz.de/marx/archive/volltext/Lenin_1915~Ueber_die_Losung_der_Vereinigten_Staaten_von_Eur.html

Liebich, Stefan: Deutschland hat nicht die notwendige Neutralität für eine Beteiligung an UNIFIL, Rede im Deutschen Bundestag, in: linksfraktion.de vom 10. Juni 2010, online unter: http://www.linksfraktion.de/reden/deutschland-nicht-notwendige-neutralitaet-beteiligung-unifil/

Liebich, Stefan: Wir werden 28!: Rede zum Beitritt Kroatiens zur Europäischen Union, in: linksfraktion.de vom 1. Februar 2013, online unter: http://www.linksfraktion.de/reden/wir-werden-28/

Linke nennen Bedingungen für Steinbrück-Wahl, in: neues-deutschland.de vom 24. Februar 2013, online unter: http://www.neues-deutschland.de/artikel/813899.linke-nennen-bedingungen-fuer-steinbrueck-wahl.html

Mandatsverlängerung der Piraten-Bekämpfung vor Somalia, in: bundestag.de vom 10. Mai 2012, online unter: http://www.bundestag.de/bundestag/plenum/abstimmung/grafik/index.jsp?id=30&url=/na/na/fraktion.form&controller=fraktion

Marinucci, Carla: Bush defends record: 'I'm a war president' / He takes the offensive in Oval Office interview, in: sfgate.com vom 09. Februar 2004, online unter: http://www.sfgate.com/politics/article/Bush-defends-record-I-m-a-war-president-He-2824326.php

Meier, Albrecht: Europäische Integration: Linkspolitiker Dehm klagt gegen EU-Vertrag, in: tagesspiegel.de vom 22. April 2008, online unter: http://www.tagesspiegel.de/politik/europaeische-integration-linkspolitiker-dehm-klagt-gegen-eu-vertrag/1217082.html

Menschenrechte: Malische Armee soll Tuareg hingerichtet haben, in: welt.de vom 24. Januar 2013, online unter: http://www.welt.de/politik/ausland/article113101409/Malische-Armee-soll-Tuareg-hingerichtet-haben.html

Milošević, Slobodan (IT-02-54) "Kosovo, Croatia and Bosnia", in: United Nations – International Criminal Tribunal for the former Yugoslavia, in: icty.org, online unter: http://www.icty.org/case/slobodan_milosevic/

Movassat, Niema: UNMISS ist gescheitert - Südsudan braucht zivile Aufbauhilfe!, Rede im Deutschen Bundestag, in: linksfraktion.de vom 21. September 2011, online unter: http://www.linksfraktion.de/reden/militaer-schafft-auch-suedsudan-keinen-frieden/

Mützenich, Rolf: Keine Ausweitung des ATALANTA-Mandates, in: rolfmuetzenich.de vom 26. April 2012, online unter: http://www.rolfmuetzenich.de/texte_und_reden/reden/index_2010.php?oid=2526

Nachbarschaftshilfe: Frankreich unterstützt Fischer als EU-Außenminister, in: spiegel.de vom 13. Mai 2003, online unter: http://www.spiegel.de/politik/ausland/nachbarschaftshilfe-frankreich-unterstuetzt-fischer-als-eu-aussenminister-a-248524.html

Nakszynski, Stephan: Die Anti-Piraterie-Mission Atalanta, in: bundeswehr.de vom 01. Februar 2013, online unter: http://www.bundeswehr.de/portal/a/bwde/!ut/p/c4/HcxBCoAwDAXRE9ns3XkKrbtvDRowsbRBwdNbZbaPoZlahks2uJyGgyaKSfrlDsu9cmCxCvaHg0qtTbAFmEuWAuci_AN_aPxGuWBTULSzS0g7U1YdXjR5pSQ!/

Namentliche Abstimmungen, in: bundestag.de vom 01. Dezember 2011, online unter: http://www.bundestag.de/bundestag/plenum/abstimmung/grafik/index.jsp?id=184&url=/na/na/fraktion.form&controller=fraktion

NATO-Russland-Rat, online unter: http://www.nato-russia-council.info/en/

Nein zur NATO – Nein zum Krieg , in: marx21.de vom 23. Februar 2009, online unter: http://marx21.de/content/view/670/

Noack, David: Die NATO auflösen? Gute Idee! Nur an der Umsetzung wird es scheitern., in: sozialistische-linke.de vom 08. Juni 2010, online unter: http://www.sozialistische-linke.de/politik/programm/debatte/frieden-a-internationales/96-die-nato-aufloesen-gute-idee-nur-an-der-umsetzung-wird-es-scheitern

Nordatlantikvertrag, online unter: http://www.nato.int/cps/en/natolive/official_texts_17120.htm?blnSublanguage=true&selectedLocale=de

Peter Kapern interviewt Rainer Arnold: Arnold: Ausweitung des Atalanta-Mandats hat überhaupt keinen Nutzen, in: dradio.de vom 23. März 2012, online unter: http://www.dradio.de/dlf/sendungen/interview_dlf/1711494/

Positionen des Parteivorstandes zum EU-Vertrag, Beschluss des Parteivorstandes vom 24. Februar 2008, in: die-linke.de, online unter: http://www.die-linke.de/partei/organe/parteivorstand/parteivorstand20072008/beschluesse/positionendesparteivorstandesderparteidielinkezumeuvertrag/

Position: Liebich will mehr Europa wagen, in: jungewelt.de vom 8. März 2013, online unter: http://www.jungewelt.de/2013/03-08/002.php

Programm der Partei DIE LINKE., Beschluss des Parteitages der Partei DIE LINKE vom 21. bis 23. Oktober 2011 in Erfurt, bestätigt durch einen Mitgliederentscheid im Dezember 2011.„ online unter: http://www.die-linke.de/fileadmin/download/dokumente/programm_der_partei_die_linke_erfurt2011.pdf

Rabanus, Markus Sebastian: Definition: Pazifismus, in: pazifismus.info, online unter: http://pazifismus.info/ und http://www.unsere.de/markus-sebastian-rabanus.htm

Reinecke, Stefan: EU-Politiker André Brie über DIE LINKE: „Meine Haltung missfällt der Partei“, in: taz.de vom 22. Februar 2009, online unter: http://www.taz.de/!30838/

Rüstungsexport, Positionspapier der Linksfraktion, in: linksfraktion.de, online unter: http://www.linksfraktion.de/themen/ruestungsexport/

Schäfer, Paul: Active Endeavour: Unspezifisches Mandat, unklare Risiken, Rede im Deutschen Bundestag, in: linksfraktion.de vom 23. November 2011, online unter: http://www.linksfraktion.de/reden/active-endeavour-unspezifisches-mandat-unklare-risiken/

Schäfer, Paul: Afghanistan: Der Fluch der bösen Tat, Rede im Deutschen Bundestag, in: linksfraktion.de vom 31. Januar 2013, online unter: http://www.linksfraktion.de/reden/afghanistan-fluch-boesen-tat/

Schnatterer, Tinette: Gegen Krieg und Krise: NATO stoppen, in: sozialismus.info vom 23. Februar 2009, online unter: http://www.sozialismus.info/2009/02/12976/

Schölzel, Arnold: NATO bedeutet Tod, in: jungewelt.de vom 15. Juli 2011, online unter: https://www.jungewelt.de/2011/07-15/055.php

Steinvorth, Daniel/Trenkamp, Oliver: Terror in Istanbul: Angriff auf das Herz der Türkei, in: spiegel.de vom 31. Oktober 2010, online unter: http://www.spiegel.de/politik/ausland/terror-in-istanbul-angriff-auf-das-herz-der-tuerkei-a-726358.html

Strohschneider, Tom: Linke Außenpolitik in »deutschem Interesse«?, in: neues-deutschland.de vom 08. März 2013, online unter: http://www.neues-deutschland.de/artikel/815136.linke-aussenpolitik-in-deutschem-interesse.html

The Economist: Democracy Index 2010. Democracy in retreat, in: eiu.com, online unter: http://graphics.eiu.com/PDF/Democracy_Index_2010_web.pdf

Trotzki, Leo: Über die Aktualität der Parole „Vereinigte Staaten von Europa“, in: Prawda, Nr. 144 vom 30. Juni 1923, online unter: http://www.marxists.org/deutsch/archiv/trotzki/1923/06/vse.htm

U.N.: 100,000 more dead in Darfur than reported, in: cnn.de vom 22. April 2008, online unter: http://edition.cnn.com/2008/WORLD/africa/04/22/darfur.holmes/index.html?_s=PM:WORLD

Unfavorable views of Jews and Muslims on the increase in Europe, in: The Pew Global Attitudes Project, vom 17. September 2008, S. 18, online unter: http://pewglobal.org/files/pdf/262.pdf

Van Aken, Jan: ATALANTA ist eine Kriegserklärung an die somalische Bevölkerung, Rede im Deutschen Bundestag, in: linksfraktion.de vom 26. April 2012, online unter: http://www.linksfraktion.de/reden/atalanta-kriegserklaerung-somalische-bevoelkerung/

Van Aken, Jan: UNMISS - kein Schutz für die Zivilbevölkerung im Südsudan, Rede im Deutschen Bundestag, in: linksfraktion.de vom 08. November 2012, online unter: http://www.linksfraktion.de/reden/unmiss-kein-schutz-zivilbevoelkerung-suedsudan/

VERTRAG über Freundschaft, Zusammenarbeit und gegenseitigen Beistand zwischen der Volksrepublik Albanien, der Volksrepublik Bulgarien, der Ungarischen Volksrepublik, der Deutschen Demokratischen Republik, der Volksrepublik Polen, der Rumänischen Volksrepublik, der Union der Sozialistischen Sowjetrepubliken und der Tschechoslowakischen Republik. ["Warschauer Vertrag" bzw. "Warschauer Pakt" vom 14. Mai 1955], online unter: http://www.documentarchiv.de/ddr/1955/warschauer-pakt.html

Vertrag von Lissabon: Linke klagt gegen EU-Reformvertrag, in: sueddeutsche.de vom 17. Mai 2010, online unter: http://www.sueddeutsche.de/politik/vertrag-von-lissabon-linke-klagt-gegen-eu-reformvertrag-1.197628

Vogler, Kathrin: UNAMID ist Mission Impossible, Rede im Deutschen Bundestag, in: linksfraktion.de vom 08. November 2012, online unter: http://www.linksfraktion.de/reden/unamid-mission-impossible/

Voigt, Karsten D.: Außenpolitische Vorbedingungen einer Koalition mit der "Linken", in: seeheimer-kreis.de, online unter: http://www.seeheimer-kreis.de/index.php?id=235

Volland, Manfred: 60 Jahre NATO sind genug. Für eine europäische Friedensordnung., Mahnung und Aufruf der europäischen Friedenskonferenz, in: isor-sozialverein.de vom 19. März 2009, online unter: http://www.isor-sozialverein.de/Reden%20&%20Aufs%E4tze/60%20Jahre%20NATO%20sind%20genug_0409.htm

Volmer, Ludger: Was bleibt vom Pazifismus – Die alten Feindbilder der Kriegsgegner haben ausgedient / Warum militärische Mittel nicht ganz verzichtbar sind, in: Frankfurter Rundschau vom 07. Januar 2002, online unter: http://www.ag-friedensforschung.de/themen/Pazifismus/volmer.html

Wahlkampf: Bush spricht erneut von "Kreuzzug" gegen den Terror, in: spiegel.de vom 19. April 2004, online unter: http://www.spiegel.de/politik/ausland/wahlkampf-bush-spricht-erneut-von-kreuzzug-gegen-den-terror-a-295911.html

Walter, Rudolph: Feldzug gegen die Friedensfreunde, in: zeit.de vom 19. Januar 1996, online unter: http://www.zeit.de/1996/04/Feldzug_gegen_die_Friedensfreunde/komplettansicht

Wiedemann, Julia: Der Abzug wäre der erste Schritt – Der Krieg in Afghanistan: Bundeswehr raus!, in: DISPUT vom September 2010, die-linke.de, online unter: http://www.die-linke.de/index.php?id=181&tx_ttnews%5Btt_news%5D=13092&tx_ttnews%5BbackPid%5D=154&no_cache=1

Wikipedia: Asylkompromiss, online unter: http://de.wikipedia.org/wiki/Asylkompromiss

Wikipedia: Madrider Zuganschläge, online unter: https://de.wikipedia.org/wiki/Madrider_Zuganschläge

Wikipedia: Terroranschläge am 7. Juli 2005 in London, online unter: http://de.wikipedia.org/wiki/Terroranschläge_am_7._Juli_2005_in_London

Wikipedia: Vereinigte Staaten von Europa, online unter: http://de.wikipedia.org/wiki/Vereinigte_Staaten_von_Europa

Wir brechen unwiderruflich mit dem Stalinismus als System, Referat vom Michael Schumann, online unter: http://archiv2007.sozialisten.de/partei/parteitag/sonderparteitag1989/view_html?zid=24832&bs=1&n=3

Zur Europawahl 2014: Linke fordert Referendum über europäischen Sozialpakt, in: focus.de vom 26. Juni 2012, online unter: http://www.focus.de/politik/deutschland/zur-europawahl-2014-linke-fordert-referendum-ueber-europaeischen-sozialpakt_aid_772854.html

Abbildungsverzeichnis

www.ingramcontent.com/pod-product-compliance
Ingram Content Group UK Ltd.
Pitfield, Milton Keynes, MK11 3LW, UK
UKHW050614260726
13967UKWH00008B/2869

9 781291 452198